“十三五”职业教育规划教材

高职高专土建专业“互联网+”创新规划教材

建筑工程制图与识图

主　编◎李利斌　陈　宇　彭海燕

副主编◎王　帅　喻海军　黎万凤

内 容 简 介

本书主要介绍了建筑制图基础，投影的基础知识，点、直线、平面的投影，体的投影，剖面图与断面图，建筑施工图，结构施工图和计算机绘图等知识，编写时采用最新的国家标准，并融合了教学实际和工程经验。本书在编写过程中立足高职教育的基本规律，突出工学结合的人才培养理念，以特定角色的职业岗位为导向，突出工作能力的培养，教学目标明确、重难点突出，内容体系全面、配套资源丰富，同时在编写体例上有所创新，十分方便读者学习。

本书可作为高职高专建筑工程技术、工程造价、工程监理、工程管理、公路工程、市政工程等专业的教材，也可作为成人教育、网络教育及自学的学习参考用书。

图书在版编目(CIP)数据

建筑工程制图与识图/李利斌，陈宇，彭海燕主编. —北京：北京大学出版社，2020.1
高职高专土建专业“互联网+”创新规划教材
ISBN 978-7-301-30849-3

Ⅰ. ①建… Ⅱ. ①李… ②陈… ③彭… Ⅲ. ①建筑制图—识图—高等职业教育—教材 Ⅳ. ①TU204.21

中国版本图书馆CIP数据核字(2019)第225120号

书　　名　建筑工程制图与识图
JIANZHU GONGCHENG ZHITU YU SHITU
著作责任者　李利斌　陈　宇　彭海燕　主编
策划编辑　吴　迪
责任编辑　吴　迪　卢　东
数字编辑　贾新越
标准书号　ISBN 978-7-301-30849-3
出版发行　北京大学出版社
地　　址　北京市海淀区成府路205号　100871
网　　址　http://www.pup.cn　新浪微博：@北京大学出版社
电子邮箱　编辑部 pup6@pup.cn　总编室 zpup@pup.cn
电　　话　邮购部 010-62752015　发行部 010-62750672　编辑部 010-62750667
印 刷 者　北京溢漾印刷有限公司
经 销 者　新华书店
787毫米×1092毫米　16开本　14.5印张　339千字
2020年1月第1版　2024年6月第2次印刷
定　　价　42.00元

建筑工程制图与识图是一门实践性很强的课程，是土建类专业的必修课，也是相关专业的基础课，重点培养学生对建筑工程图纸的识读和绘制的能力。本书在编写方面有以下特色。

（1）编写理念先进，符合高职教育的教学规律。教材在编写过程中坚持以工学结合的人才培养为目标，把培养具有工匠精神的专业技能人才始终作为出发点和落脚点，坚持岗位导向、任务驱动的教学设计思路，内容安排精简，重难点突出，以满足职业岗位技能的现实需求。

（2）编排体例新颖，独具特色。在教材内容设计中，遵循任务导入、任务实施、任务评价的系统化思路，引入“小张”这个职业角色，按照其工作过程和内容进行教学内容的安排，使之更具针对性和职业化特点，也能极大激发学生的学习兴趣，提高教学质量。

（3）配套立体化教学资源，使得教学活动丰富多彩。在本书编写过程中按照知识体系化、资源碎片化的要求进行微课开发，微课数量覆盖了教材所有重要的知识点和技能点，可通过扫描二维码的形式获取，使得相关学习不受时间的限制，给传统的课堂注入新活力，可极大地提高学生的学习效果。

（4）可操作性较强，注重真实能力的培养。教材在内容选择上坚持职业岗位导向，以完成工作任务的需要为准则，通过大量的实例来增强学生的实际操作能力，把职业能力的提高放在第一位。

本书由重庆航天职业技术学院的李利斌、陈宇、彭海燕担任主编，由重庆航天职业技术学院的王帅、喻海军、黎万凤担任副主编。具体编写分工如下：李利斌编写项目 1，彭海燕编写项目 2 和项目 3，喻海军编写项目 4，黎万凤编写项目 5，陈宇编写项目 6 和项目 8，王帅编写项目 7。全书由李利斌进行总体策划和统稿。

本书在编写过程中得到重庆一建建设集团有限公司的高级项目经理黄洪波的大力支持，也得到北京大学出版社吴迪老师的精心指导和帮助，在此一并表示感谢。因编者水平有限，书中难免存在不足之处，望读者海涵并予指正。

编　者

2019 年 6 月

目录

课 程 导 论

一、课程概述

1. 课程定位

“建筑工程制图与识图”是土建类专业的一门专业基础课，主要功能是了解建筑工程中识图与制图的专业知识，掌握直接用于建筑土建、工程监理、建筑设计、招投标报价等岗位中的识图与绘图，并满足后续专业课程（如建筑工程预算、建筑施工技术、建筑工程计量与计价等）的学习需要。

本课程建议总学时为90学时，其中理论为50学时，实践为40学时。

2. 课程设计基本理念

建筑工程制图与识图的学习领域（课程设计）以《教育部关于深化职业教育教学改革 全面提高人才培养质量的若干意见》（教职成〔2015〕6号）和《国务院关于加快发展现代职业教育的决定》（国发〔2014〕19号）文件精神为指导，以建筑工程预算员、施工员等职业资格标准为依据，通过与相关行业企业合作进行课程开发，设计以工作过程为导向的学习情景，以对真实工作任务所需的相关专业知识与必要技能的掌握为编写依据。

3. 课程设计思路

在现代工程建设中，无论是建筑房屋还是修建道路、桥梁、水利设施、电站等都离不开工程图样。工程图样在建筑行业一般称为图纸，是表达设计意图、交流技术思想和指导工程施工的重要工具，被喻为工程界的“技术语言”。工程图样的识别与绘制是土建专业计算工程量等的重要环节，作为工程造价、施工方面的技术人员，必须具备绘图和阅读本专业工程图样的能力。本课程主要讲授绘制和阅读工程图样的理论和方法，培养空间想象力和分析能力，培养绘制和阅读土建图样的基本能力，掌握仪器绘图、计算机绘图的方法。编写时贯彻了相关国家标准的最新要求。

本课程依据专业人才培养方案中工作任务与职业能力分析表中的“建筑工程制图与识图”项目编制而成，课程的总体设计思路是，打破以知识传授为主要特征的传统教学模式，转变为以工作任务为中心来组织课程内容，让学生在完成具体项目的过程中得到理论知识，发展相应能力。课程突出对学生职业能力的训练，理论知识的选取紧紧围绕完成工作任务的需要，同时充分考虑了高等职业教育对系统理论知识的需要，并融合了施工员和预算员职业资格证书对于知识、技能等的要求。

依据上述目标定位，本课程从工作任务、知识要求与技能要求三个维度对内容进行了规划与设计，以更好地与职业岗位要求相结合。书中划分了建筑制图基础，投影的基础知识，点、直线、平面的投影，体的投影，剖面图与断面图，建筑施工图，结构施工图，计算机绘图等八大项目，注重整体内容的完整性，以及知识与技能的相关性。

本门课程实际操作性很强，在教学过程中，应该以实际工程为任务载体，真正做到“工学结合”。要引导学生的思维，激发学生的兴趣，营造实际工作的氛围，以达到良好的教学效果。

二、课程目标

1. 知识目标

（1）熟悉建筑工程制图的标准与规则。

（2）掌握投影基本原理及主要特性。

（3）掌握正投影和三面投影的概念、形成及绘制方法。

（4）掌握点、直线、平面投影的概念、形成及绘制方法。

（5）掌握平面体、曲面体、组合体、轴侧投影的概念、形成及绘制方法。

（6）掌握剖面图与断面图的概念、形成及绘制方法。

（7）掌握建筑施工图的概念、内容及识读方法。

（8）掌握结构施工图的概念、内容及识读方法。

（9）掌握计算机绘图（CAD）的方法。

2. 能力目标

（1）能够依据建筑制图标准中的相关规定进行建筑工程图纸内容的识别。

（2）能依据投影原理进行图样的绘制，尤其是点、直线、平面的投影图绘制和体的投影图的识读与绘制。

（3）能准确、全面地识读剖面图与断面图的内容及进行绘制。

（4）能准确、全面地识读建筑施工图的全部内容。

（5）能依据平法规则准确、全面地识读结构施工图的全部内容。

（6）能利用CAD完成基本建筑工程图纸的绘制与输出。

3. 素质目标

（1）具有严谨的工作作风和端正的工作态度。

（2）遵纪守法，自觉遵守职业道德和行业规范。

（3）具备吃苦耐劳、爱岗敬业的精神，良好的职业道德与法律意识。

（4）具备良好的人际沟通、团队协作能力。

（5）具备良好的自我管理与约束能力。

三、课程内容及课时安排

项目序号	项目名称	工作任务	理论学时	实践学时
1	建筑制图基础	任务1.1　建筑制图标准	4	2
		任务1.2　绘图工具及仪器		
		任务1.3　建筑制图基本步骤		
2	投影的基础知识	任务2.1　投影概述	6	2
		任务2.2　正投影		
		任务2.3　三面投影		

续表

项目序号	项目名称	工作任务	理论学时	实践学时
3	点、直线、平面的投影	任务 3.1　点的投影 任务 3.2　直线的投影 任务 3.3　平面的投影	6	4
4	体的投影	任务 4.1　基本体的投影 任务 4.2　组合体的投影 任务 4.3　轴测投影	8	4
5	剖面图与断面图	任务 5.1　剖面图 任务 5.2　断面图 任务 5.3　断面图与剖面图的区别	6	6
6	建筑施工图	任务 6.1　建筑施工图概述 任务 6.2　建筑总平面图 任务 6.3　建筑平面图 任务 6.4　建筑立面图 任务 6.5　建筑剖面图 任务 6.6　建筑详图	6	4
7	结构施工图	任务 7.1　结构施工图概述 任务 7.2　基础施工图 任务 7.3　主体结构平面图 任务 7.4　构件详图 任务 7.5　平面整体表示法	10	8
8	计算机绘图	任务 8.1　认识 CAD 任务 8.2　CAD 的基本设置和操作 任务 8.3　绘图工具栏 任务 8.4　修改工具栏 任务 8.5　图层工具栏 任务 8.6　文字工具栏 任务 8.7　标注工具栏 任务 8.8　图形输出 任务 8.9　CAD 制图综合实现	4	10
合计			50	40

注：以上是建议学时安排，各个学校可根据自身的教学情况进行调整。

四、实施建议

1. 组织实施建议

以“任务驱动”教学模式为核心，结合使用案例分析、启发式教学、分组讨论、实物演示、讲学练结合法等多形式教学方法，充分运用多媒体、实训室等教学手段开展相关实训项目，实现“教、学、做”一体化。

2. 实验实训设备配置建议

(1) 具有安装CAD软件的计算机实训室。

(2) 具有一定数量的符合教学要求的建筑构造模型。

(3) 有一定数量的体现工学结合特点的校外实习基地。

(4) 有较为丰富的课堂与学习指导教学资源，具体包括多媒体课件、实训软件、习题与实训、试题库、图书与文献资料、建筑法规等。

3. 课程资源开发与利用建议

(1) 加强常用课程资源的开发和利用。幻灯片、投影、录像、多媒体课件等资源有利于创设形象生动的学习环境，激发学习兴趣，促进学生对知识的理解和掌握。建议加强常用课程资源的开发，建立多媒体课程资源的数据库，努力实现跨学校的多媒体资源共享。

(2) 积极开发和利用网络课程资源。应充分利用教育网站等信息资源，使教学媒体从单一媒体向多媒体转变，使教学活动从信息的单向传递向双向交换转变，使学生从单独学习向合作学习转变。

(3) 产学合作开发实训课程资源。充分利用本行业典型的资源，加强产学合作，建立实训基地，满足学生的实习实训需求，在此过程中进行相应课程资源的开发。

4. 教师要求

(1) 熟悉房屋建筑结构基本理论。

(2) 具有较强的基于工作过程的教学设计能力。

(3) 熟练掌握建筑结构图纸识别和细部构造节点处理的能力。

(4) 对制图软件具备较好的操作能力。

五、课程考核与评价

本课程应建立过程考核、实训考核与结果考核相结合的方法。

1. 考核内容及分值

考核项目	考核方式	考核指标	分值权重/%
过程考核	教学记录	学习态度（含出勤情况、上课态度）	20
实训考核	实训评价	所有实训项目成果	30
结果考核	考试结果	期末考试卷面成绩	50
合计			100

2. 评分标准

过程考核：规定学习态度要求。

实训考核：编写并制定实训项目任务书。

结果考核：执行学院考试规则。

六、课程负责人及教学团队

包括教研室主任、课程负责人、主讲教师及实训教师。

七、其他说明

对以上不能涵盖的内容，各校可做必要的说明，并列出制订部门、审核人及相应时间。

项目1 建筑制图基础

任务导入

2019 年 7 月，小张目前的安排就是先熟悉建筑制图的基础知识，尤其是建筑制图方面的一些规范，因为小张觉得上学时没有注意到这部分知识，现在面对实际项目时，这些规定成为基本的图纸语言，是读懂图纸的关键，必须要熟练掌握才行。小张决定认真学习建筑制图基础方面的内容。

知识体系

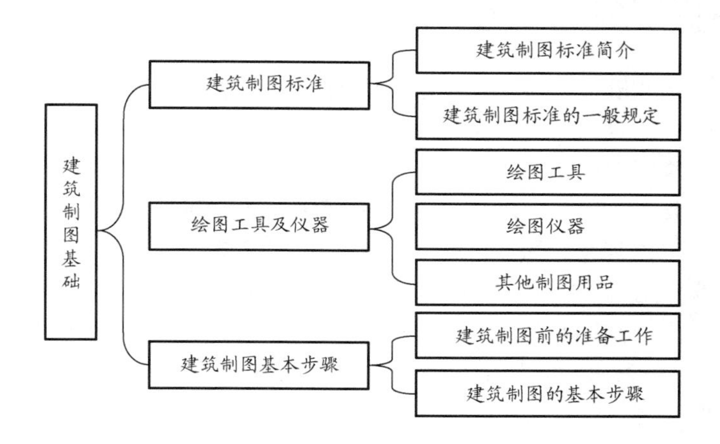

学习目标

目标类型	目标要求
知识目标	（1）了解建筑制图一般标准的内容 （2）了解建筑制图的基本工具和用品 （3）理解建筑制图标准在建筑制图中所起到的作用

续表

目标类型	目标要求
知识目标	(4) 掌握建筑制图标准中的相关规定(图幅、图框、标题栏、图线、字体、比例、尺寸标注等) (5) 掌握建筑制图的基本步骤
技能目标	(1) 能够熟练操作建筑制图的工具和用品 (2) 能够在建筑工程图纸绘制过程中熟练应用建筑制图的相关规范 (3) 能够用建筑制图的步骤完成基本的建筑工程制图工作
学习重点、难点提示	对建筑制图标准中相关规定(如图幅、图框、标题栏、图线、字体、比例、尺寸标注等)的准确理解和应用

任务实施

任务 1.1 建筑制图标准

1.1.1 建筑制图标准简介

【建筑制图标准】

语言、文字和图形是人们进行交流的主要方式。在具体的行业中也有特定的行业语言，在建筑行业中，关于建筑物的全部内容都体现在建筑工程图纸当中，为了使建筑图纸规格统一、图面简洁清晰、符合施工要求、利于技术交流，必须制定相关标准，使得建筑图纸在图样画法、字体、尺寸标注、符号应用等方面保持统一。现行的建筑制图标准有 6 个，包括《房屋建筑制图统一标准》(GB/T 50001—2017)、《总图制图标准》(GB/T 50103—2010)、《建筑制图标准》(GB/T 50104—2010)、《建筑结构制图标准》(GB/T 50105—2010)、《建筑给水排水制图标准》(GB/T 50106—2010) 和《暖通空调制图标准》(GB/T 50114—2010)。

国家标准简称国标，是衡量建筑制图是否合格的依据，所有工程技术人员在设计、施工、管理中都必须严格执行。我们学习制图，就应该严格遵守国标中的每一项规定，养成良好的习惯。下面介绍三个重要的国家标准。

1.《房屋建筑制图统一标准》(GB/T 50001—2017)

该标准共有 15 章和 2 个附录，主要技术内容包括总则、术语、图纸幅面规格与图纸编排顺序、图线、字体、比例、符号、定位轴线、常用建筑材料图例、图样画法、尺寸标注、计算机制图文件、计算机制图文件图层、计算机制图规则、协同设计等。

2.《建筑制图标准》(GB/T 50104—2010)

该标准是根据原建设部《关于印发〈2007 年工程建设标准规范制订、修订计划(第一批)〉的通知》(建标〔2007〕125号)的要求，由中国建筑标准研究院会同有关单位，在原《建筑制图标准》(GB/T 50104—2001)的基础上修订而成的，其主要技术内容包括总则、图线、比例、计量单位、坐标标注、标高注法、名称和编号、图例、图样画法、尺寸标注等。

3.《总图制图标准》(GB/T 50103—2010)

为了统一总图制图规则，保证制图质量，提高制图效率，做到图面清晰、简洁明了，符合设计、施工、存档的要求，以适应工程建设的需要，特制定了该标准，其共分3章，主要技术内容包括总则、基本规定、图线、比例、计量单位、坐标标注、标高注法、名称和编号、图例等。

1.1.2 建筑制图标准的一般规定

上面介绍的三个标准对建筑制图的技术内容都做了相应规定，当然其中有些内容是重复的。结合建筑工程制图的需要，下面综合性地介绍六个方面的制图规定。

1. 图幅

图幅即图纸幅面的简称，是指图纸宽度与长度所组成的图面。为了方便图样的绘制、使用和管理，图样均应绘制在具有一定幅面和格式的图纸上。

图样是根据投影原理、标准和有关规定，表达工程对象并有必要的技术说明的绘图，在建筑工程领域一般习惯称为图纸(过去绘在纸张上，现在则可存于多媒体中)。

(1) 幅面大小。

幅面用代号“A—”表示(—为数字或数字乘以数字)，基本幅面如图1-1所示。幅面及图框尺寸应符合表1-1的规定。

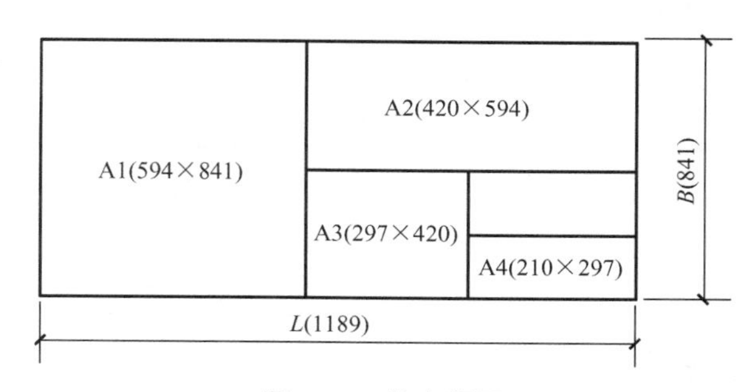

图1-1 基本幅面

表1-1 幅面及图框尺寸 单位：mm

幅面代号 尺寸代号	A0	A1	A2	A3	A4
$B \times L$	841×1189	594×841	420×594	297×420	210×297
c	10			5	
a	25				

注：B为幅面短边尺寸，L为幅面长边尺寸，c为图框线与幅面线间宽度，a为图框线与装订边间宽度(图1-2)。

从表 1-1 中可以看出，各号图纸基本幅面的尺寸关系是：将上一号幅面的长边对裁，即为下一号幅面的大小。必要时，可以按照规定加长幅面，但加长后的幅面基本尺寸是按基本幅面的短边整数倍增加后形成的，见表 1-2，且 A0—A3 幅面长边尺寸可加长，短边尺寸则不可加长。

表 1-2 图纸长边加长尺寸

单位：mm

幅面代号	长边尺寸	长边加长后尺寸
A0	1189	1486、1635、1783、1932、2080、2230、2378
A1	841	1051、1261、1471、1682、1892、2102
A2	594	743、891、1041、1189、1338、1486、1635、1783、1932、2080
A3	420	630、841、1051、1261、1471、1682、1892

【图纸、图框、标题栏】

(2) 图纸形式及图框格式。

图纸有横式幅面和立式幅面之分，其中以短边作为垂直边的形式称为横式，以短边作为水平边的形式称为立式，如图 1-2 所示。A0—A3 图纸一般采用横式，也可用立式，A4 图纸则常采用立式。

图框是在图纸上限制特定绘图区域的线框。图样均应该用相应线型画在图框内，其格式有留装订边和不留装订边两种，如图 1-2 所示。一个工程设计中，每个专业所使用的图纸一般不宜多于两种幅面。

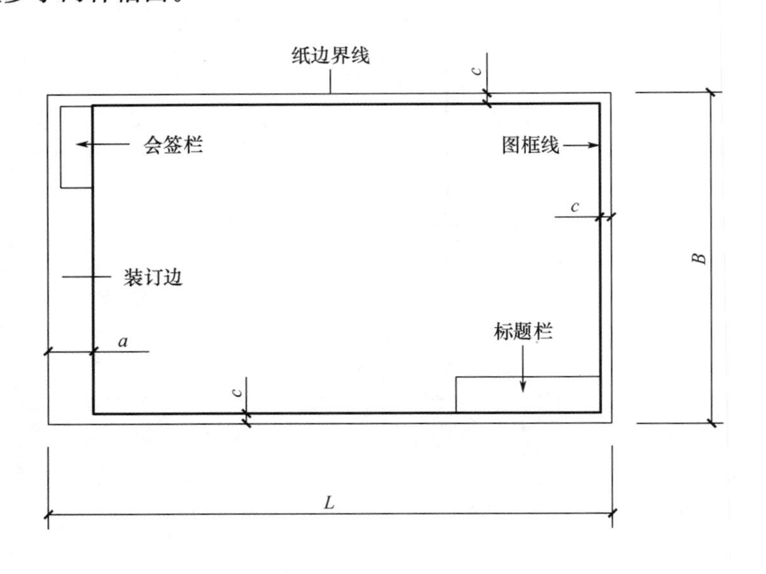

(a) 横式幅面

图 1-2 图纸形式及图框格式

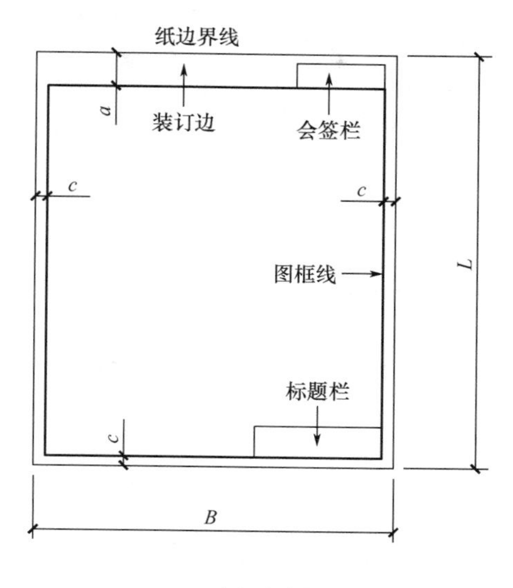

（b）立式幅面

图 1-2 图纸形式及图框格式（续）

2. 标题栏

国家标准规定，每张图纸的右下角都必须设标题栏，用以说明图样的名称、图号、零件材料、设计单位及有关人员的签名等内容。涉外工程的图纸应在各项主要内容的中文下方附加译文，设计单位名称前加“中华人民共和国”字样。学生制图作业用标题栏可以按照图 1-3 所示的格式进行绘制，标题栏外框用粗实线绘制，内框用细实线绘制。

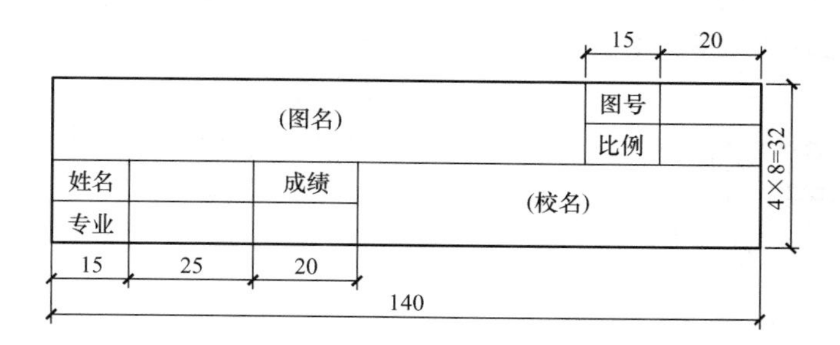

图 1-3 学生制图作业标题栏格式

3. 图线

（1）线型与线宽。

【图线】

任何构成图样都是由不同类型、不同宽度的图线绘制而成的，图线的不同类型和宽度代表了不同的内容和含义。对多种图线的使用可使得整个图样层次清晰、主次分明，更加方便识图和读图，也增加了图样的美感。

建筑制图标准中，对各类图线的线型、线宽及用途都做了明确的规定，见表 1-3。

表 1-3　图线的线型、线宽及用途

名称		线型	线宽	一般用途
实线	粗		b	主要可见轮廓线
	中		$0.5b$	可见轮廓线、尺寸起止符等
	细		$0.25b$	可见轮廓线、图例线、尺寸线和尺寸界限等
虚线	粗		b	见各有关专业制图标准
	中		$0.5b$	不可见轮廓线
	细		$0.25b$	不可见轮廓线、图例线等
单点长画线	粗		b	见各有关专业制图标准
	中		$0.5b$	见各有关专业制图标准
	细		$0.25b$	中心线、对称线等
双点长画线	粗		b	见各有关专业制图标准
	中		$0.5b$	见各有关专业制图标准
	细		$0.25b$	假想轮廓线、成型前原始轮廓线
波浪线			$0.25b$	断开界限
折断线			$0.25b$	断开界限

图线宽度 b 的取值可从 1.4mm、1.0mm、0.7mm、0.5mm、0.35mm、0.25mm、0.18mm、0.13mm 中选择，该宽度不应小于 0.1mm。每个图样应根据复杂程度与比例大小，先选定基本线宽 b，再选用表 1-4 中的线宽组。

表 1-4　线宽组　　单位：mm

线宽比	线宽组			
b	1.4	1.0	0.7	0.5
$0.5b$	0.7	0.5	0.35	0.25
$0.25b$	0.35	0.25	0.18	0.13

(2) 图线画法。

要想正确绘制建筑工程图，除了确定线型和线宽之外，还应做到以下几点。

① 同一图样中，同类图线的宽度应基本一致。虚线、点画线及双点画线的线段长度和间隔应各自大致相等。

② 相互平行的图线，其间隙不宜小于其中粗线的宽度，且不宜小于 0.7mm。

③ 绘制图形的对称中心线、轴线时，其点画线应超出图形轮廓线外 3～5mm，且点画线的首末两端应是长画而不是短画；用点画线绘制圆的对称中心线时，圆心应为线段的交点。

④ 在较小的图形上绘制单点画线、双点画线有困难时，可用细实线代替。

⑤ 虚线、点画线、双点画线自身相交或与其他任何图线相交时，都应是线、线相交，而不应在空隙处或短画处相交，但虚线如果是实线的延长线时，则应在连接虚线端处留有空隙。

⑥ 图线不得与文字、数字或符号重叠、混淆，当不可避免时，应首先保证文字等的清晰。

4. 字体

在完整的建筑工程图纸上，不仅要用图线来表达建筑施工内容，还要用汉字、字母和数字来表明建筑物的大小、施工技术要求等。为了让图面整洁美观、易识读且不产生误解，建筑工程图样上的汉字、字母和数字必须严格按照规范书写，要做到字体端正，笔画清晰，排列整齐，间隔均匀，标点符号清楚正确。

【字体、比例】

（1）汉字。

图样上的汉字应采用国家正式公布的《汉字简化方案》中规定的简化汉字，字的大小宜按字号的规定顶格书写，字体的号数代表字体的高度，如字高 5mm 则其字号就是 5 号，字的宽度与高度之比为 $1:\sqrt{2}$，且汉字高度不应小于 3.5mm。字高与字宽之间的系列对应值见表 1－5。

表 1－5 字高与字宽 单位：mm

字高	20	14	10	7	5	3.5
字宽	14	10	7	5	3.5	2.5

工程图样中的汉字必须做到字体工整，笔画清楚，间隔均匀，排列整齐。建筑工程图样中的汉字采用长仿宋体，其书写要领为横平竖直、起落分明、布局均匀、填满方格，如图 1－4 所示。

建筑装饰制图汉字采用长仿宋体书写 字高
横平竖直起落有力笔锋满格排列匀称 行距

工业民用建筑厂房屋平立剖面详图
结构施说明比例尺寸长宽高厚砖瓦
木石土砂浆水泥钢筋混凝截校核梯
门窗基础地层楼板梁柱墙厕浴标号
制审定日期一二三四五六七八九十

图 1－4 长仿宋体字样示例

（2）数字及字母。

图样及其说明中的拉丁字母、阿拉伯数字与罗马数字，宜采用单线简体或 ROMAN 字体。

数字和字母有直体和斜体两种，一般采用斜体，其字头向右倾斜，与水平基准线约成 75°，如图 1－5 所示。在同一图样上，只允许选择一种形式的字体。字母和数字又各分 A 型和 B 型两种字体，A 型字体的笔画宽度为字高的 1/14，B 型的为 1/10。

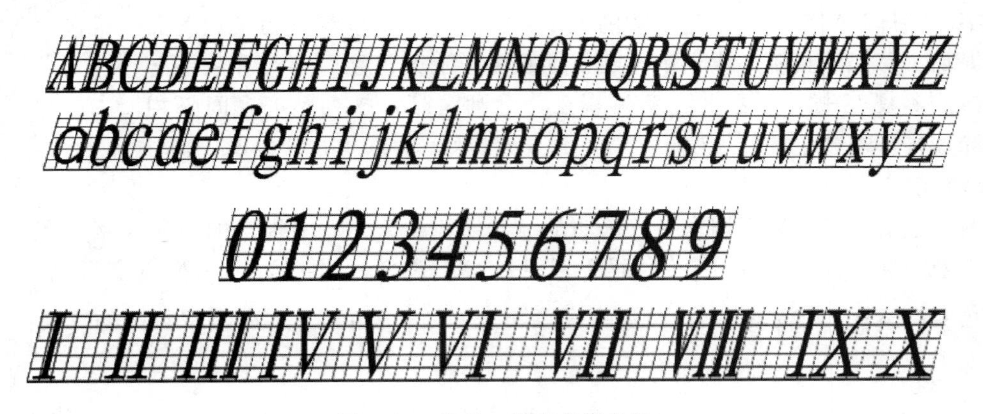

图 1－5　字母、数字书写示例

5. 比例

比例是图中图形与实物相应要素的线性尺寸之比，用符号“：”表示。图样比例分为原值比例、放大比例及缩小比例，其中比值等于 1 的比例称为原值比例，比值大于 1 的比例称为放大比例，比值小于 1 的比例称为缩小比例。

绘制技术图样时，应根据图样的用途与所绘形体的复杂程度，优先从表 1－6 所规定的系列中选取合适的图样比例。

表 1－6　图样比例优先选用表

种　类	比　例					
原值比例	优先选用	1∶1				
放大比例	优先选用	2∶1	5∶1	1×10^n∶1	2×10^n∶1	5×10^n∶1
	可选用	2.5∶1	4∶1	2.5×10^n∶1	4×10^n∶1	
缩小比例	优先选用	1∶2	1∶5	1∶1×10^n	1∶2×10^n	1∶5×10^n
	可选用	1∶1.5	1∶2.5	1∶3	1∶4	1∶6
		1.5×10^n∶1	2.5×10^n∶1	3×10^n∶1	4×10^n∶1	6×10^n∶1

注意：不论采用何种比例绘图，尺寸数值均应按原值标注，与绘图的准确程度及所用比例无关。

建筑专业、室内设计专业制图所选用的各种比例，宜符合表 1－7 的规定。

表 1－7 建筑专业、室内设计专业制图使用的比例表

图 名	比 例
建筑物或构筑物的平面图、立面图、剖面图	1∶50、1∶100、1∶150、1∶200、1∶300
建筑物或构筑物的局部放大图	1∶10、1∶20、1∶25、1∶30、1∶50
配件及构造详图	1∶1、1∶2、1∶5、1∶10、1∶15、1∶20、1∶25、1∶30、1∶50

用不同比例绘制的门立面图，如图 1－6 所示。

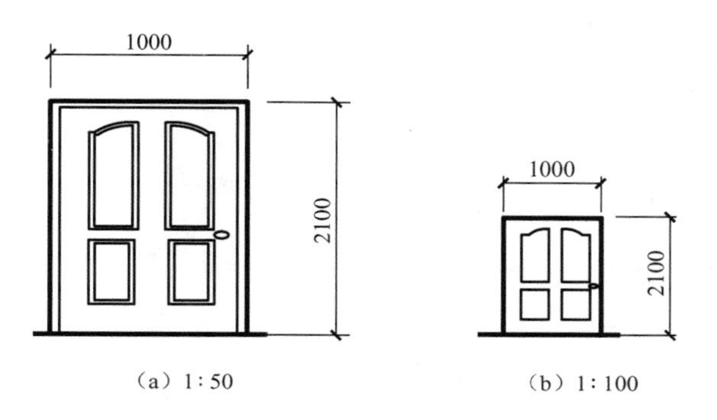

图 1－6 用不同比例绘制的门立面图

6. 尺寸标注

【尺寸标注】

(1) 尺寸组成。

在建筑工程图中，图样仅表示物体的形状，而物体的真实大小则由图样上所标注的实际尺寸来确定。图样上标注的尺寸由尺寸界线、尺寸线、尺寸起止符号和尺寸数字四个部分组成，如图 1－7 所示。

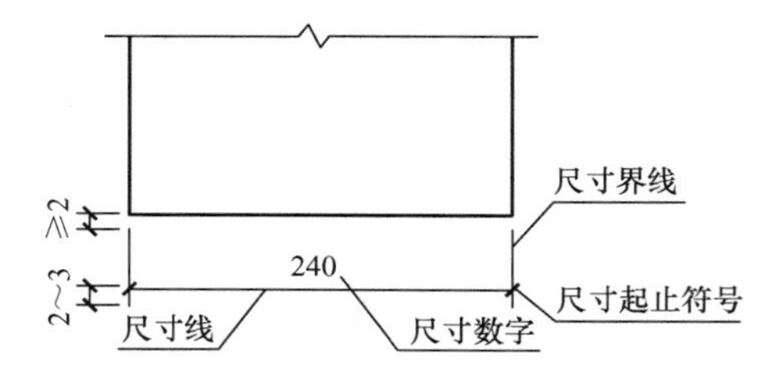

图 1－7 尺寸的组成

① 尺寸界线：应用细实线绘制，一般与被注长度垂直，其一端应离开图样轮廓线不小于 2mm，另一端宜超出尺寸线 2～3mm。必要时，图样轮廓线、中心线及轴线都允许用作尺寸界线。

② 尺寸线：应用细实线绘制，并与被标注的长度平行，且不宜超出尺寸界线，如图 1－8 所示；尺寸线必须单独绘制，不能与其他图线重合。

③ 尺寸起止符号：尺寸线与尺寸界线的相交点是尺寸的起止点，在起止点处画出的表示尺寸起止的中粗斜短线，称为尺寸起止符号。中粗斜短线的倾斜方向应与尺寸界线成

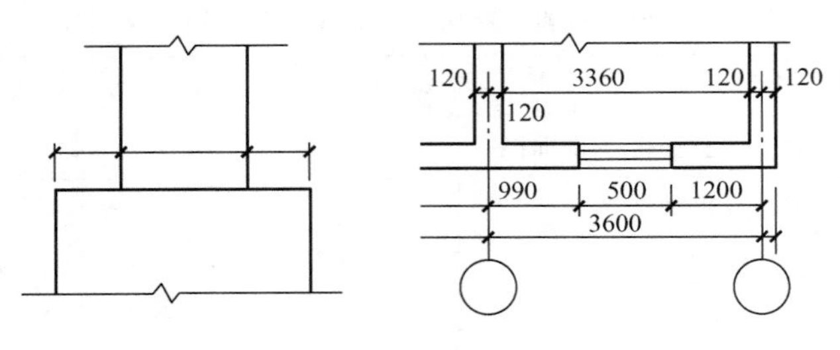

图 1－8　尺寸线示例

45°，长度宜为 2～3mm，如图 1－9（a）所示，半径、直径、角度与弧长的尺寸起止符号宜用箭头表示，如图 1－9（b）所示。

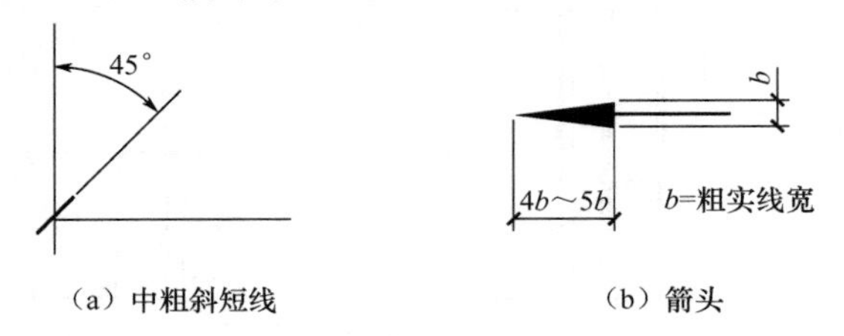

（a）中粗斜短线　　（b）箭头

图 1－9　尺寸起止符号

④ 尺寸数字：在建筑工程图上，一律用阿拉伯数字标注工程形体的实际尺寸，与绘图所用的比例无关。图样上的尺寸，除标高及总平面图以 m 为单位外，均必须以 mm 为单位，因此，图样上的尺寸数字一般无须标注单位。图样上的尺寸都以尺寸数字为准，不得从图上量取。尺寸数字的方向应按图 1－10 所示标注，若尺寸数字在 30°斜线区内，也可引出标注；尺寸数字应写在尺寸线上方中间部位，如果没有足够的标注位置，最外边的尺寸数字可标注在尺寸界限的外侧，中间相邻的尺寸数字可错开标注，也可引出标注。

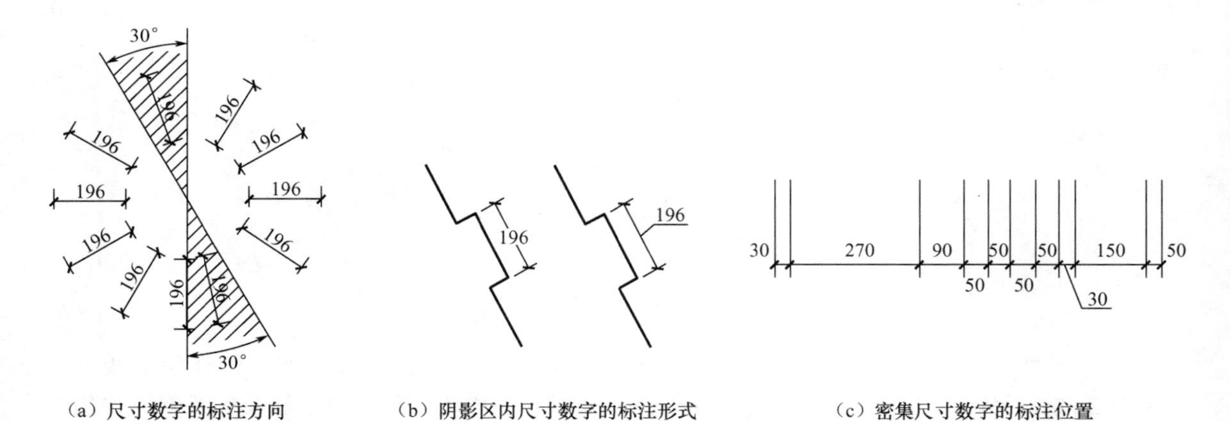

（a）尺寸数字的标注方向　　（b）阴影区内尺寸数字的标注形式　　（c）密集尺寸数字的标注位置

图 1－10　尺寸数字标注方法

（2）尺寸的排列与布置。

尺寸宜在图样轮廓以外，不宜与图线、文字及符号等相交（可断开相应图线）。相互平行的尺寸线应从被标注的图样轮廓线由近及远，按小尺寸在内、大尺寸靠外整齐排列。图样轮廓以外的尺寸界线距图样最外轮廓线之间的距离不少于 10mm，平行排列的尺寸线间距宜为7～10mm，全图一致。总尺寸的尺寸界线应靠近所指部位，中间的尺寸界线可稍短，但其长度要相等，如图1-11所示。

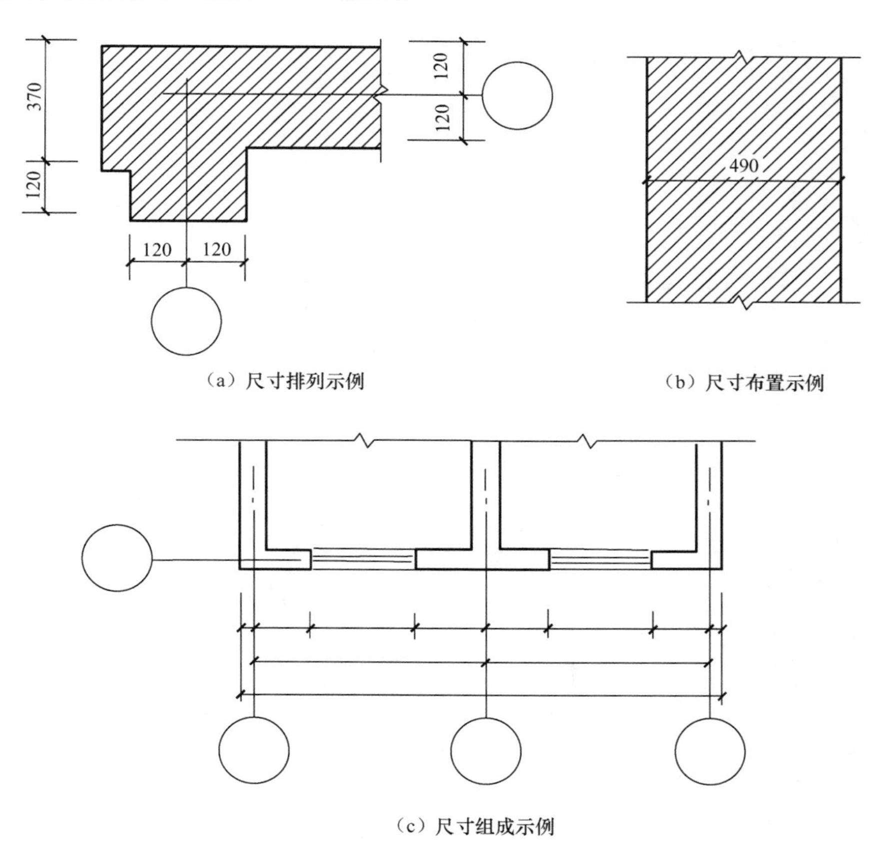

（a）尺寸排列示例

（b）尺寸布置示例

（c）尺寸组成示例

图1-11 尺寸的排列与布置

（3）半径、直径和角度尺寸的标注。

半径的尺寸线应一端从圆心开始，另一端画箭头指至圆弧；在半径数字前应加半径符号R。小于或等于半圆的圆弧应标注半径，其中较大的圆弧的尺寸线可画成折线，其延长线对准圆心，如图1-12所示。

圆或大于半圆的圆弧应标注直径。标注直径尺寸时，直径数字前应加符号Φ；在圆内标注的直径尺寸线应通过圆心，两端画箭头指至圆弧，如图1-13所示。

标注球的半径尺寸时，应在尺寸数字前加注符号SR；标注球的直径时，应在尺寸数字前加注符号$S\Phi$，如图1-14所示。

角度的尺寸线应以圆弧表示，此圆弧的圆心应是该角的顶点，角的两条边为尺寸界线。起止符号用箭头，若没有足够位置画箭头，可用圆点代替。角度数字应按水平方向标注，如图1-15所示。

标注圆弧的弧长时，尺寸线为与该圆弧同心的圆弧线，尺寸界线垂直于该圆弧的弦，起止符号用箭头表示。在弧长数字上方应加圆弧符号“⌒”，如图1-16所示。

标注圆弧的弦长时，尺寸线应平行于该弦的直线，尺寸界线垂直于该弦，起止符号用

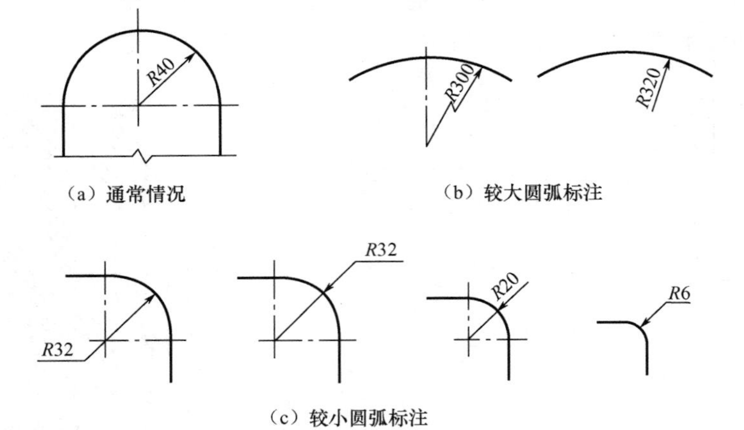

（a）通常情况

（b）较大圆弧标注

（c）较小圆弧标注

图 1－12　半径尺寸标注

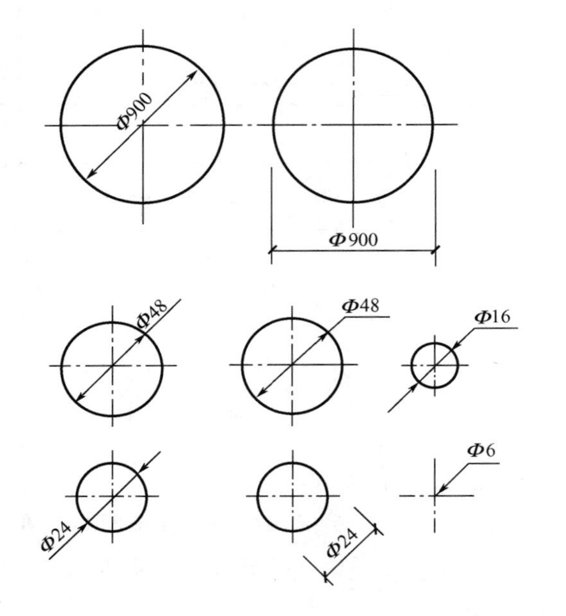

图 1－13　直径尺寸标注

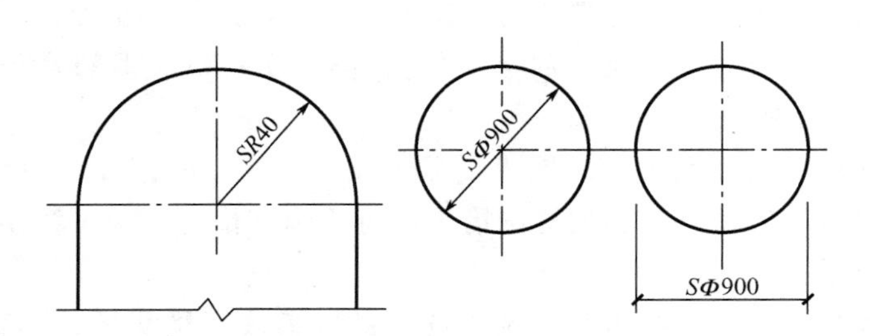

图 1－14　球的尺寸标注

中粗斜短线表示，如图 1－17 所示。

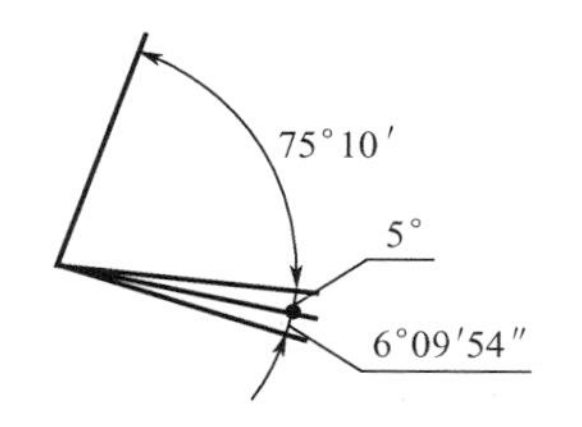

图 1－15　角度的尺寸标注

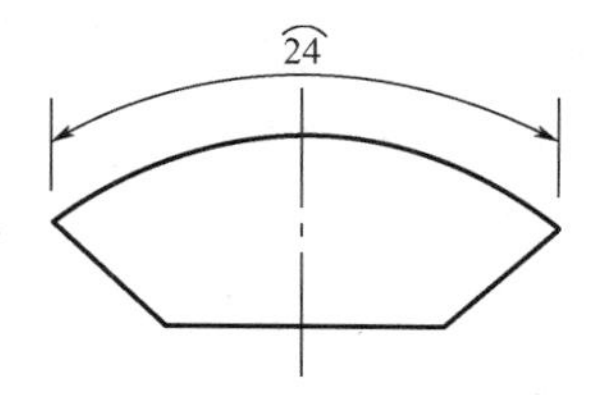

图 1－16　弧长的尺寸标注

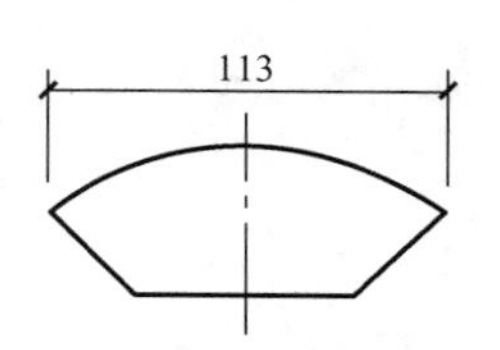

图 1－17　弦长的尺寸标注

(4) 尺寸的简化标注。

杆件或管线的长度，在单线图（桁架简图、钢筋简图、管线简图）上，可直接将尺寸数字沿杆件或管线的一侧标注，如图 1－18 和图 1－19 所示。

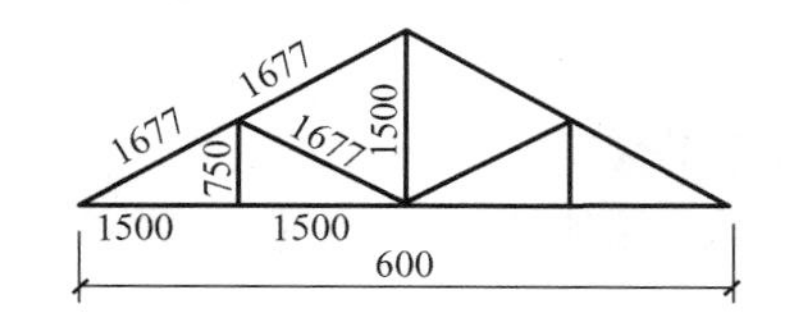

图 1－18　桁架简图尺寸标注方法

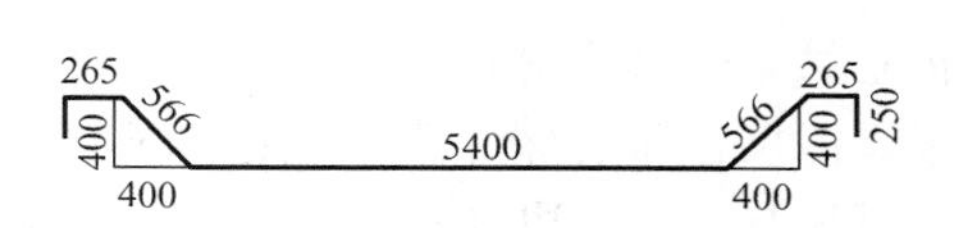

图 1－19　钢筋简图尺寸标注方法

连续排列的等长尺寸，可用“等长尺寸×个数＝总长”的形式标注，如图 1－20 所示。

两个构配件，如仅个别尺寸数字不同，可在同一图样中将其中一个构配件的不同尺寸数字标注在括号内，该构配件的名称也应写在相应的括号内，如图 1－21 所示。

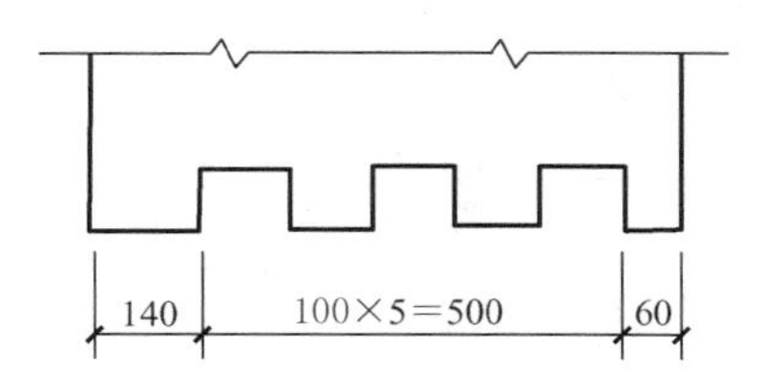

图 1－20　等长尺寸简化标注方法

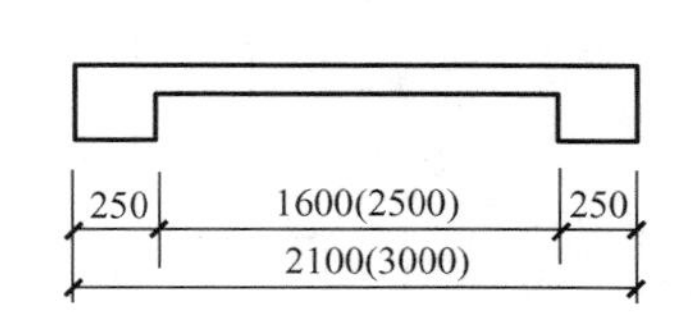

图 1－21　相似构件尺寸标注方法

对称构配件采用对称省略画法时，该构配件的尺寸线应略超过对称符号，仅在尺寸线的一端画尺寸起止符号，尺寸数字则应按整体全尺寸标注，其标注位置宜与对称符号对齐，如图 1－22 所示。

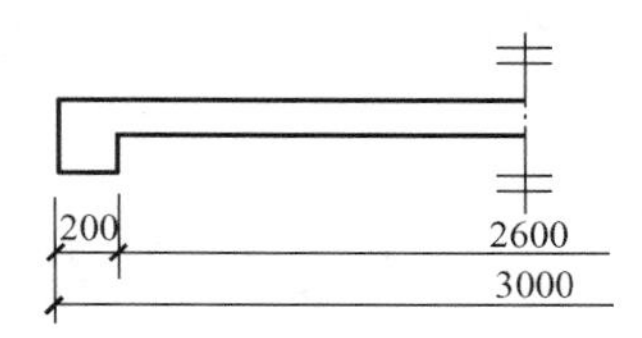

图 1－22　对称构配件尺寸标注方法

任务 1.2 绘图工具及仪器

1.2.1 绘图工具

【绘图工具和用品】

工欲善其事，必先利其器，图样绘制的质量好坏在很大程度上取决于能否正确使用绘图工具和仪器。常用的绘图工具和仪器有图板、丁字尺、三角板、圆规、分规、铅笔、曲线板等，要提高绘图的准确度和效率，就必须熟练使用这些绘图工具和仪器。

1. 图板和丁字尺

图板是供画图时使用的垫板，要求表面平坦光洁，左右两导边必须平直。

丁字尺由尺头和尺身组成，是用来画水平线的长尺，使用时，应使尺头紧靠图板左侧的导边，沿尺身的工作边自左向右画出水平线，如图 1－23 所示。

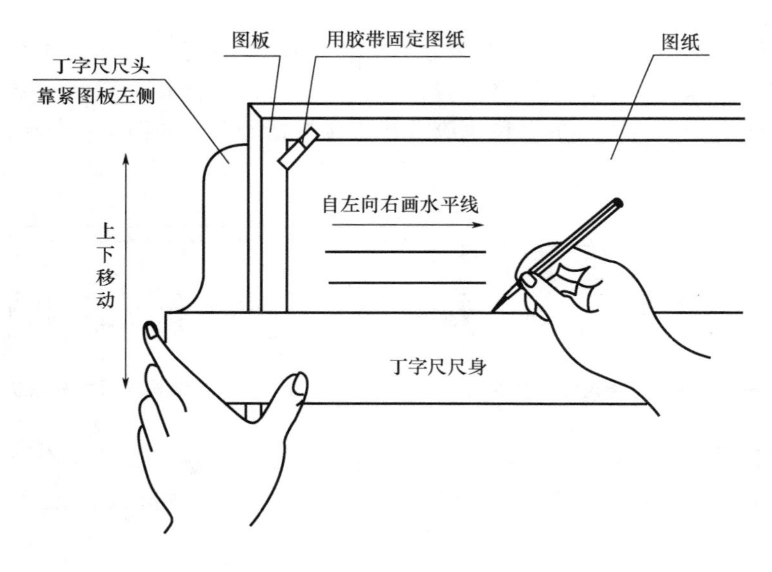

图 1－23　图板和丁字尺的使用

2. 三角板

三角板除了直接用来画直线外，也可配合丁字尺画铅垂线及多种角度的倾斜线，如图 1－24 所示。

3. 铅笔

铅笔是绘制图线的主要工具，分软（B）、硬（H）、中性（HB）三种。

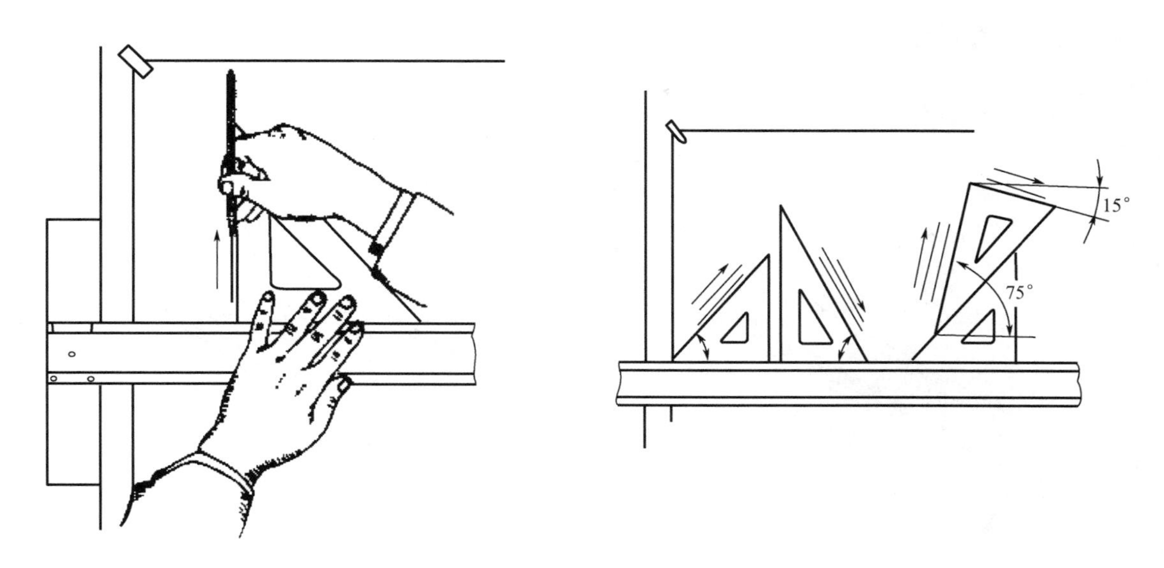

图 1-24 三角板的使用

使用铅笔绘图时，用力要均匀，使线条粗细保持一致，用力过大，会刮破图纸或在纸上留下凹痕，甚至折断铅芯。画线时，从侧面看铅笔要铅直，从正面看，笔身要倾斜 60°～70°。削铅笔时，宜根据用途削成不同的形状和大小。写字、画箭头时，H 或 HB 铅笔笔尖应削成锥形；画细线时，H 或 HB 铅笔笔尖应削成扁矩形或“一”字形；画粗实线时，HB 或 B 铅笔笔尖应削成稍厚一点的扁矩形。铅芯露出 6～8mm，要注意保留有标号的一端，以便始终能识别其硬度，如图 1-25 所示。

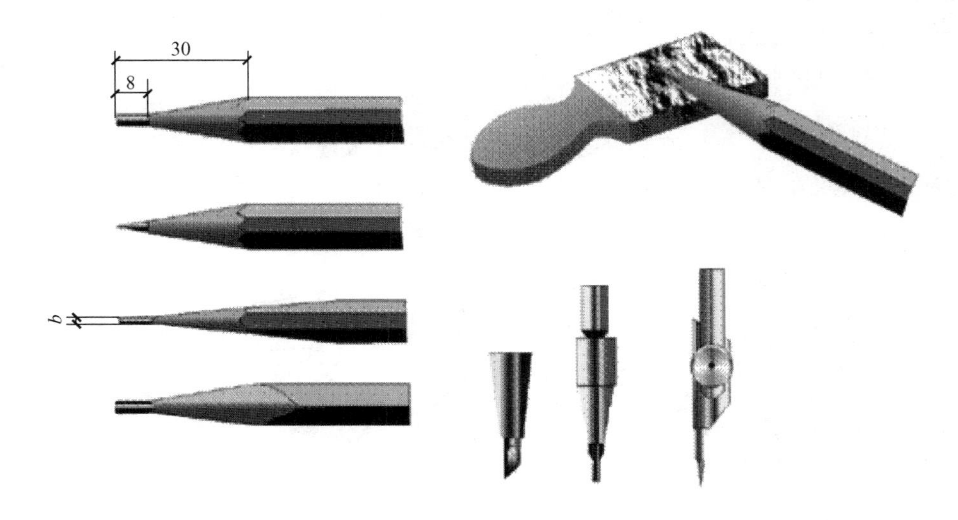

图 1-25 铅笔的削制

4. 比例尺

比例尺是绘图时用来按照比例缩小或放大线段长度的尺子，材质一般为木质或塑料。目前常用的比例尺有两种：一种为外形呈三棱柱体、上有六种不同比例的尺子，称为三棱比例尺，如图 1－26（a）所示；一种为有机玻璃材料、上有三种不同比例的直尺，称为比例直尺，如图 1－26（b）所示。

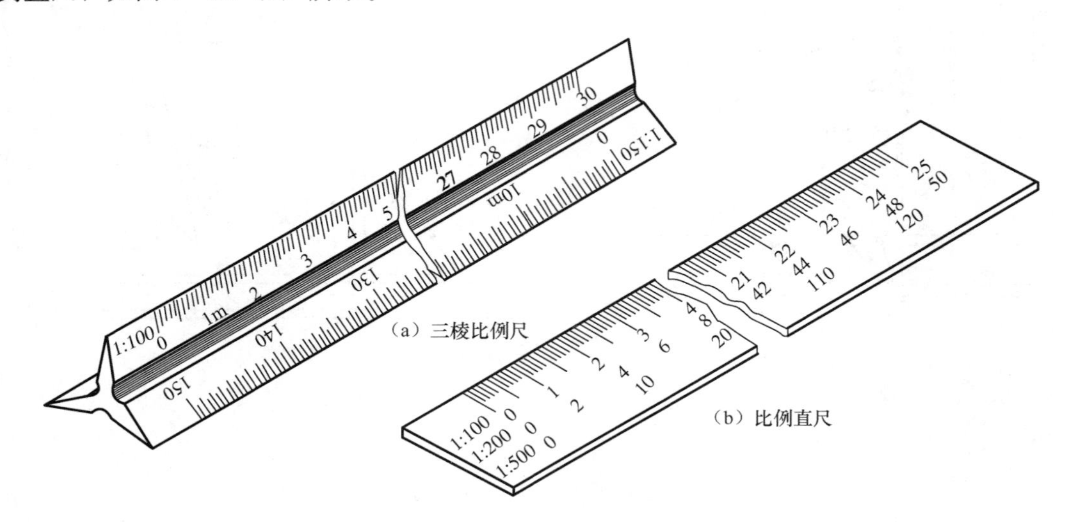

图 1－26　比例尺种类

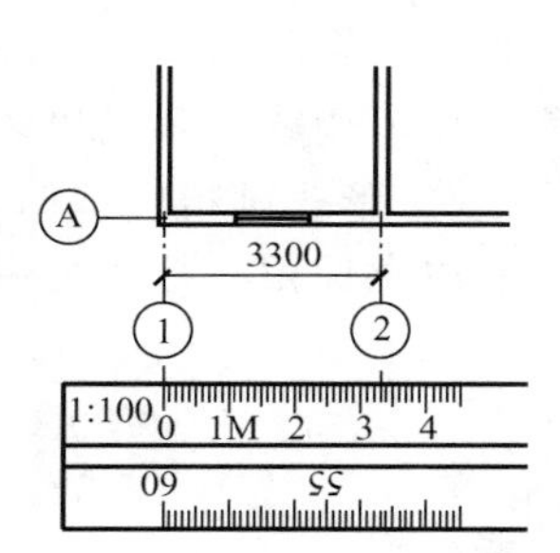

图 1－27　用比例尺画线段

例如要用 1∶100 的比例在图纸上画出 3300mm 长一线段，只要在比例尺的 1∶100 的尺面上找到 3.3m，那么尺面上从 0～3.3m 的一段长度就是在图纸上需要画出的线段长度，如图 1－27 所示。

5. 曲线板

曲线板又称云形尺，是一种内外均为曲线边缘的薄板，用来绘制曲率半径不同的非圆自由曲线，如图 1－28 所示。为保证线条流畅、准确，应先按相应的作图方法定出所需画的曲线上足够数量的点，然后用曲线板连接各点形成曲线，并且要注意采用曲线段首尾重叠的方法，这样绘制的曲线比较光滑。一般的绘制步骤如下。

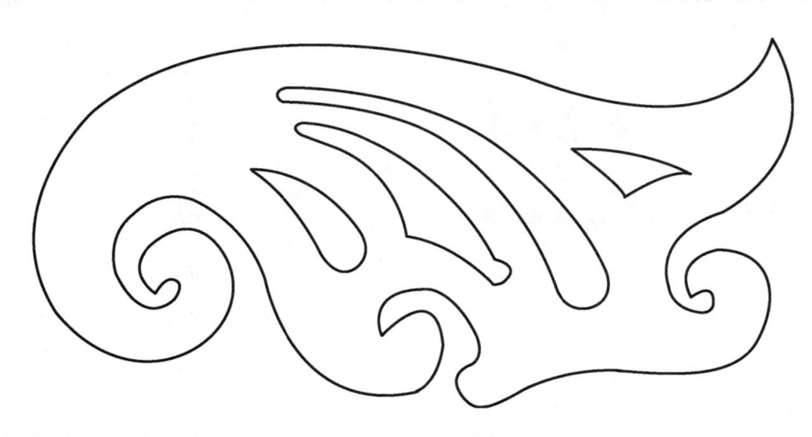

图 1－28　曲线板

（1）按相应的作图方法作出曲线上一些点。

（2）用铅笔徒手将各点依次连成曲线；作为稿线的曲线不宜过粗。

（3）从曲线一端开始，选择曲线板与曲线相吻合的四个连续点，找出曲线板与曲线相吻合的线段，用铅笔沿其轮廓画出前三点之间的曲线，留下第三点与第四点之间的曲线不画。

（4）继续从第三点开始，包括第四点又选择四个点，绘制第二段曲线，从而使相邻曲线段之间存在平滑的过渡。如此重复，直至绘完整段曲线。

1.2.2 绘图仪器

1. 圆规

圆规用于画圆和圆弧。使用前应先调整针脚，钢针选用带台阶的一端，使针尖略长于铅芯；使用时将针尖插入图板，台阶接触纸面。画图时应使圆规向前进方向稍微倾斜。画大圆时，应使圆规两脚都与纸面垂直。具体操作如图1－29所示。

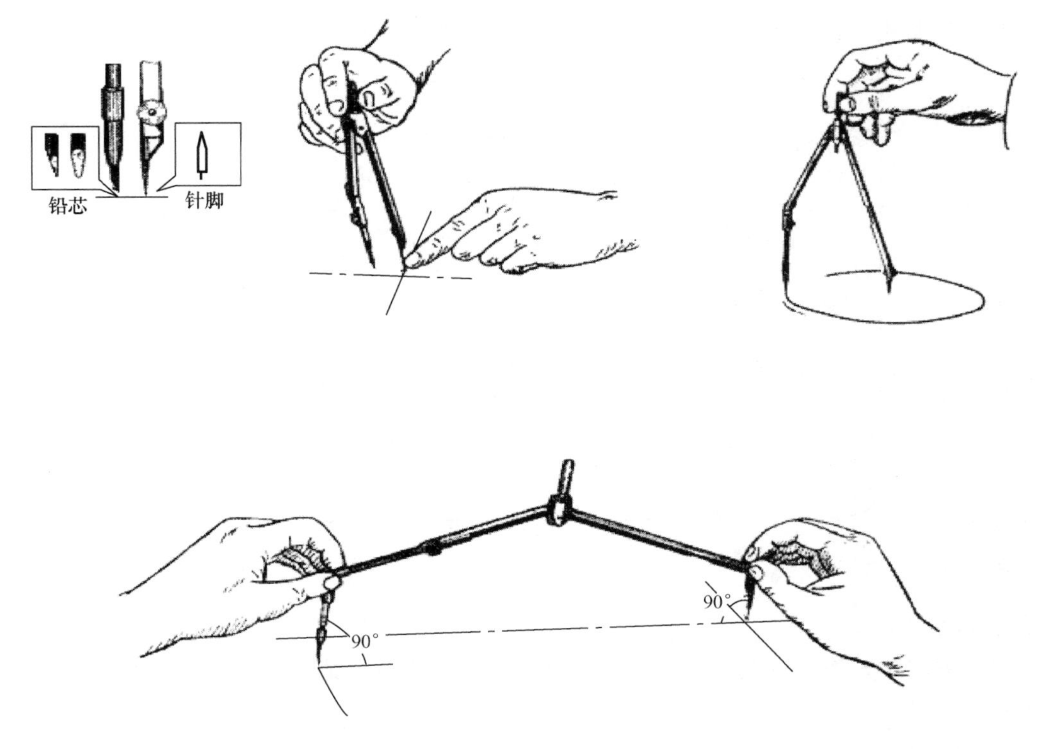

图1－29 圆规的使用方法

2. 分规

分规是用来等分和量取线段的，在其两脚并拢后，应能对齐。分规的使用方法如图1－30所示。

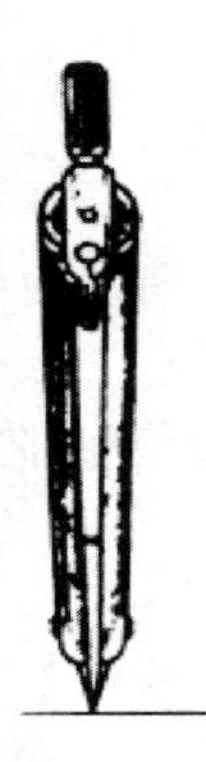
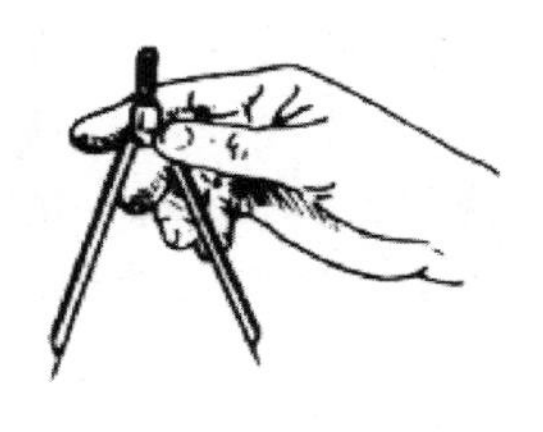

图 1-30　分规的使用方法

1.2.3　其他制图用品

1. 擦图片

擦图片是用于修改图线的，其形状如图 1-31 所示，材质多为不锈钢片。

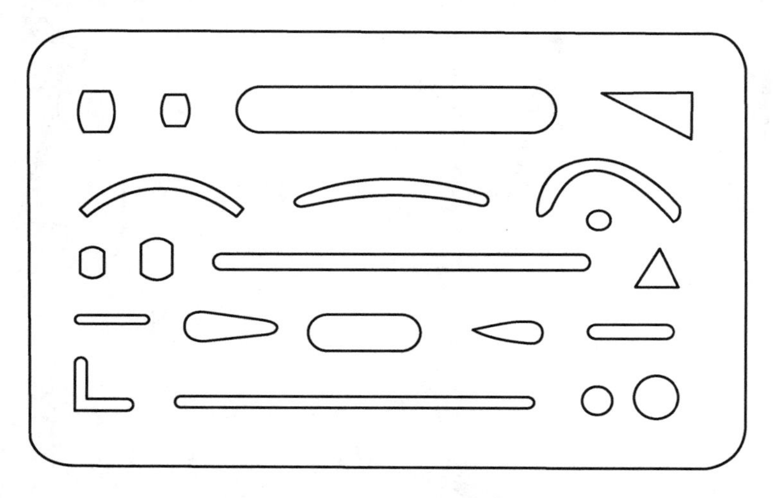

图 1-31　擦图片

2. 制图模板

目前有很多专业的制图模板，如建筑模板、结构模板、轴测图模板、数字模板等，如图 1-32 所示。

3. 橡皮

橡皮有软硬之分，修整铅笔线时多用软质的，修整墨线时则多用硬质的，如图 1-33 所示。

4. 砂纸

砂纸可固定在一块薄木板或硬纸板上，做成如图 1-34 所示的形状，以方便使用。

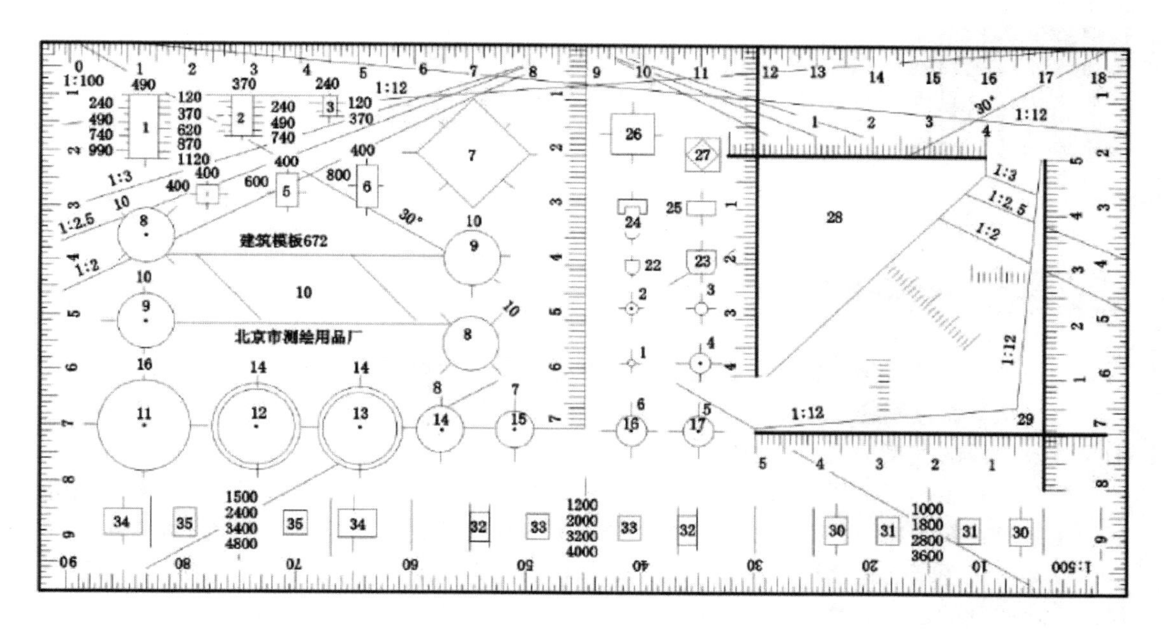

图 1-32　制图模板

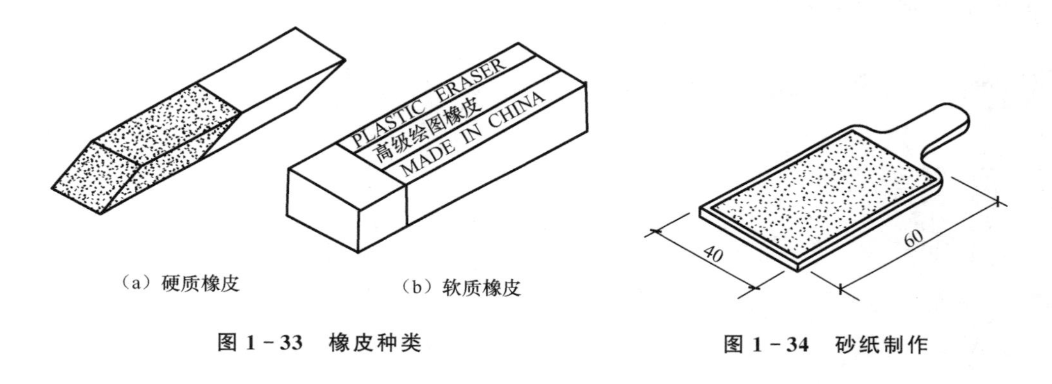

（a）硬质橡皮　　（b）软质橡皮

图 1-33　橡皮种类　　图 1-34　砂纸制作

5. 排笔

用橡皮擦拭图纸时会产生很多的橡皮屑，可用排笔及时清除干净，如图 1-35 所示。

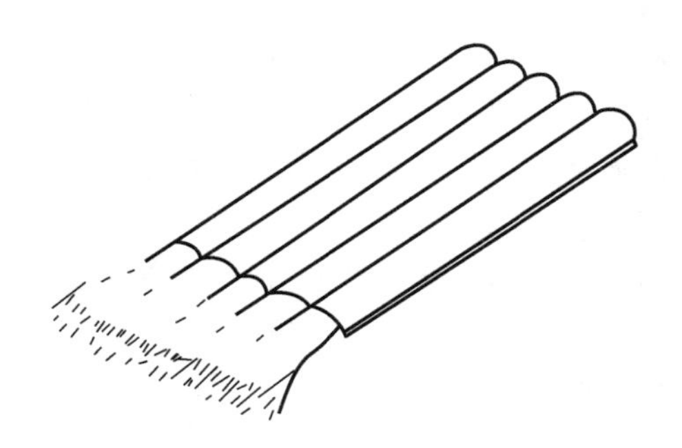

图 1-35　排笔

任务1.3 建筑制图基本步骤

1.3.1 建筑制图前的准备工作

为保证绘图的质量，提高绘图的速度，在绘图前要做好以下准备工作。

（1）认真阅读图样。在绘图之前应对所需绘制的图样进行全面详细的分析，掌握图形的尺寸及线段的连接关系，并拟定具体的作图顺序。

（2）准备工具、仪器及用品。准备好画图用的工具和仪器，削好铅笔，将图板、三角板、丁字尺擦拭干净，将双手洗干净，把绘图工具和仪器放在适合的位置，以方便使用。

（3）固定图纸。按照图样大小选择图纸幅面，正面向上放在图板适当位置，并用丁字尺比一比图纸的水平边是否放正；图纸放正后，用胶带纸将图纸固定在图板上，一般按对角线方向顺次固定，使图纸平整。应将图纸布置在图板的左下方，但要使图板的底边与图纸下边的距离大于丁字尺宽度。

1.3.2 建筑制图的基本步骤

【建筑制图的基本步骤】

1. 绘制底稿

画底稿时，宜用削尖的2H或3H铅笔浅淡地绘出，并经常磨削铅笔。对需要上墨的底稿，在线条的交接处宜刻画出头一些，以便清楚地辨别上墨的起止位置。

画底稿的一般步骤为先画图框、标题栏，后画图形。画图形时，先画轴线或对称中心线，再画主要轮廓，然后画图样细部。具体步骤如下。

（1）根据《房屋建筑制图统一标准》中对图纸格式的规定，画好图框线和标题栏的外轮廓。

（2）根据所绘图样的数量、大小和比例，进行合理的图面布局，若图形为对称样式，应先画中心线，并注意留有足够的位置进行尺寸标注。

布置图形位置的基本准则是：图形间距合理，视图匀称美观，考虑标注尺寸和文字说明所需要的距离。

（3）画图形的主要轮廓线。按照从大到小、从整体到局部的顺序进行绘制。为方便修改，底稿的图线应轻而淡，能定出图线的位置即可。

（4）仔细检查底图，擦去多余的底图线。

2. 铅笔加深

铅笔加深图线时，应做到线型正确、粗细分明、连接光滑、图面整洁。

加深图线时可用B或2B铅笔，用力应均匀，还应使图线均匀分布在底稿的两侧。铅笔加深图线一般步骤如下。

(1) 加深所有的点画线。

(2) 加深所有的粗实线、圆和圆弧。

(3) 从上向下依次加深所有水平的粗实线。

(4) 从左向右依次加深所有垂直的粗实线。

(5) 从左上方开始，依次加深所有倾斜的粗实线。

(6) 在加深图线过程中，依次加深所有的虚线、圆及圆弧、波浪线。

(7) 画符号和箭头。

3. 标注尺寸

标注尺寸时，应先画出尺寸界限、尺寸线和尺寸起止符号，然后标注尺寸数字。

4. 检查全图并填写图名、比例及文字说明

当图样完成后，要进行一次全面的检查，仔细查看是否有画错或漏画的地方，进行相应修改，以确保图样准确。

在确定图样准确无误后，填写标题栏中图名、比例和文字部分，然后沿图框线的边进行裁剪，以保证图纸规格符合制图规范要求。

工作能力测评

一、选择题

1. 下列选项中属于A4幅面尺寸的是（　　）。

A. 841×1189　　B. 594×841

C. 420×594　　D. 210×297

2. 国家标准规定，每张图纸的（　　）都必须有标题栏。

A. 右下角　　B. 左下角

C. 正中间　　D. 右上角

3. 下列属于粗线线宽的是（　　）。

A. b　　B. $0.7b$

C. $0.5b$　　D. $0.25b$

4. 丁字尺主要用来画（　　）。

A. 水平线　　B. 曲线

C. 弧线　　D. 圆

5. 下列选项中对各类线型加深顺序描述正确的是（　　）。

A. 中心线、虚线、粗实线、细实线

B. 中心线、粗实线、细实线、虚线

C. 中心线、粗实线、虚线、细实线

D. 粗实线、中心线、虚线、细实线

6. 对图纸幅面的简称是（　　）。

A. 图幅　　B. 图框　　C. 标题栏　　D. 会签栏

7. 图纸上限定绘图区域的线框是指（　　）。

A. 图幅　　B. 图框　　C. 标题栏　　D. 会签栏

8. 幅面代号为 A0 的图纸，长、短边尺寸分别是（　　）。

A. 1189mm、841mm　　B. 841mm、594mm

C. 420mm、297mm　　D. 297mm、210mm

9. 幅面代号为 A1 的图纸，长、短边尺寸分别是（　　）。

A. 1189mm、841mm　　B. 841mm、594mm

C. 420mm、297mm　　D. 297mm、210mm

10. 幅面代号为 A2 的图纸，长、短边尺寸分别是（　　）。

A. 1189mm、841mm　　B. 841mm、594mm

C. 594mm、420mm　　D. 297mm、210mm

11. 幅面代号为 A3 的图纸，长、短边尺寸分别是（　　）。

A. 1189mm、841mm　　B. 841mm、594mm

C. 420mm、297mm　　D. 297mm、210mm

12. 一个工程设计中，每个专业所使用的图纸，除去目录及表格所采用的 A4 幅面外，一般不多于（　　）。

A. 1 种　　B. 2 种　　C. 3 种　　D. 4 种

13. 一般情况下，一个图样应选择的比例为（　　）。

A. 1 种　　B. 2 种　　C. 3 种　　D. 4 种

14. 图样及说明中的汉字宜采用（　　）。

A. 长仿宋体　　B. 黑体　　C. 隶书　　D. 楷体

15. 制图的基本规定中，对数量的数值标注应采用（　　）。

A. 正体阿拉伯数字　　B. 斜体阿拉伯数字

C. 正体罗马数字　　D. 斜体罗马数字

16. 制图的基本规定中，要求数量的单位符号应采用（　　）。

A. 正体阿拉伯数字　　B. 斜体阿拉伯数字

C. 正体字母　　D. 斜体罗马数字

17. 绘制尺寸界线时应采用（　　）。

A. 粗实线　　B. 粗虚线　　C. 细实线　　D. 细虚线

18. 绘制尺寸起止符号时应采用（　　）。

A. 中粗长线　　B. 波浪线　　C. 中粗短线　　D. 单点长画线

19. 尺寸起止符号倾斜方向与尺寸界线应成（　　）。

A. 45°　　B. 60°　　C. 90°　　D. 180°

20. 图样轮廓线以外的尺寸线，距图样最外轮廓线之间的距离不宜小于（　　）。

A. 10mm　　B. 20mm　　C. 5mm　　D. 1mm

21. 平行排列的尺寸线的间距，宜为（　　）。

A. 1～2mm　　B. 2～3mm　　C. 3～5mm　　D. 7～10mm

22. 标注球的半径尺寸时，应在尺寸前加注符号（　　）。

A. *R*　　B. *SR*　　C. *RS*　　D. *S*

23. 标注圆弧的弧长时，应以（　　）表示尺寸线。

A. 箭头　　B. 跟该圆弧同心的圆弧线

C. 标注圆弧的弦长　　D. 平行于圆弧的直线

24. 制图的第一个步骤一般是（　　）。

A. 绘制图样底稿　　B. 检查图样、修正错误

C. 底稿加深　　D. 图纸整理

25. 制图的最后一个步骤一般是（　　）。

A. 绘制图样底稿　　B. 检查图样、修正错误

C. 底稿加深　　D. 图纸整理

二、填空题

1. 国家建筑制图标准包括__________、__________、__________。

2. 图纸幅面的基本规定尺寸有五种，其代号分别为__________。

3. 图纸上限定绘图范围的线框称为__________。

4. 在图线的规定中，把线分为粗、中和细，其线宽依次是__________。

5. 图样及说明中的字体一般采用__________。

6. 尺寸标注中尺寸的四个组成分别是__________。

三、简答题

1. 简要说明建筑制图标准对建筑工程制图的意义和价值。

2. 简述建筑工程制图的基本步骤。

项目2 投影的基本知识

任务导入

2019年7月，小张今天很高兴，因为感到了学习的乐趣，同时也因为工程师对他前一个模块的学习给予了很高的认可。但是小张明白，要想把建筑工程图纸看懂，必须懂得投影的相关知识，这是识图和制图的基础能力。因此，他决定用一段时间集中学习投影方面的内容，包括三面投影、正投影、点线面的投影等知识点。他的导师对他这样的安排很赞同，表示会给予更多的指导，以帮助小张尽快地成长，成为公司正式的一员。

知识体系

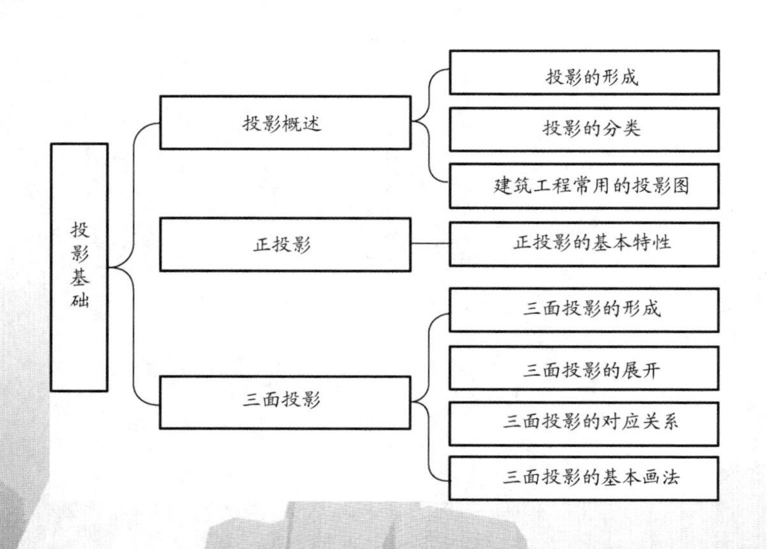

学习目标

目标类型	目标要求
知识目标	(1) 了解投影的概念、分类及特性 (2) 了解建筑工程中常用的投影图 (3) 掌握中心投影和平行投影的形成 (4) 掌握正投影的特性、三面投影图的形成过程 (5) 掌握三面投影体系的建立及形体在三面投影体系中的投影规律
技能目标	(1) 能够应用投影规律进行建筑工程制图 (2) 能够将投影基本知识熟练应用于建筑工程识图过程中
学习重点、难点提示	形体在三面投影体系中的投影规律

任务实施

任务 2.1 投影概述

2.1.1 投影的形成

灯光或太阳光照射物体时，地面或墙壁上会产生与原物体相同或相似的影子，人们根据这个自然现象，总结出将空间物体表达为平面图形的方法，即投射线通过物体向选定的平面投射，并在该平面上得到图形的方法，称为投影法。

【投影的形成】

在投影法中，照射光线称为投影线，投影所在的平面称为投影面，所得影像的集合轮廓则称为投影或投影图，如图 2-1 所示。

在图 2-1 中，用光源 S 将△ABC 向投影面 H 投射，在该面上得到一个投影图 abc，即△ABC 的投影，其中 S 称为投影中心，SA、SB、SC 为投影线，H 为投影面。在投影中，空间中的原几何元素一般用大写字母表示，其在某一投影面上的投影一般用小写字母表示。

【投影的分类】

2.1.2 投影的分类

根据投影线、投影物体、投影面之间相互位置的不同，所形成投影的特性不同，将投影分为中心投影和平行投影两类，如图 2-2 所示。平行投影又分斜投影和正投影两种。

1. 中心投影

由同一点光源发出的光线形成的投影称为中心投影。如图 2-1 中，SA、SB、SC 集

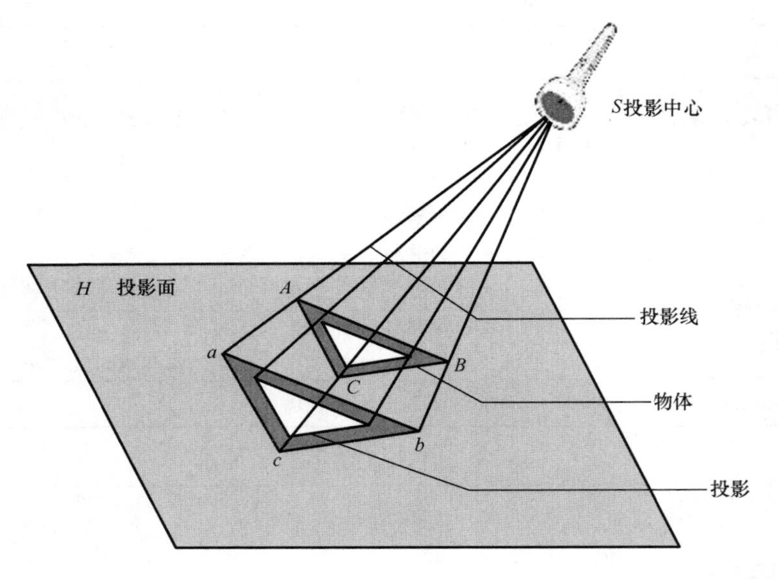

图 2－1 投影的形成

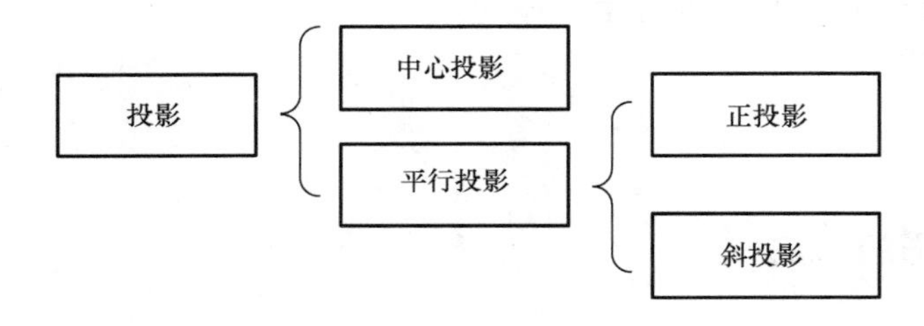

图 2－2 投影的分类

中于一点 S，在投影面上形成投影 abc，这种投影的方法称为中心投影法。物体在灯泡发出的光照射下形成影子就是中心投影。

2. 平行投影

有时照射光线是一组互相平行的射线，如太阳光或探照灯光中的一束光。由平行光线所形成的投影称为平行投影，如图 2－3 所示。

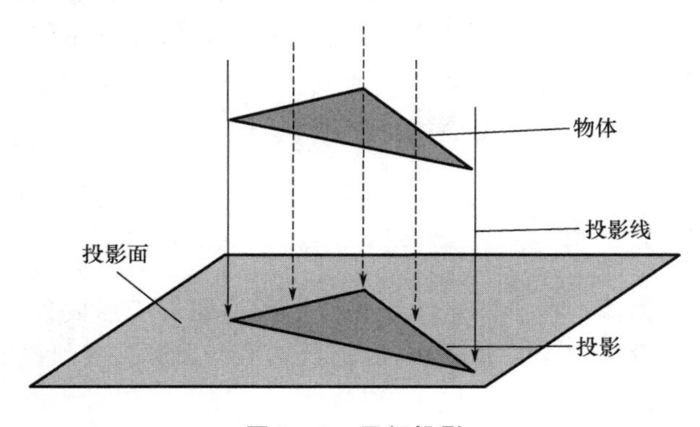

图 2－3 平行投影

物体在太阳光的照射下形成的影子（简称日影）就是平行投影。日影的方向可以反映时间，古埃及的绿石板影钟和我国古代的计时器日晷，就是根据日影来观测时间的。皮影戏是利用自然光或蜡烛光源的照射，把影子的形态反映在银幕（投影面）上的表演艺术。

在平行投影中，投影线垂直于投影面产生的投影称为正投影，如图 2－4 所示；投影线倾斜于投影面产生的投影称为斜投影，如图 2－5 所示。

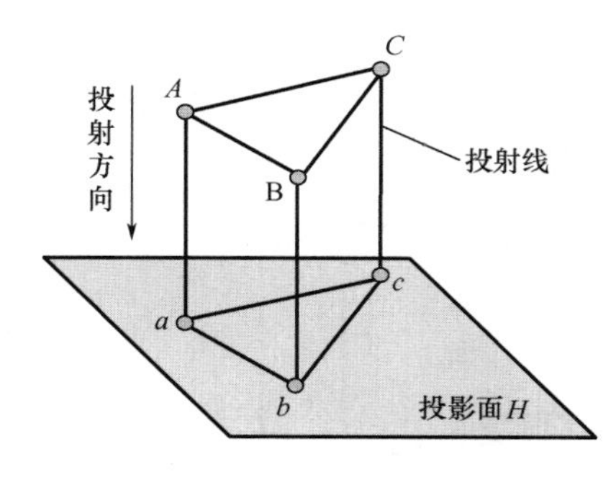

图 2－4　正投影

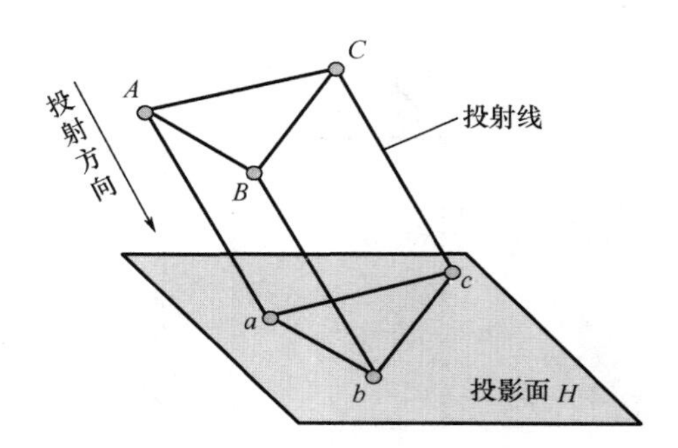

图 2－5　斜投影

2.1.3　建筑工程常用的投影图

1. 正投影图

利用平行正投影的方法，把形体投射到两个或两个以上相互垂直的投影面上，再按一定的规律将其展开到一个平面上而得到的投影图，称为正投影图，如图 2－6 和图 2－7 所示。

【建筑工程常用的投影图】

正投影图特点为能准确反映物体形状和大小，绘图简便、便于度量，因此工程图样大多数采用正投影法；但其直观性差，缺乏立体感，不易看懂。

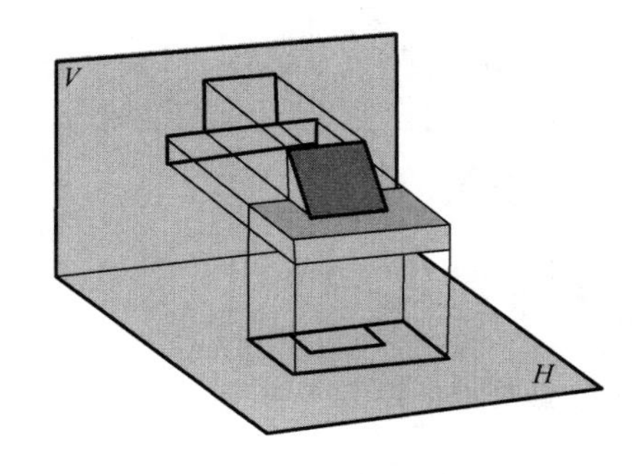

图 2－6　正投影图的形成

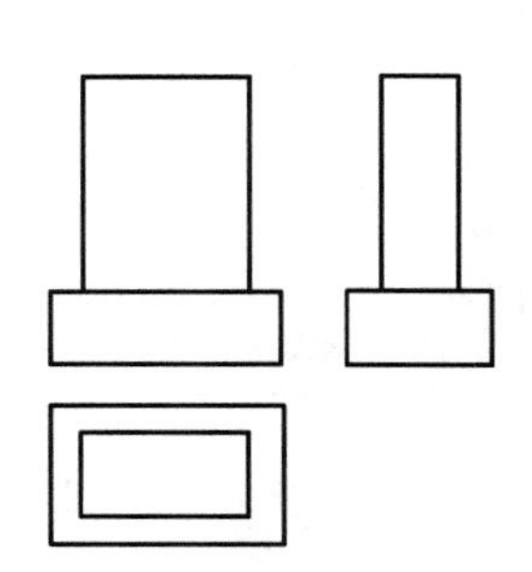

图 2－7　正投影图

2. 轴测投影图

用平行投影法中的正投影法或斜投影法，把空间形体连同确定该形体的空间直角坐标系一起投影到一个投影面上，这样得到的图称为轴测投影图，如图 2－8 所示。

轴测投影图特点为直观性较好，立体感强，容易看懂，但其度量性较差，作图较繁。它一般与正投影图配合使用，以弥补正投影图直观性较差的不足，在工程中常用作辅助图样。

3. 透视投影图

用中心投影法将形体投射到一个投影面上，从而获得的一种较为接近视觉效果的单面投影图，称为透视投影图，简称透视图或透视，如图 2－9 所示。

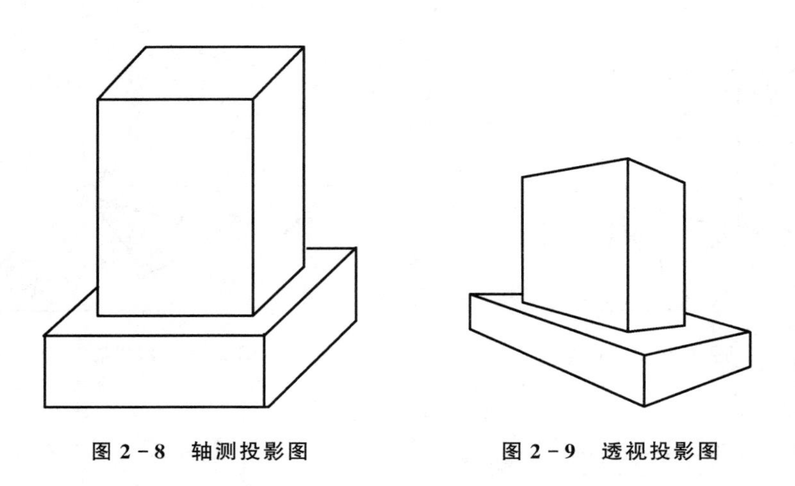

图 2－8　轴测投影图　　　　**图 2－9　透视投影图**

透视投影图特点为具有立体感、真实感，相同大小的形体呈现出规律性的变化，能逼真地反映形体的空间形象，如图 2－10 所示。

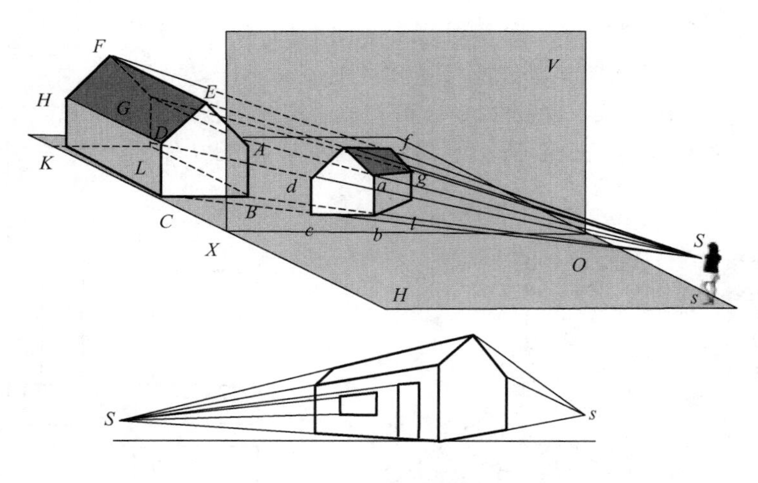

图 2－10　透视投影图的形成

透视图与人们观看物体时所产生的视觉效果非常接近，所以能更加生动形象地表现建筑外貌及内部装饰，常用于建筑方案设计、装饰及广告行业中，如建筑物效果图、工业产品的展示图。图 2－11 所示为某教学楼的透视投影图。

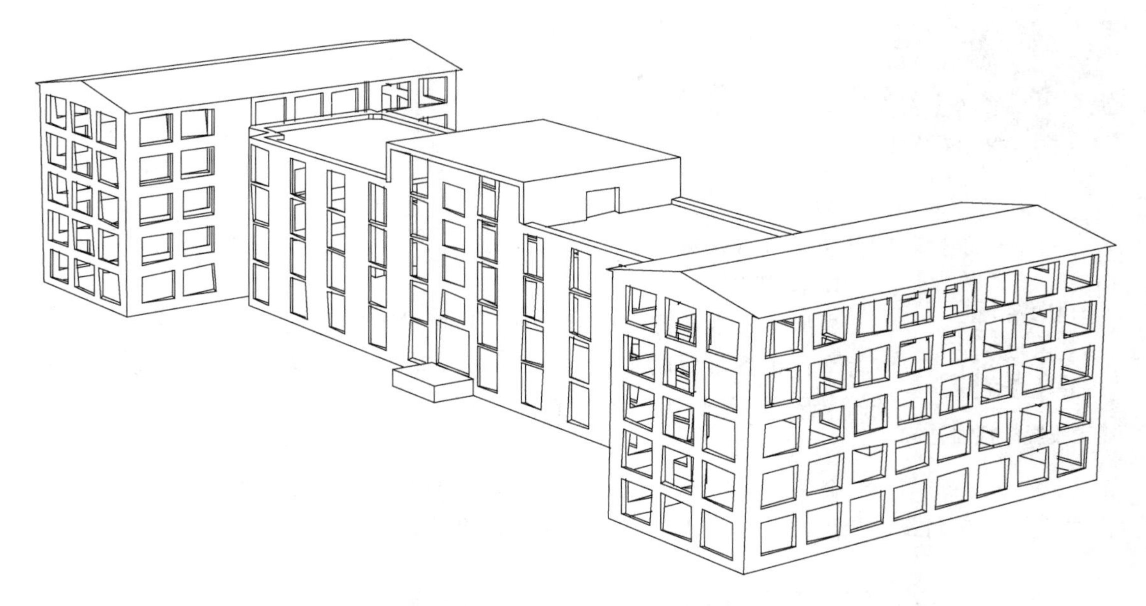

图 2－11　某教学楼的透视投影图

4. 标高投影图

用水平投影加注高度数字来表示空间形体的方法称为标高投影法，所得到的单面正投影图称为标高投影图，多用来表达地形及复杂曲面。它是假想用一组高差相等的水平面切割地面，将所得到的一系列交线（称为等高线）平行投射在水平面上，并用数字标出这些等高线的高程而得到的投影图（常称地形图），如图 2－12 所示。

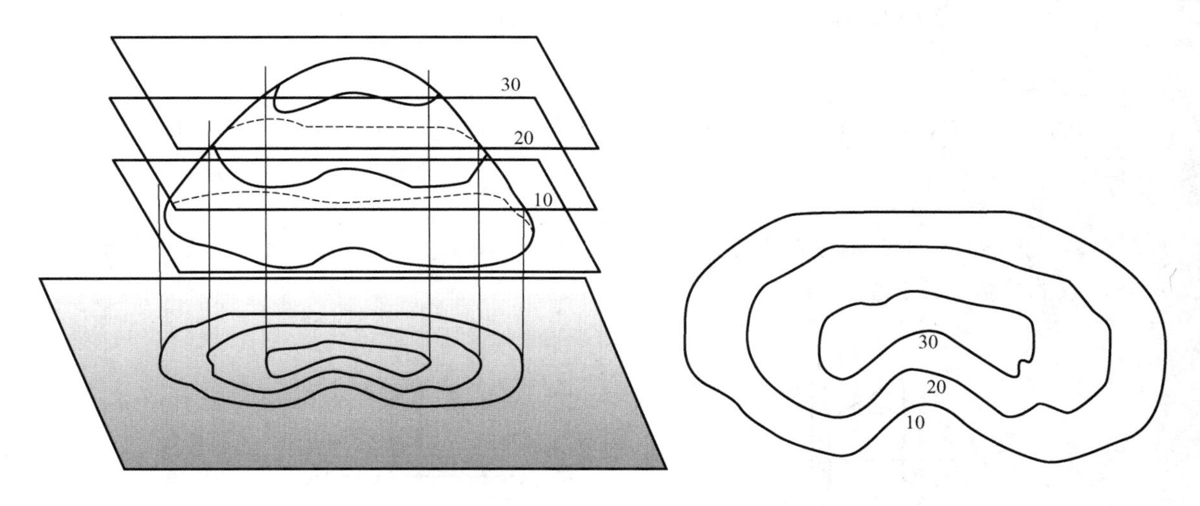

图 2－12　标高投影图的形成

标高投影图广泛应用于土木工程中，用来绘制地形、建筑总平面和道路等的平面布置图样。

任务 2.2　正投影

对平行正投影的基本特性介绍如下。

【正投影的特性】

1. 真实性

当形体元素平行于投影面时，其投射可反映元素的真实性。例如物体上平行于投影面的直线（AB）可反映实长，物体上平行于投影面的平面（P）可反映实形，如图 2-13 所示。

2. 定比性

在正投影中，一条直线上任意三个点的简单比值不变，即两线段实长之比等于它们投影长度之比——$AB:BC=ab:bc$，如图 2-14 所示。

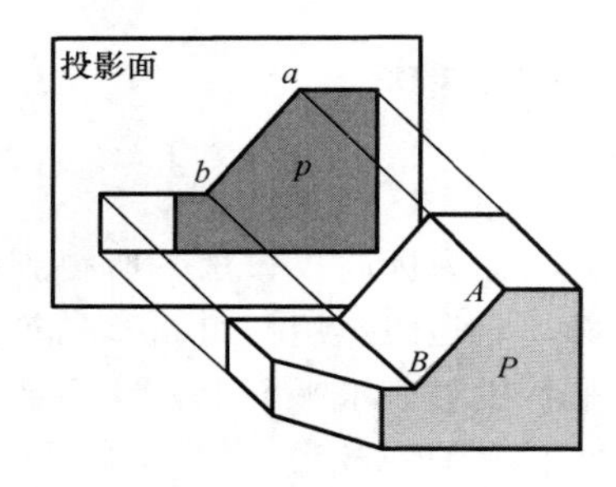

图 2-13　正投影的真实性

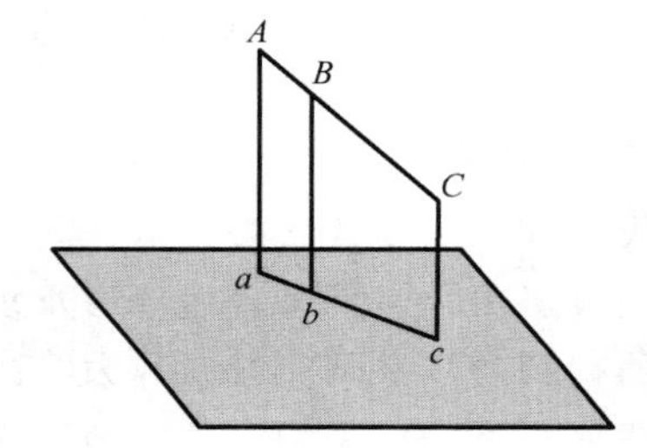

图 2-14　正投影的定比性

3. 平行性

在正投影中，两平行直线的投影一般仍平行，即 $AB//CD=ab//cd$，如图 2-15 所示。

4. 从属性

若一点在直线上，则该点的投影一定在该直线的投影上。如图 2-16 所示，直线 AC 上 B 点的投影 b 必定在 ac 上。

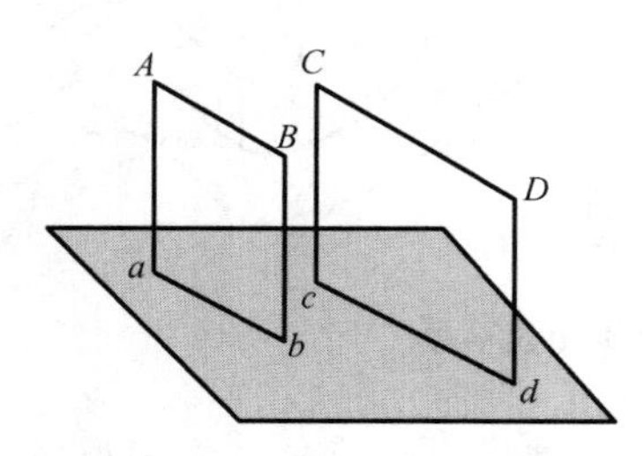

图 2-15　正投影的平行性

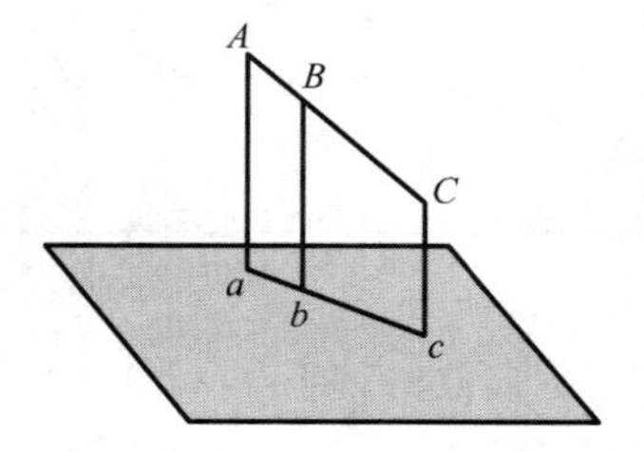

图 2-16　正投影的从属性

5. 同素性

在正投影中，点的投影是点，直线的投影一般仍是直线。

6. 类似性（相仿性）

在正投影中，一般情况下，平面形体的投影都要发生变形，但其投影形状总与原形相仿，即平面在投影后与原形的对应线段保持定比性，表现为投影形状与原形的边数相同、平行性相同、凸凹性相同及边的直线或曲线性质不变。如图 2－17 所示，物体上倾斜于投影面的平面 R 其投影仍是原图形的类似形。

7. 积聚性

在正投影中，物体上垂直于投影面的直线（CD）的投影积聚成一点，物体上垂直于投影面的平面（Q）投影积聚成一条直线，如图 2－18 所示。

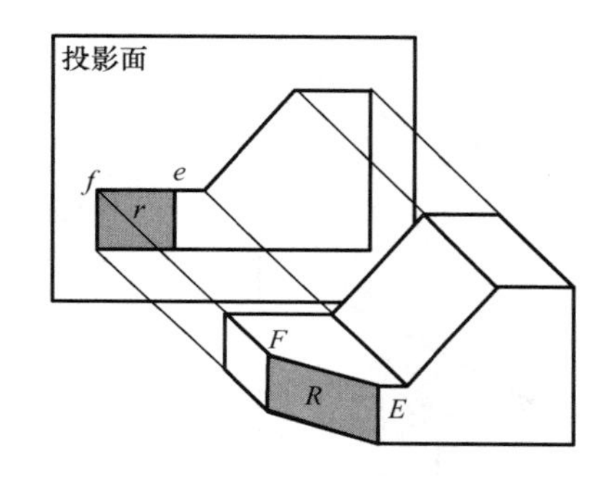

图 2－17　正投影的类似性

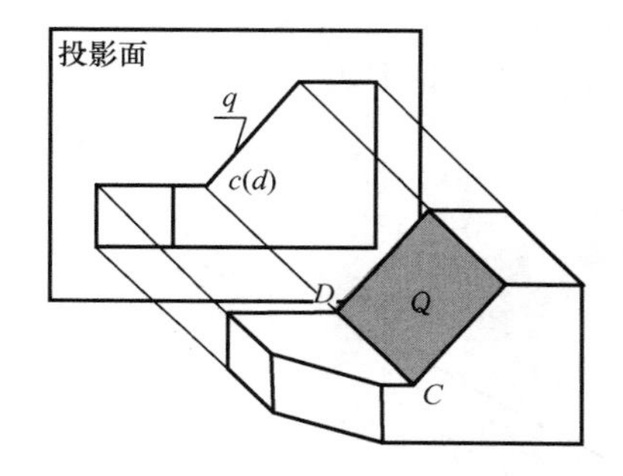

图 2－18　正投影的积聚性

任务 2.3　三面投影

正投影图有单面、双面和多面三种形式。双面正投影图，是物体在两个相垂直的投影面上的正投影；多面正投影图，是物体在三个或三个以上相互垂直的投影面上的正投影。

物体具有三维性，即有长、宽、高三个方向的尺寸，而一个投影仅能反映两个维度。当一个形体只向一个或两个投影面作投影时，其投影只能反映它一个面或两个面的形状和大小，并不能确定该形体的唯一形状。如图 2－19 和图 2－20 所示，空间中多个不同的形体向同一个或两个投影面投影，虽然投影图是相同的，但并不能反映这些形体的真实形状和大小。

但在三面投影图中，效果就不一样了，如图 2－21 所示。

由于三面正投影图能够唯一确定形体的形状和反映实际尺寸，且绘图方便，因此是土建工程中最主要的图样。本书也主要对此进行讲述。

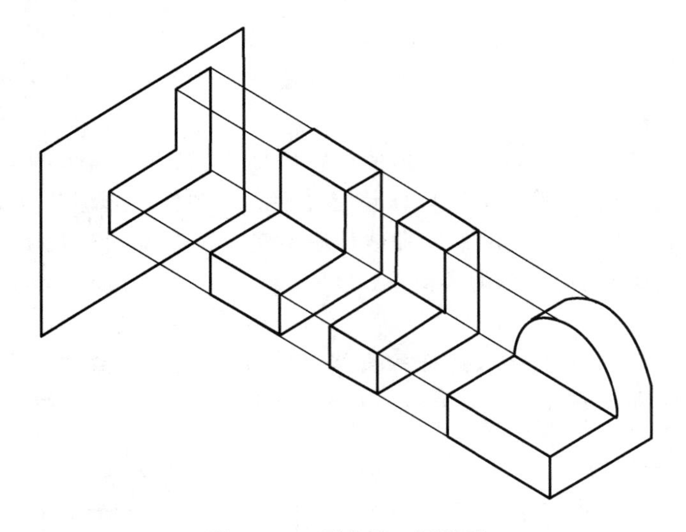

图 2－19　形体的一面投影

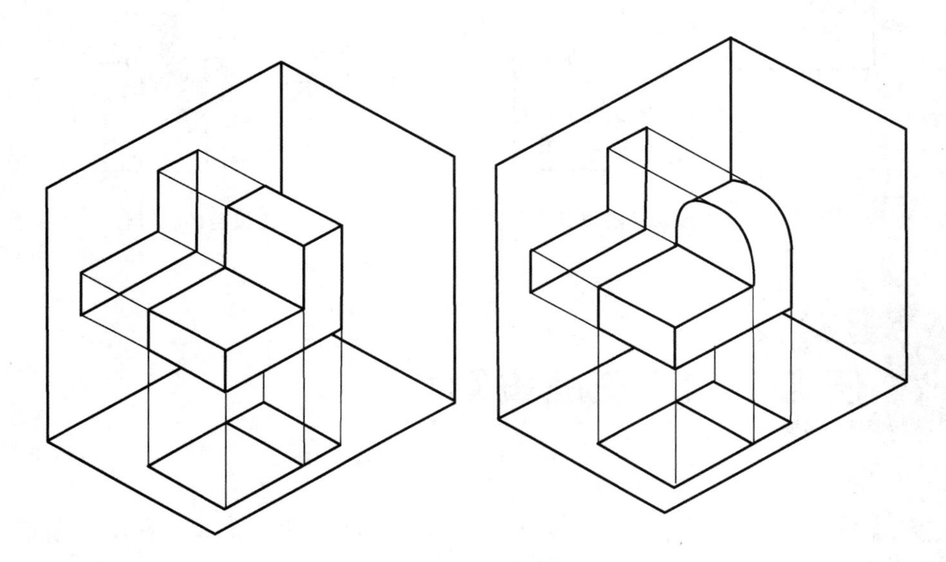

图 2－20　形体的两面投影

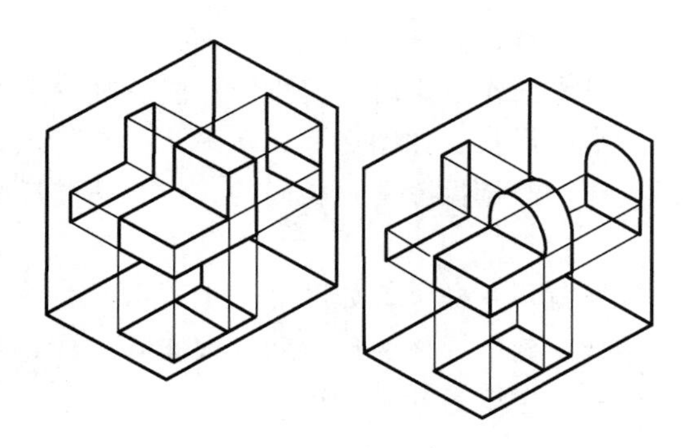

图 2－21　形体的三面投影

2.3.1 三面投影的形成

1. 三面投影体系

【三面投影的形成】

三个互相垂直的投影面，称为三面投影体系，如图 2-22 所示，其中正立（Vertical）投影面，简称正立面，用 *V* 标记；侧立（Width）投影面，简称侧立面，用 *W* 标记；水平（Horizontal）投影面，简称水平面，用 *H* 标记。

三个投影面之间的交线称为投影轴，分别用 *OX*、*OY*、*OZ* 表示；三根投影轴的交点 *O*，称为原点。

2. 三视图

将物体放在三面投影体系中，并尽可能使物体的各主要表面平行或垂直于其中一个投影面，保持物体不动；根据正投影原理，用人的视线代替投射线，将物体分别向三个投影面作投影，即从三个方向去观看，就得到物体的三视图，如图 2-23 所示。

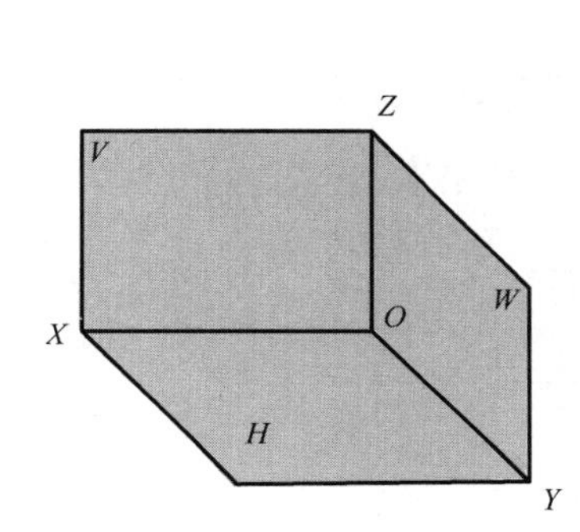

图 2-22　三面投影体系

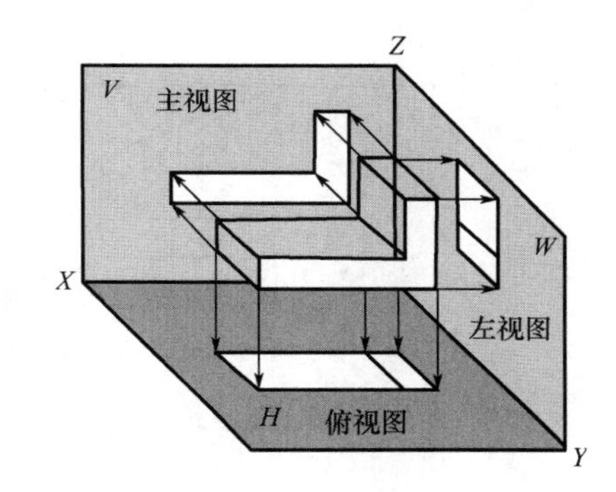

图 2-23　三视图

主视图：由前向后投射，在 *V* 面上所得的视图。

俯视图：由上向下投射，在 *H* 面上所得的视图。

左视图：由左向右投射，在 *W* 面上所得的视图。

2.3.2 三面投影的展开

【三面投影的展开】

将形体放在三面投影体系中，得到三个不同方向的正投影，为使三视图位于同一平面内，需将三个互相垂直的投影面摊平，方法为：*V* 面不动，将 *H* 面绕 *OX* 轴向下旋转 90°，*W* 面绕 *OZ* 轴向右旋转 90°，如图 2-24 和图 2-25 所示。

投影面是假想的，没有固定的大小和边界，而投影图与投影面的大小无关。在工程图样中为了简化作图，投影面边框和投影轴可不必画出，但各投影面是按照规定位置摆放的。

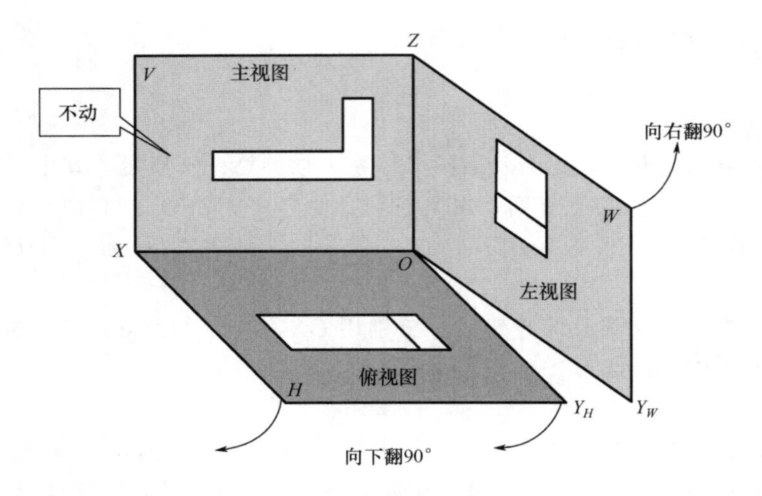

图 2-24　三面投影的展开摊平

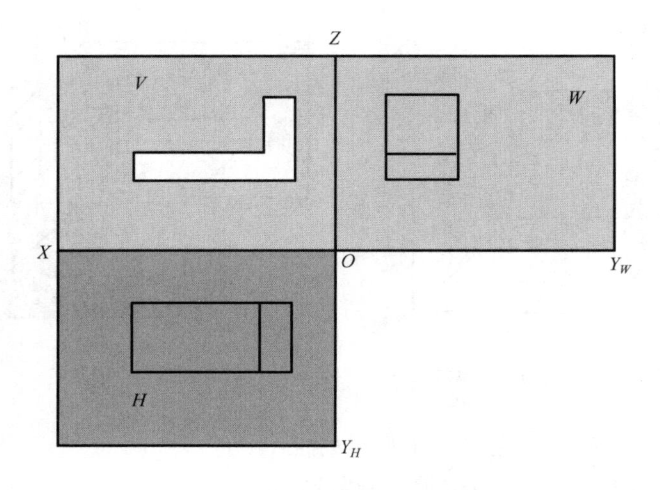

图 2-25　最终得到的形体三面投影

2.3.3　三面投影的对应关系

1. 投影关系

【三面投影的对应关系】

由图 2-26 中的三视图可以看出，俯视图反映物体的长和宽，正视图反映物体的长和高，左视图反映物体的宽和高。因此，物体的三视图之间具有如下的"三等"关系。

长对正——主视图与俯视图的长度相等，且相互对正。

高平齐——主视图与左视图的高度相等，且相互平齐。

宽相等——俯视图与左视图的宽度相等。

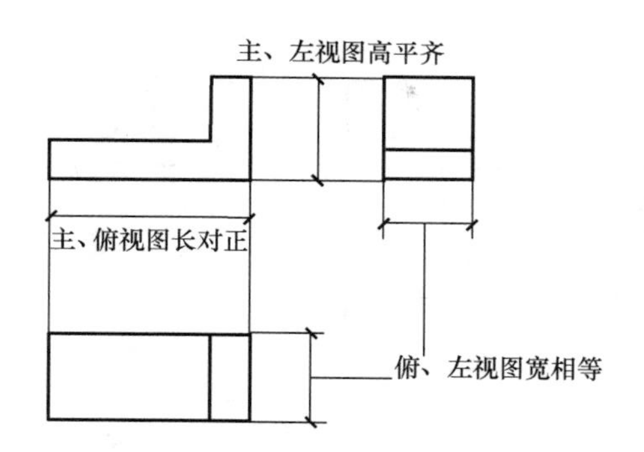

图 2-26 三视图的投影关系

在图 2-27 的三视图中，无论是物体的总长、总宽、总高，还是局部的长、宽、高，都符合“长对正”“高平齐”“宽相等”的对应关系。“三等”关系是绘制和阅读正投影图必须遵循的投影规律，在通常情况下，三个视图的位置不应随意移动。

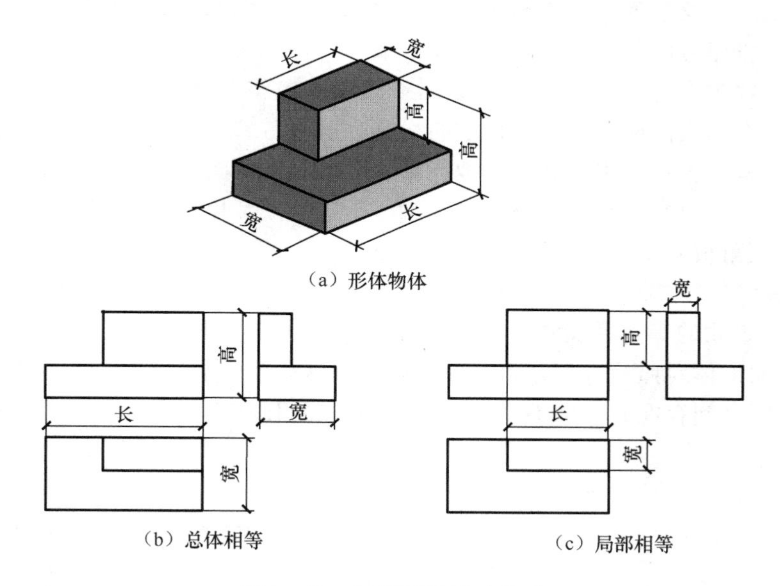

图 2-27 三视图的尺寸关系

2. 方位关系

对于一个物体，可用三视图来表达其三个面，这三个投影图之间既有区别又有联系，如图 2-28 所示。具体说明如下。

(1) 正立面图（主视图）。正立面图能反映物体的正立面形状以及物体的高度和长度，及其上下、左右的位置关系。

(2) 侧立面图（左视图）。侧立面图能反映物体的侧立面形状以及物体的高度和宽度，及其上下、前后的位置关系。

(3) 平面图（俯视图）。平面图能反映物体的水平面形状以及物体的长度和宽度，及其前后、左右的位置关系。

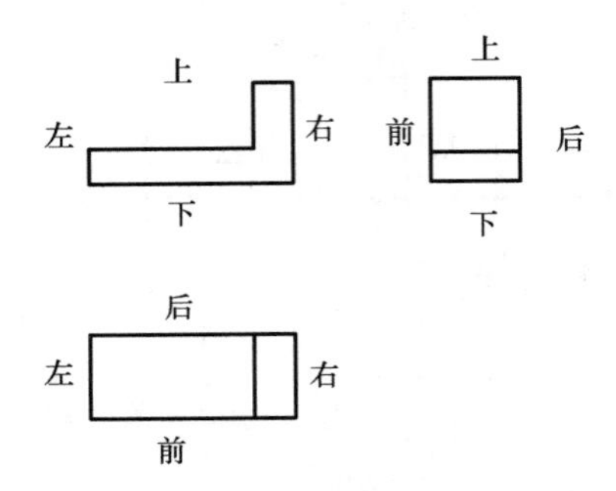

图 2-28　三视图的方位关系

2.3.4　三面投影的基本画法

【三面投影的基本画法】

绘制形体的投影图时，应将物体上的棱线和轮廓线都画出来，并且按投影方向，对可见的线用实线表示，不可见的线用虚线表示，当虚线和实线重合时只画出实线。要按照投影方向将形体的投影画在规定的位置上，在画之前应对空间形体进行分析，抓住主要特征面先行绘制，再根据“三等”关系画出和补全其他投影。三面投影的具体画法步骤如下（图 2-29）。

（1）用细实线画出坐标轴（十字线）和以 O 为基点的 45°斜线。

（2）利用三角板先将主要特征面（图 2-29 中 V 面为主要特征面）的投影画出。

（3）根据“三等”关系画出 H 面投影。

（4）利用 45°线的等宽原理画出 W 面投影。

（5）与空间形体对照检查后，将三面投影图加深。

三面投影图之间存在必然联系，只要给出物体的任何两面投影，就可画出第三面投影图。

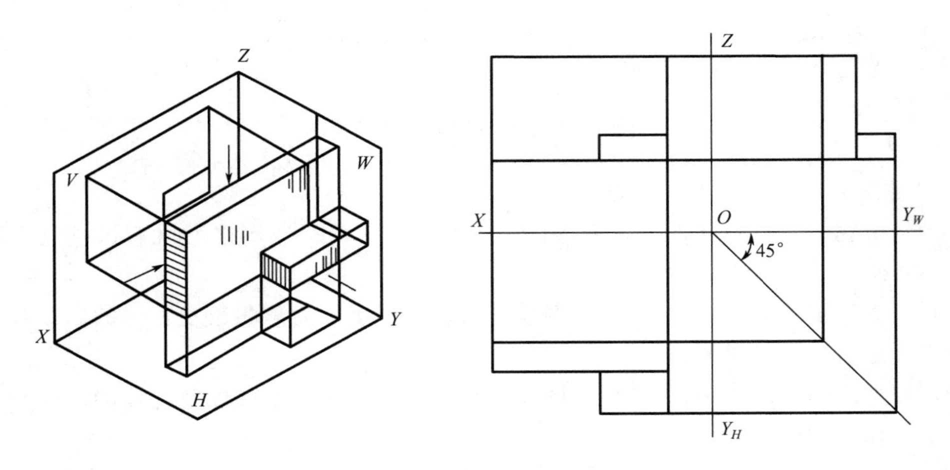

图 2-29　三面投影的基本画法

工作能力测评

一、填空题

1. 投影可分为________和________两类。

2. 平行投影可分为________和________两类。

3. 正投影的基本性质有________、________、________、________、________、________和________。

4. 物体的左视图反映了物体的高度和________尺寸。

5. 正立投影面简称________，用符号________表示；水平投影面简称________，用符号________表示；侧立投影面简称________，用符号________表示。

6. 三个互相垂直的投影面构成三投影面体系，两个投影面的交线________、________、________称为投影轴，三投影轴交于一点________，称为原点。

7. 画视图时，看得见的轮廓线通常画成________，看不见的部分通常画成________。

二、选择题

1. 投射方向垂直于投影面，所得到的平行投影称为（　　）。

A. 正投影　　B. 斜投影　　C. 平行投影　　D. 中心投影

2. 圆柱对应的主视图是（　　）。

A. 　　B. 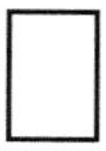　　C. 　　D.

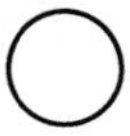

3. 某几何体的三种视图分别如图 2-30 所示，那么这个几何体可能是（　　）。

主视图　　左视图　　俯视图

图 2-30　某几何体的三种视图

A. 长方体　　B. 圆柱　　C. 圆锥　　D. 球

4. 某空心圆柱如图 2-31 所示，则该空心圆柱在指定方向上的视图应该是（　　）。

图 2-31　某空心圆柱

A. 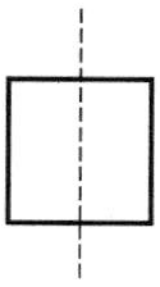　　B. 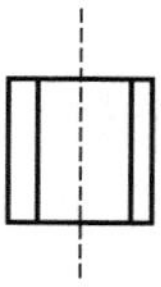　　C. 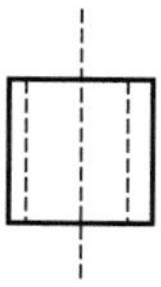　　D.

三、判断题

1. 两点的 V 面投影能反映出它们在空间的上下、左右关系。（ ）
2. 空间两直线相互平行，则它们的同面投影一定互相平行。（ ）
3. 投影面垂直线在所垂直的投影面上的投影必积聚成一点。（ ）
4. 水平投影反映实长的直线，一定是水平线。（ ）
5. 主、俯视图长对正；主、左视图高平齐；俯、左视图宽相等。（ ）

四、简答题

1. 主视图、俯视图、左视图各自的定义是什么？
2. 简述画形体的三面投影面的基本步骤。

五、案例题

建立三面投影体系，绘制图 2－32 所示两个空间形体的三面投影图。

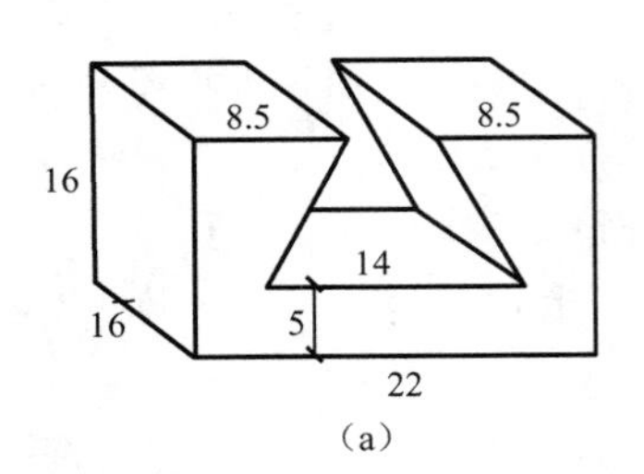

（a）

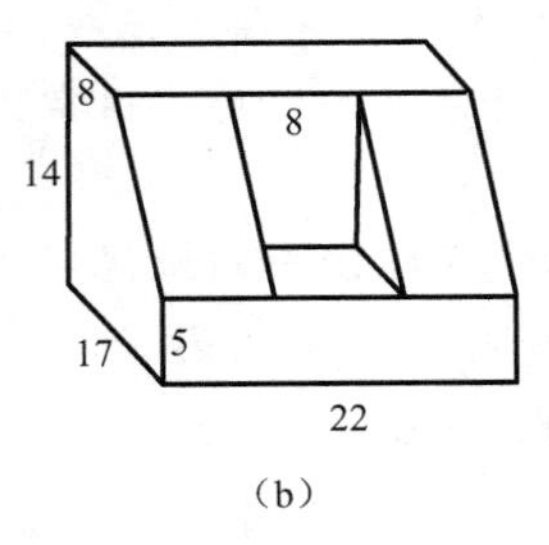

（b）

图 2－32　两个空间形体

项目3 点、直线、平面的投影

任务导入

2019 年 8 月，小张今天开始学习点、线、面的投影。通过前面对三面投影、正投影等基础知识的学习，他觉得自己肯定也能将后面的知识学好，他决定用一段时间集中学习点、线、面投影方面的内容，包括掌握点的投影规律、重影点的特性、各种位置直线的投影规律、各种位置平面的投影规律等重要知识点，他感到自己对这些新知识很有兴趣。导师对他进行了鼓励，表示会尽力帮助小张尽快掌握这些基础知识。

知识体系

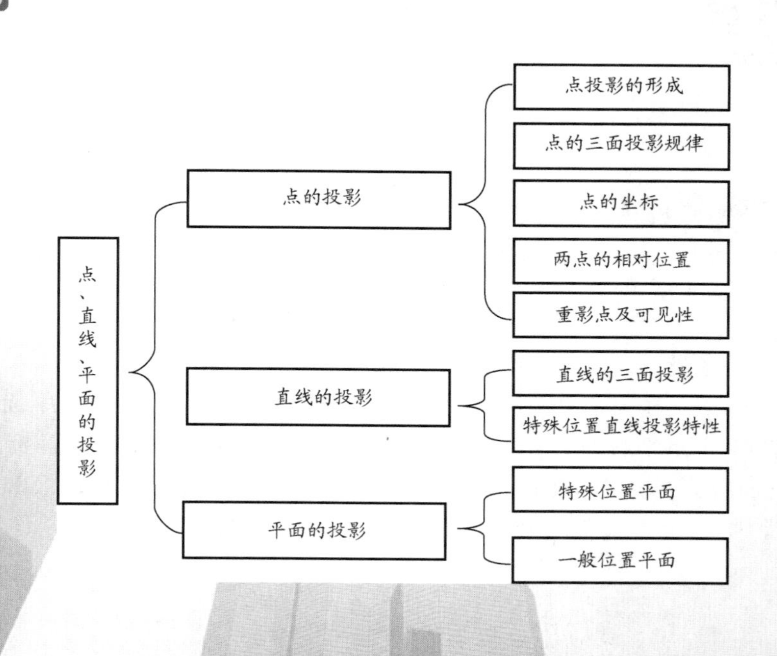

学习目标

目标类型	目标要求
知识目标	(1) 了解点投影的形成和点的坐标与投影的关系 (2) 熟练掌握点的三面投影规律及作图方法 (3) 能够根据三面投影判别两点的相对位置 (4) 了解重影点的特性 (5) 掌握各种位置直线的投影规律及作图方法 (6) 掌握各种位置平面的投影规律及作图方法 (7) 掌握各种位置投影面的判别
技能目标	(1) 能够应用点、直线、平面的投影规律进行建筑工程制图 (2) 能够将点、直线、平面的投影规律熟练应用于建筑工程识图过程中
学习重点、难点提示	点、直线、平面的投影特性及作图方法

任务实施

任务 3.1 点的投影

3.1.1 点投影的形成

【点投影的形成】

点投影指点的直角投影，是一种最基本的投影。如图 3－1 (a) 所示，在三投影面体系中，由空间点 A 分别向三个投影面作垂线，垂线与各投影面的交点就称为点的投影。

在 V 面上的投影称为正面投影，以 a' 表示；在 H 面上的投影称为水平投影，以 a 表示；在 W 面上的投影称为侧面投影，以 a'' 表示。然后按三面投影的展开方法，将投影面进行旋转，V 面不动，H、W 面各按相应方向旋转 90°，将三个投影面展成一个平面，即得到点的三面投影图，如图 3－1 (b) 所示。

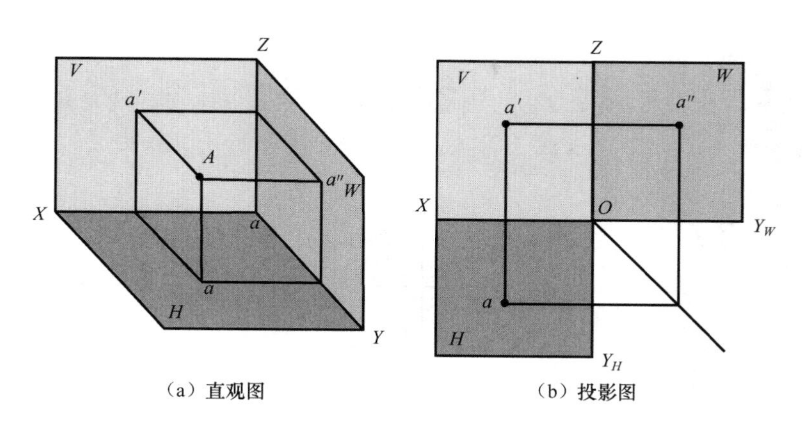

图 3-1　点的三面投影

3.1.2　点的三面投影规律

从图 3-2 中可以看出，点的三面投影存在以下规律。

(1) 点的两个投影的连线垂直于投影轴。点的水平投影与正面投影的连线垂直于 OX 轴，即 $aa'\perp OX$；点的正面投影与侧面投影的连线垂直于 OZ 轴，即 $a'a''\perp OZ$；点的水平投影与侧面投影的连线垂直于 OY 轴（注意 OY_H 与 OY_W 合一），即 $aa_{YH}\perp OY_H$，$a''a_{YH}\perp OY_W$。

(2) 点的投影到投影轴的距离等于点到投影面的距离，即

$$aa_y=Aa''=a'a_z=x,aa_x=Aa'=a''a_z=y,a'a_x=Aa=a''a_y=z$$

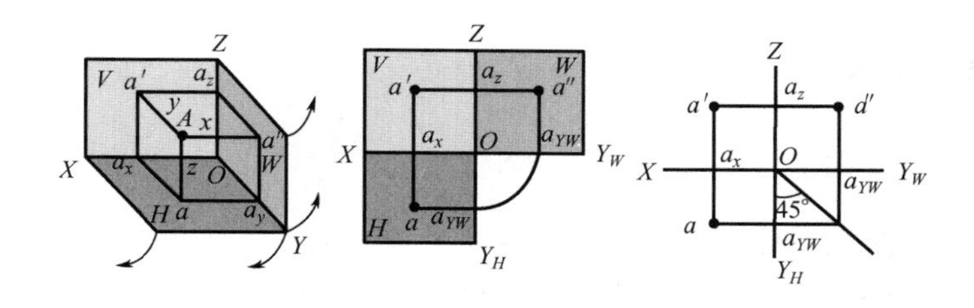

图 3-2　点的三面投影规律

图 3-2 中，45°斜线作为辅助线，以保证 W 面图与 H 面图的“宽相等”。

由上述投影规律可知，在点的三面投影中，任何两个投影都能反映出点到三个投影面的距离。因此，只要已知点的任意两个投影，就可以求出第三个投影。

【例 3-1】 如图 3-3 (a) 所示，已知 A 点的水平投影 a 和正面投影 a'，求其侧面投影 a''。

【解】 作图步骤如下。

(1) 过 a' 作 OZ 轴的垂线 $a'a_z$，需要找的 a'' 必定在其延长线上，如图 3-3 (b) 所示。

(2) 第二步有三种方法。

法 1：在 $a'a_z$ 的延长线上截取 $a''a_z=aa_x$，则 a'' 即为所求，如图 3-3 (c) 所示。

法 2：以 O 点为圆心、以 aa_x 为半径画弧交 OY_W 轴于一点，以此点向上引线与 $a'a_z$ 的延长线相交于一点，即为 a''，如图 3－3（d）所示。

法 3：过原点 O 作 45°辅助线，过 a 作 $aa_{YH} \perp OY_H$ 并延长交所作辅助线于一点，过此点作 OY_W 轴的垂线交 $a'a_z$ 的延长线于一点，此点即为所求的 a''，如图 3－3（e）所示。

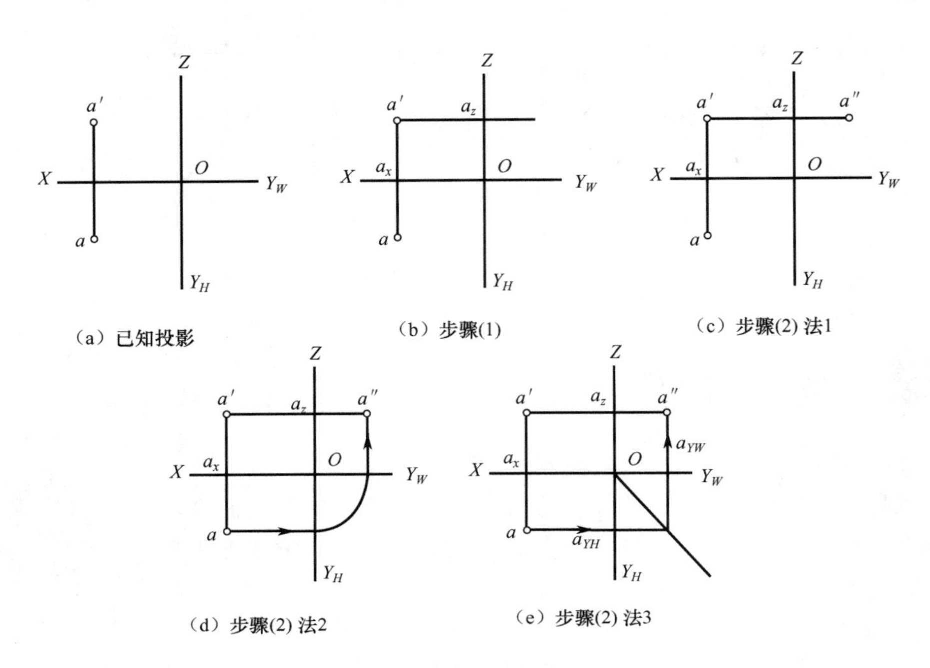

图 3－3　求点的第三面投影

3.1.3　点的坐标

【点的坐标】

1. 一般的点

如果把三面投影体系看作空间直角坐标系，那么投影面 H、V、W 相当于坐标平面，投影轴 OX、OY、OZ 相当于坐标轴 X、Y、Z，投影轴原点 O 相当于坐标原点。因此点 A 的空间位置可用其坐标表示为 $A(x, y, z)$，点 A 的三面投影坐标分别为 $a(x, y)$、$a'(x, z)$、$a''(y, z)$，如图 3－4 所示。

x——点 A 到 W 面的距离，即 a_x。

y——点 A 到 V 面的距离，即 a_y。

z——点 A 到 H 面的距离，即 a_z。

由图 3－4 可知，点的一个投影反映了两个坐标，H 面投影由（x，y）坐标确定，V 面投影由（x，z）坐标确定，W 面投影由（y，z）坐标确定，所以任意两个投影的坐标值，就包含了确定该点空间位置的三个坐标，即确定了该点的空间位置。因此，若已知一个点的任意两个投影，即可求出第三面投影；若已知点的坐标，即可作出该点的三面投影；若已知点的三面投影，即可量出该点的三个坐标。

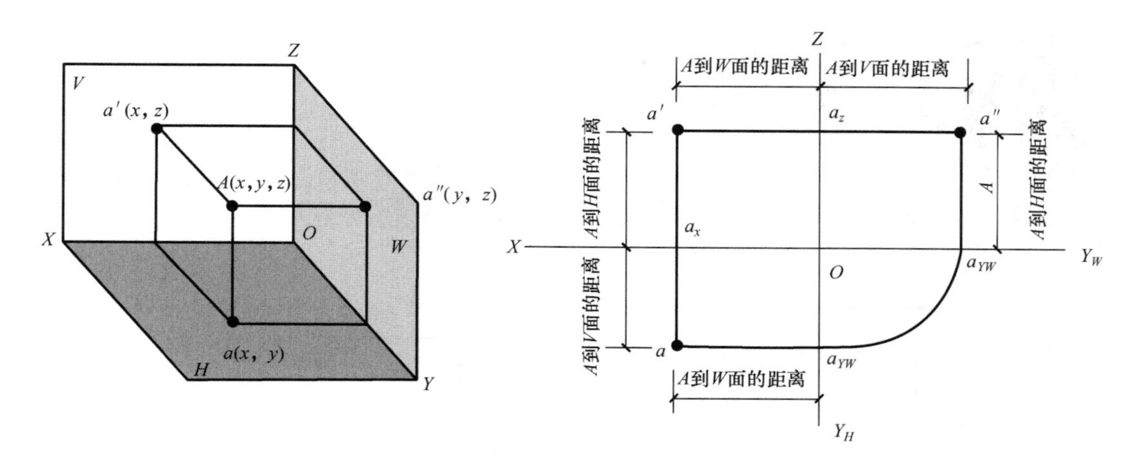

图 3-4 点的坐标

【例 3-2】 已知点 B（15，10，20），求作点 B 的三面投影图和直观图。

【解】（1）画投影轴及 45°斜线辅助线。

（2）在 OX 轴上由点 O 向左量取 15，定出 b_x，如图 3-5（a）所示。

（3）过 b_x 作 OX 轴的垂线，使 $bb_x=10$、$b'b_x=20$ 而得出 b 和 b'，如图 3-5（b）所示。

（4）根据 b 和 b'，利用 45°斜线求出 b''，如图 3-5（c）所示。

（5）直观图如图 3-5（d）所示。

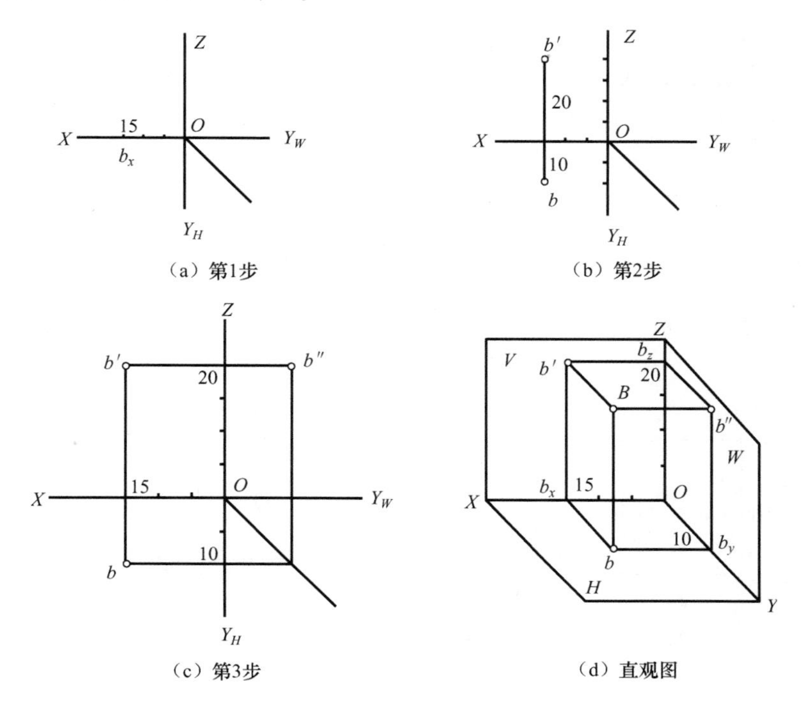

图 3-5 已知点的坐标求点的三面投影

【特殊位置的点】

2. 特殊位置的点

（1）如图 3－6 所示，位于投影面上的点，点的一个坐标为零，其一个投影与所在投影面上该点的空间位置重合，另两个投影分别落在该投影面所包含的两个投影轴上。

（2）如图 3－7 所示，位于投影轴上的点，其两个坐标为零，两个投影与所在投影轴上该点的空间位置重合，另一个投影与坐标原点重合。

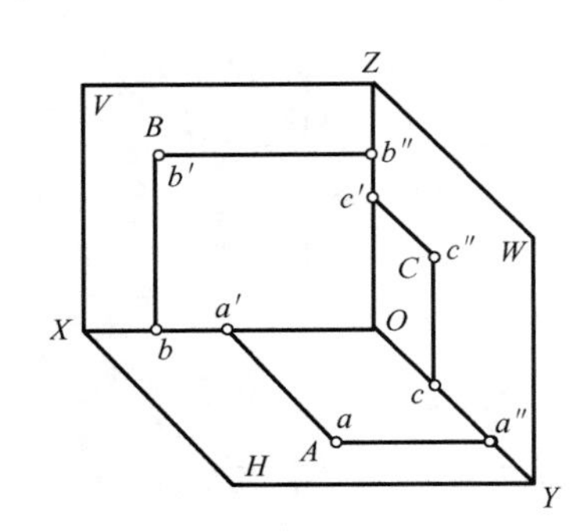

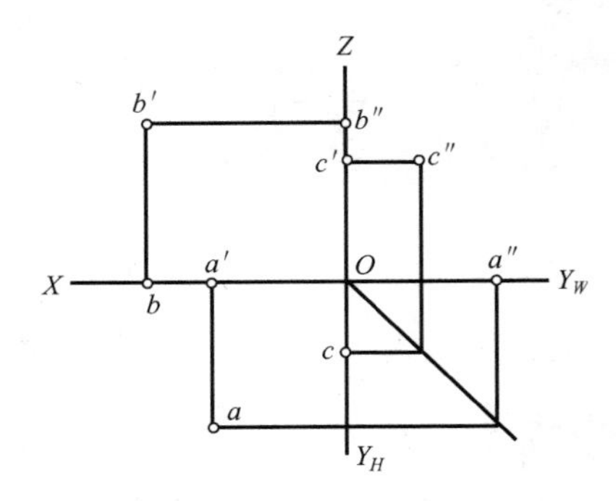

图 3－6　投影面上的点的三面投影

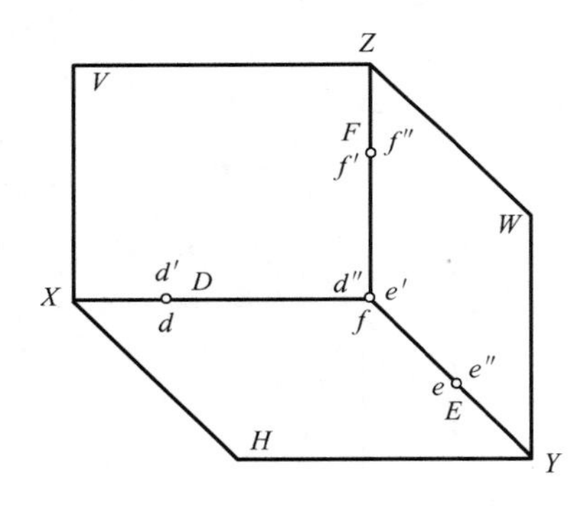

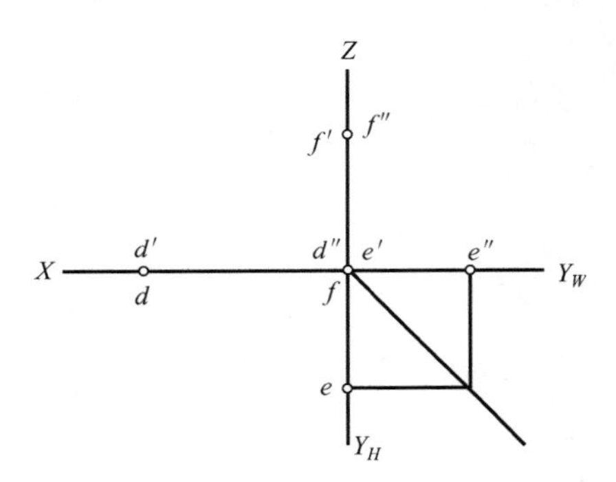

图 3－7　投影轴上的点的三面投影

（3）如图 3－8 所示，位于原点的点，点的三个坐标均为零，其三个投影都与原点重合。

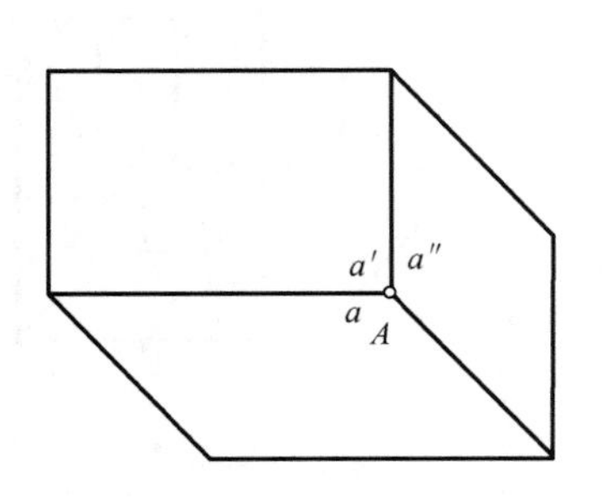

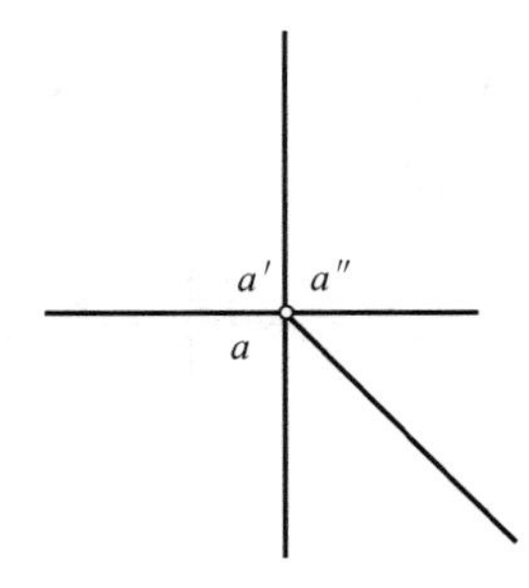

图 3－8　位于坐标原点的点的三面投影

3.1.4 两点的相对位置

【两点的相对位置】

两点的相对位置是指空间两点上下、左右、前后的关系，可根据两点的坐标大小确定。在三面投影图中，两点的相对位置是以两点的坐标差来确定的。OX 轴向左、OY 轴向前、OZ 轴向上为正方向。具体可参照如下规定判断两点的位置关系。

（1）X 坐标确定两点的左、右关系，X 坐标大者在左，小者在右。

（2）Y 坐标确定两点的前、后关系，Y 坐标大者在前，小者在后。

（3）Z 坐标确定两点的上、下关系，Z 坐标大者在上，小者在下。

【例 3-3】 试判断图 3-9 中 A、B 的相对位置。

【解】 如图 3-9 所示，从 H、V 面投影看出 $x_b > x_a$，则点 A 在点 B 右方；从 V、W 面投影看出 $z_a > z_b$，则点 A 在点 B 上方；从 H、W 面投影看出 $y_a > y_b$，则点 A 在点 B 前方。即点 A 在点 B 的右、上、前方，或点 B 在点 A 的左、下、后方。

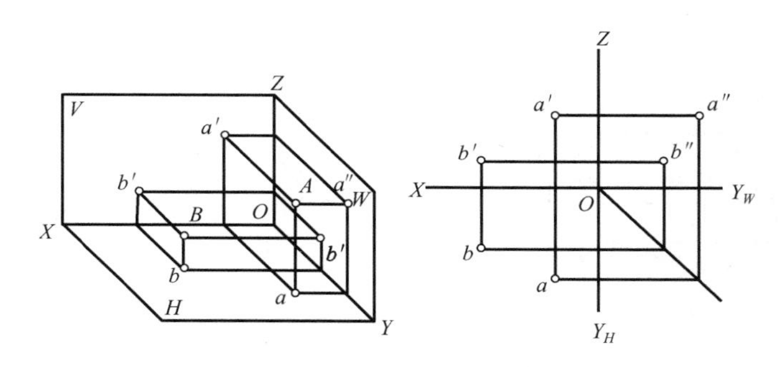

图 3-9 判别两点的相对位置

3.1.5 重影点及可见性

【重影点及可见性】

1. 重影点

若两点位于同一条垂直于某投影面的投射线上，即两点的某两个坐标相同，则这两点在该投影面上的投影重合，这两点称为该投影面的重影点，如图 3-10 所示。水平投影重合的两个点称为水平重影点，正面投影重合的两个点称为正面重影点，侧面投影重合的两个点称为侧面重影点。

2. 可见性

判断重影点的可见性时，若沿投影方向看，则上面的点为可见点，下面的点为不可见点，不可见点的投影加括号表示。如图 3-10 所示，位于同一投射线上的 A、B 两点，在 H 面上的投影 a 和 b 重合，A 点位于 B 点上侧，则 a 为可见，b 为不可见，故而 b 加括号。

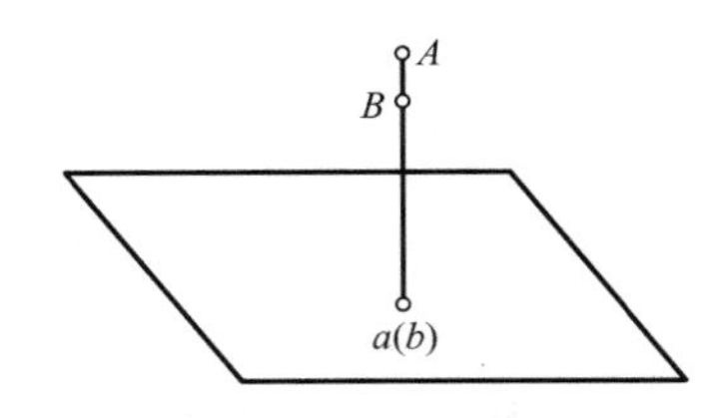

图 3-10 重影点

3. 投影图上可见性的判断

既然重影点在某一投影面上的投影重合，则它们的三个坐标必有两个坐标相等，第三个坐标不等。比较不等的第三个坐标，坐标大的可见，坐标小的不可见。如图 3-11 所示，A、B 两点的 X、Y 坐标相等，Z 坐标不等，A 的 Z 坐标大于 B 的 Z 坐标，所以在 H 面投影中，a 可见，b 不可见，b 加括号表示。

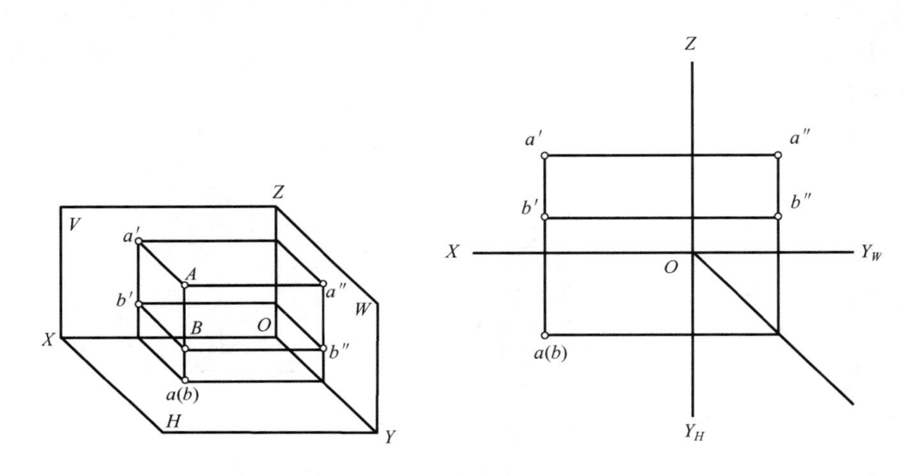

图 3-11 可见性的判断

任务 3.2 直线的投影

3.2.1 直线的三面投影

【直线的投影】

两点可以确定一条直线，直线的投影是直线上任意两点同面投影的连线。作某一直线的投影时，只要确定了直线上两端点在三个投影面上的各个投影，然后分别将两端点的同面投影相连即得到该直线的三面投影。

直线的投影一般情况下仍是直线，特殊情况为一个点，具体取决于直线与投影面的相对位置。直线按照与投影面的相对位置可分为以下两大类。

1. 特殊位置直线

（1）投影面平行线：与一个投影面平行，而与另两个投影面倾斜的直线。

水平线——与 H 面平行，与 V、W 面倾斜。

正平线——与 V 面平行，与 H、W 面倾斜。

侧平线——与 W 面平行，与 V、H 面倾斜。

（2）投影面垂直线：与一个投影面垂直（必与另两个投影面平行）的直线。

铅垂线——与 H 面垂直，与 V、W 面平行。

正垂线——与 V 面垂直，与 H、W 面平行。

侧垂线——与 W 面垂直，与 V、H 面平行。

2. 一般位置直线

与三个投影面都倾斜的直线。

3.2.2 特殊位置直线投影特性

1. 投影面平行线

（1）直线在与其平行的投影面上的投影可反映该线段的实长，且该投影与投影轴的夹角（α、β、γ）能反映出直线与其他两个投影面的倾角。

（2）直线在其他两个投影面上的投影分别平行于相应的投影轴，且比线段的实长短。

投影面平行线的投影特性见表 3－1，其中 α、β、γ 分别表示直线与投影面 H、V、W 面的倾角。而平面的倾角是指平面与某一投影面所成的两面角。

表 3－1 投影面平行线的投影特性

名称	水平线（//H 面，与 V、W 面倾斜）	正平线（//V 面，与 H、W 面倾斜）	侧平线（//W 面，与 H、V 面倾斜）
直观图	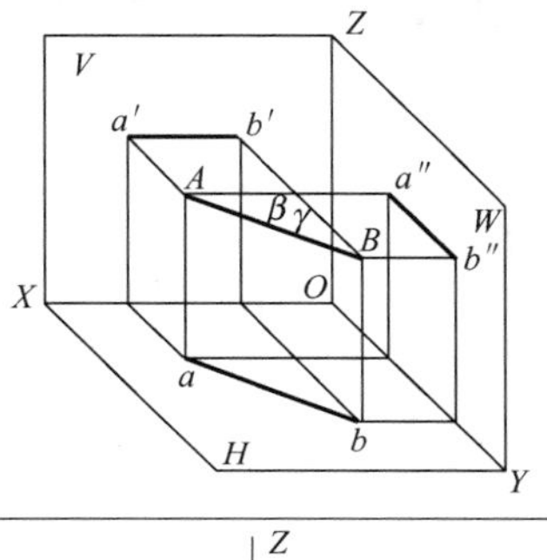	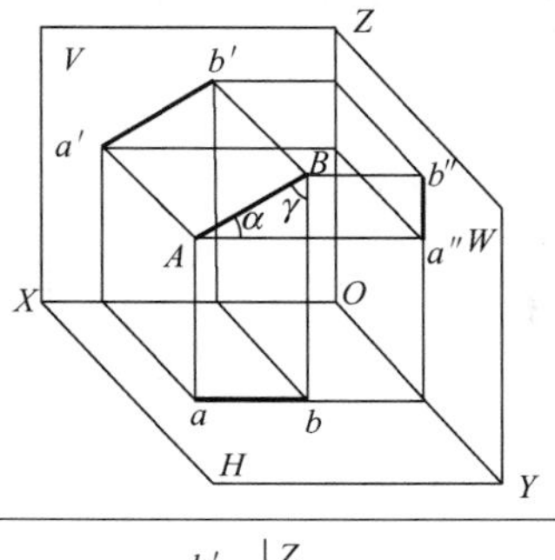	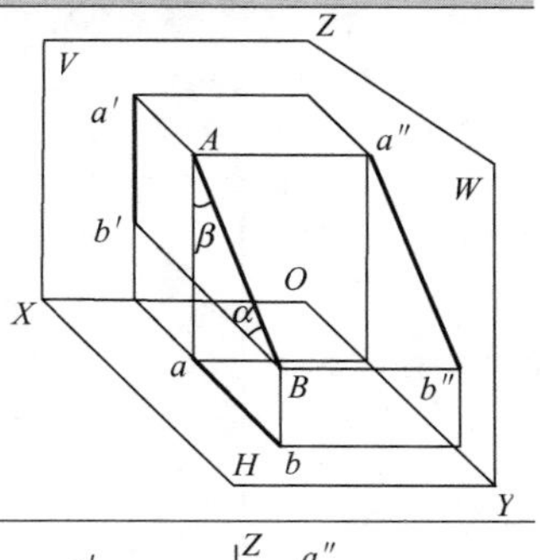
投影图	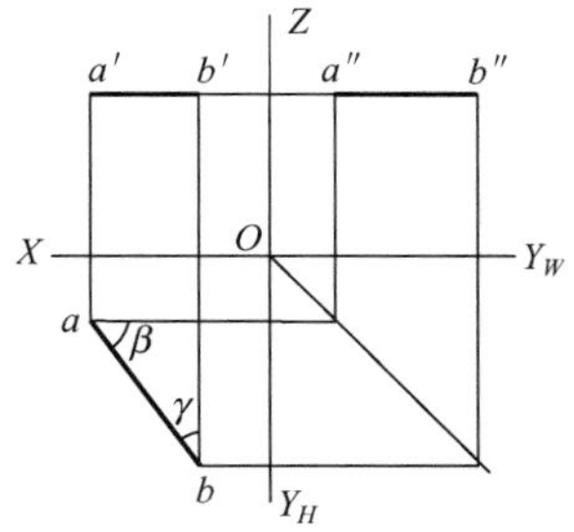	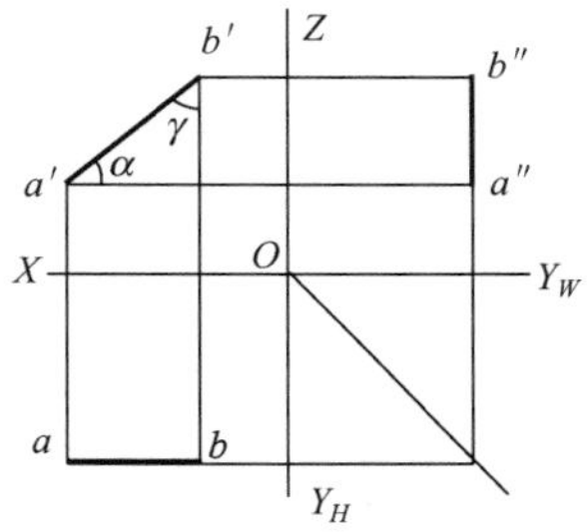	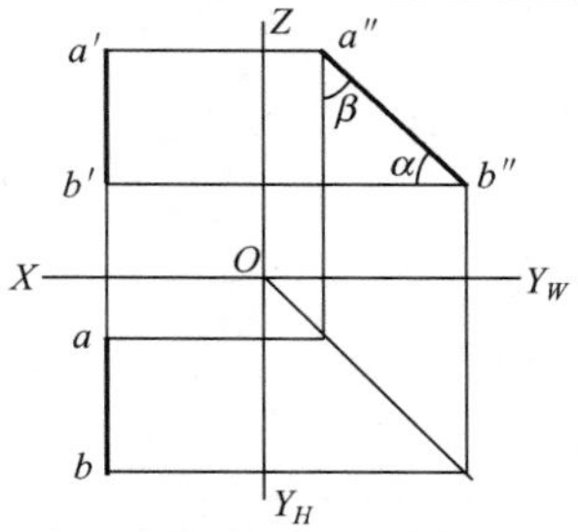

续表

名称	水平线 （$\parallel H$ 面，与 V、W 面倾斜）	正平线 （$\parallel V$ 面，与 H、W 面倾斜）	侧平线 （$\parallel W$ 面，与 H、V 面倾斜）
投影特性	（1）$ab=AB$ （2）$a'b' \parallel OX$，$a''b'' \parallel OY_W$ （3）反映 β、γ 角的真实大小	（1）$a'b'=AB$ （2）$ab \parallel OX$，$a''b'' \parallel OZ$ （3）反映 α、γ 角的真实大小	（1）$a''b''=AB$ （2）$ab \parallel OY_H$，$a'b' \parallel OZ$ （3）反映 α、β 角的真实大小

2. 投影面垂直线

（1）直线在与其所垂直的投影面上的投影积聚成一点。

（2）直线在其他两个投影面上的投影分别垂直于相应的投影轴，且反映该线段的实长。

投影面垂直线的投影特性见表 3－2。

表 3－2　投影面垂直线的投影特性

名称	铅垂线 （$\perp H$ 面，$\parallel V$、W 面）	正垂线 （$\perp V$ 面，$\parallel H$、W 面）	侧垂线 （$\perp W$ 面，$\parallel H$、V 面）
直观图	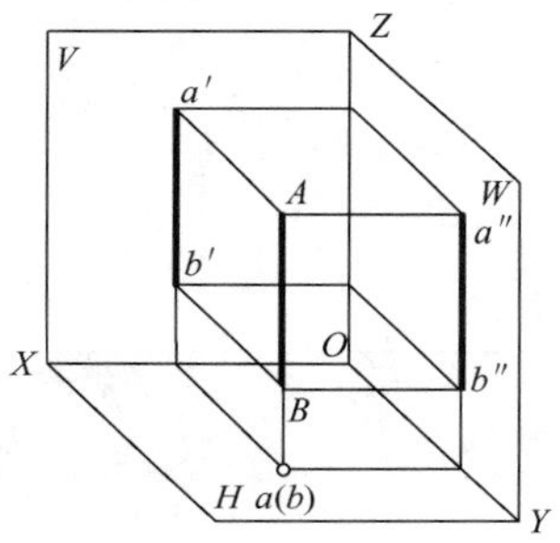 V Z a' A W a'' b' O X b'' B H $a(b)$ Y	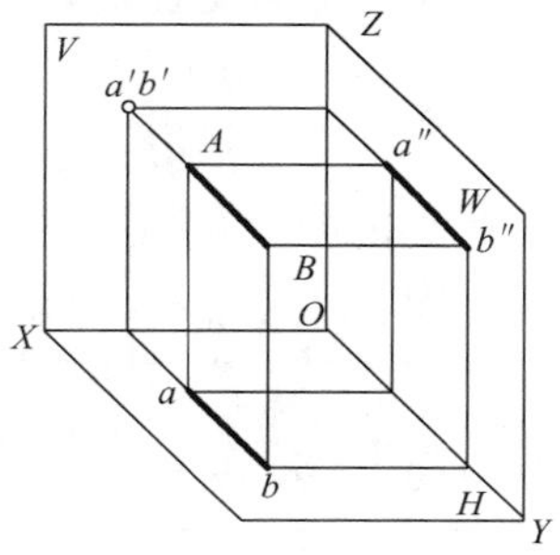 V Z $a'b'$ A a'' W b'' B O X a b H Y	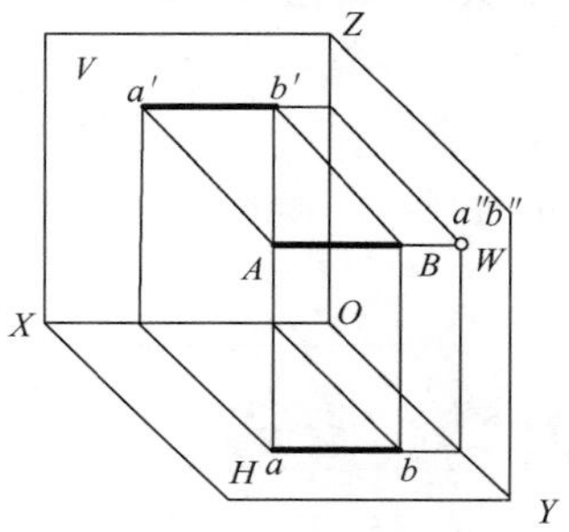 V Z a' b' $a''b''$ A B W O X H a b Y
投影图	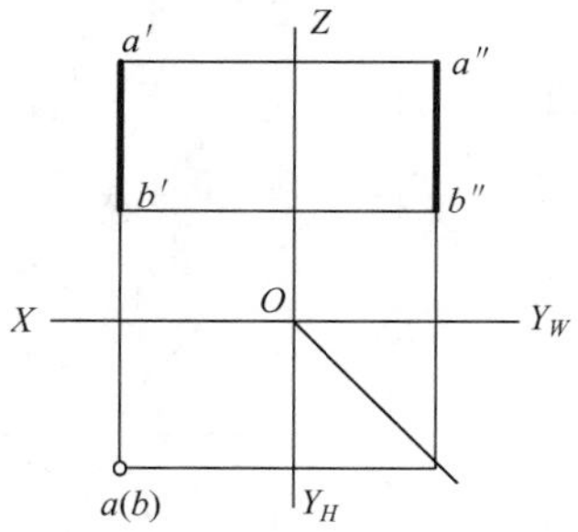 a' Z a'' b' b'' X O Y_W $a(b)$ Y_H	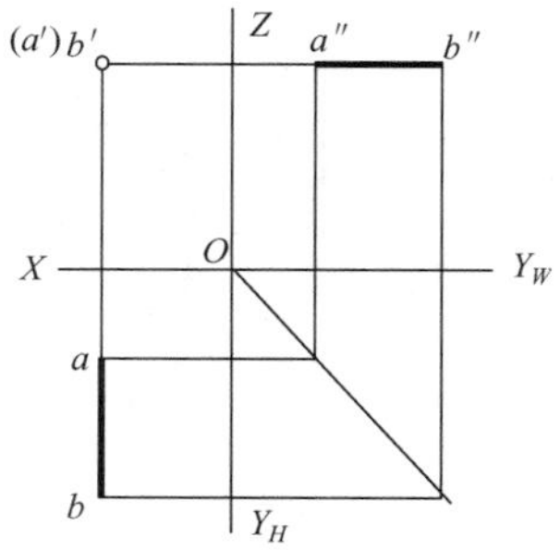 $(a')b'$ Z a'' b'' X O Y_W a b Y_H	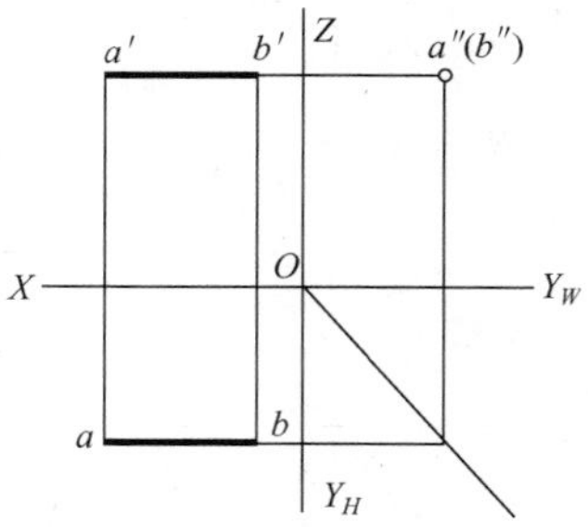 a' b' Z $a''(b'')$ X O Y_W a b Y_H
投影特性	（1）在 H 面 a、b 积聚为一点 （2）$a'b' \perp OX$，$a''b'' \perp OY$ （3）$a'b'=a''b''=AB$	（1）在 V 面 a'、b' 积聚为一点 （2）$ab \perp OX$，$a''b'' \perp OZ$ （3）$ab=a''b''=AB$	（1）在 W 面 a''、b'' 积聚为一点 （2）$ab \perp OY$，$a'b' \perp OZ$ （3）$ab=a'b'=AB$

3. 一般位置直线

对三个投影面都倾斜（既不平行又不垂直）的直线为一般位置直线，如图3-12所示。直线与H、V、W面的倾角分别用α、β、γ表示。

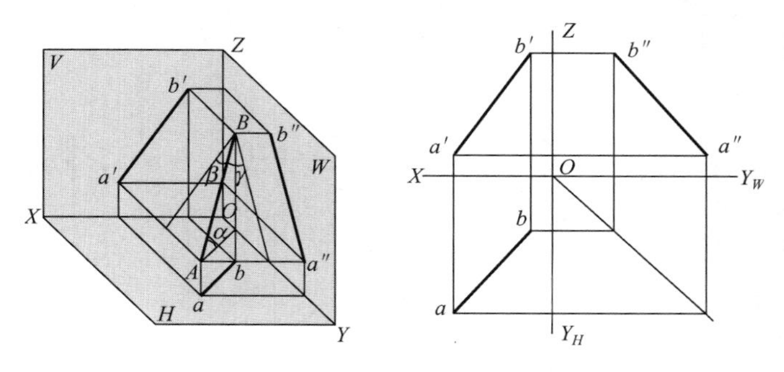

图3-12 一般位置直线的投影

由图3-12可知，一般位置直线的投影特性如下。

（1）三面投影都倾斜于投影轴。

（2）投影长度均比实长短，且不能反映直线与投影面倾角的真实大小。

任务3.3 平面的投影

根据平面与投影面相对位置的不同，平面可分为投影面垂直面、投影面平行面和投影面倾斜面三种，如图3-13所示，其中前两种称为特殊位置平面，后一种称为一般位置平面。

【平面的投影】

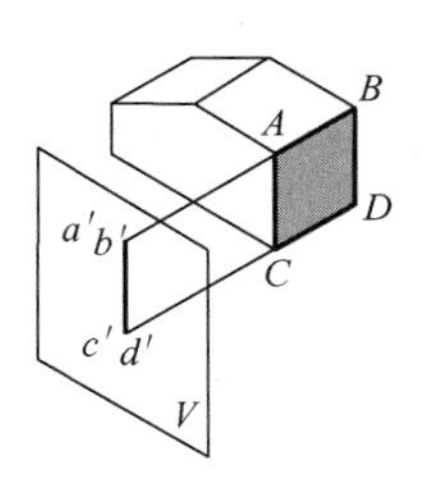

（a）投影面垂直面

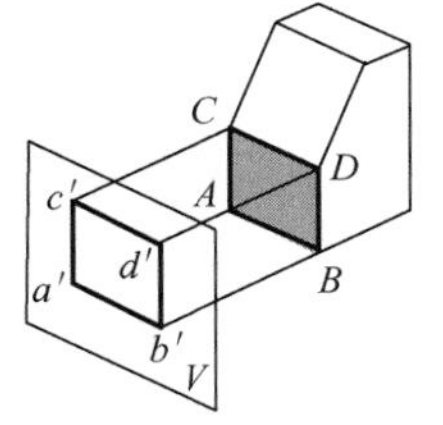

（b）投影面平行面

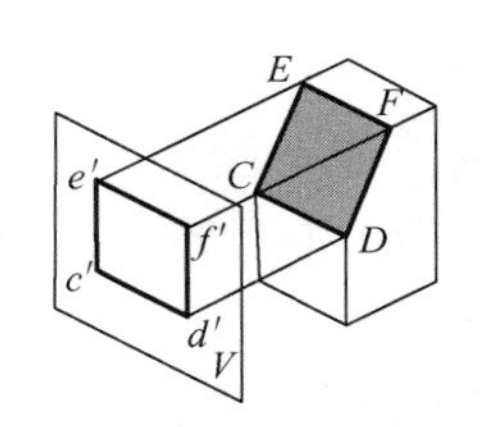

（c）投影面倾斜面

图3-13 平面的投影

3.3.1 特殊位置平面

1. 投影面垂直面

垂直于一个投影面，同时倾斜于其他两个投影面的平面，称为投影面垂直面。投影面垂直面有三种位置形态，见表 3-3。

表 3-3　投影面垂直面的投影特性

名称	铅垂面 （⊥H 面，倾斜于 V、W 面）	正垂面 （⊥V 面，倾斜于 H、W 面）	侧垂面 （⊥W 面，倾斜于 H、V 面）
直观图	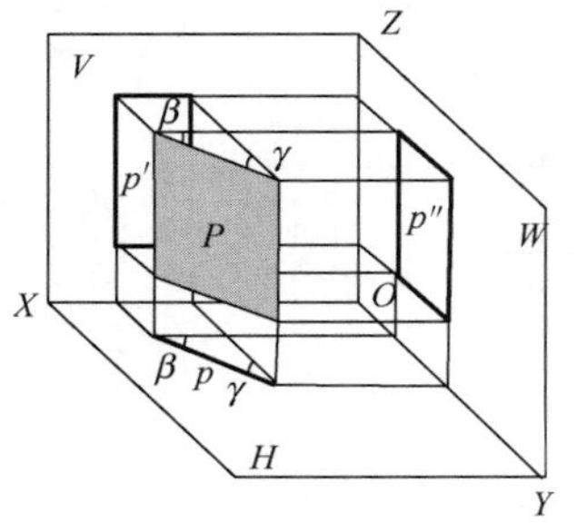	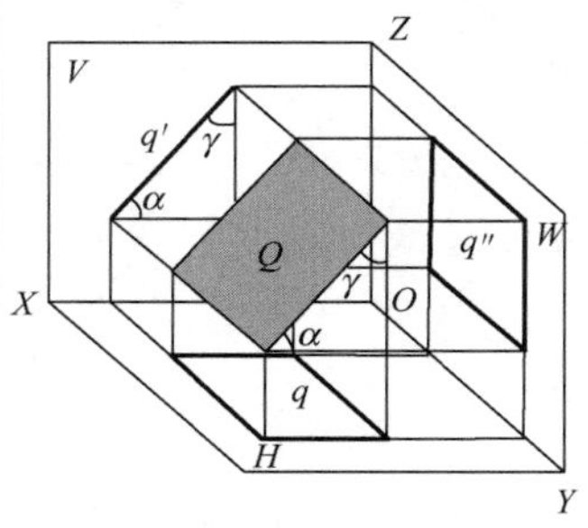	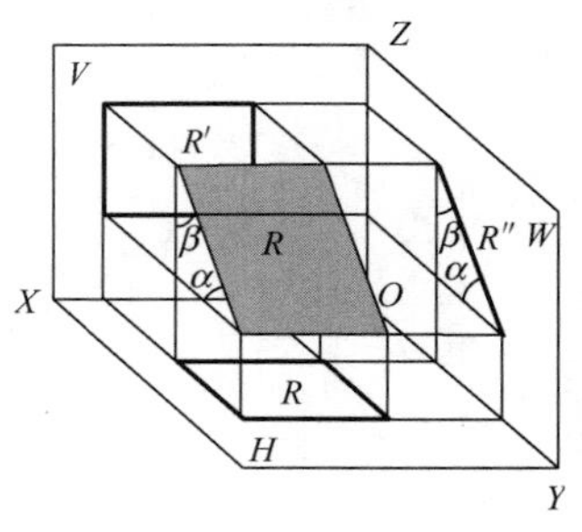
投影图	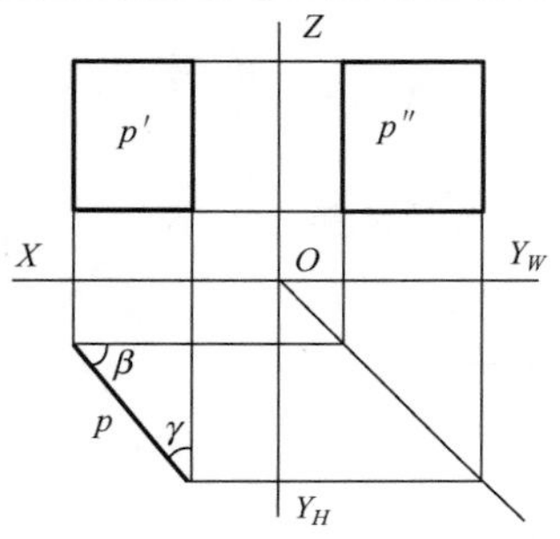	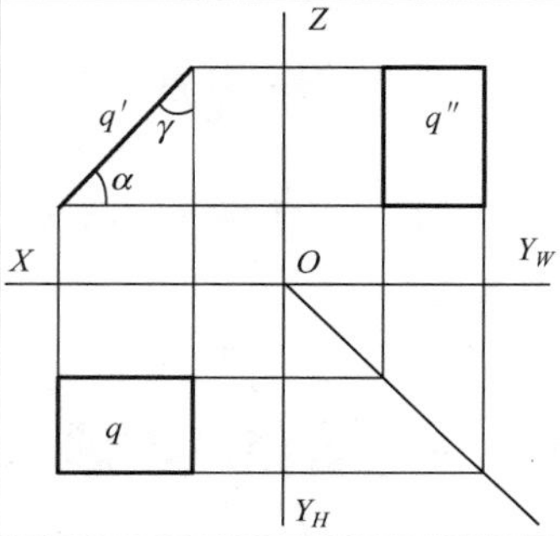	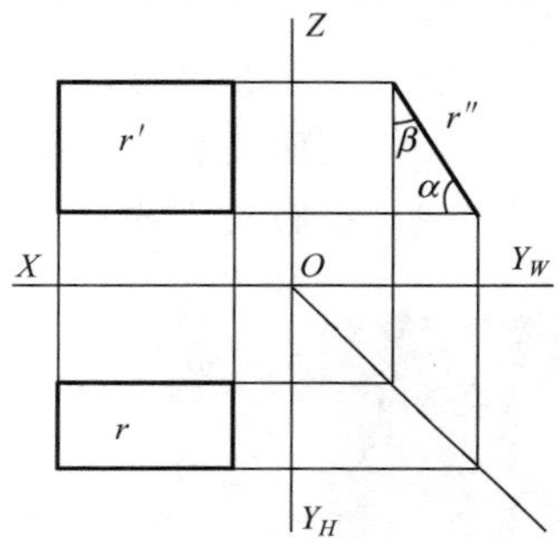
投影特性	（1）水平投影积聚为一直线，并反映对 V、W 面的倾角 β、γ 的实形 （2）正面投影 p' 和侧面投影 p'' 均不反映实形且面积缩小	（1）正面投影 q' 积聚为一直线，并反映对 H、W 面的倾角 α、γ （2）水平投影 q 和侧面投影 q'' 是与 Q 相似图形，且面积缩小	（1）侧面投影 r'' 积聚为一直线，并反映对 H、V 面的倾角 α、β （2）水平投影 r 和正面投影 r' 是与 R 相似图形，且面积缩小

（1）投影面垂直面的投影特性。

① 平面在它所垂直的投影面上的投影积聚为一条斜线，该斜线与投影轴的夹角反映该平面与相应投影面的夹角。

② 平面在另外两个投影面上的投影不反映实形，且面积缩小。

（2）投影面垂直面的判别。

在平面的三个投影中，若某一个投影面上的投影积聚为一条斜线，即可判别该平面必为投影面垂直面，垂直于积聚投影所在的投影面。也就是说“一线两框，线在哪面就垂直于哪面”。

2. 投影面平行面

对一个投影面平行，且垂直于其他两个投影面的平面，称为投影面平行面。

投影面平行面有三种位置，见表 3-4。

表 3－4　投影面平行面的投影特性

名称	水平面 （//H 面，垂直于 V、W 面）	正平面 （//V 面，垂直于 H、W 面）	侧平面 （//W 面，垂直于 H、V 面）
直观图			
投影图			
投影特性	（1）水平投影 p 反映实形 （2）正面投影 p' 和侧面投影 p'' 积聚为一条直线并平行于相应的投影轴	（1）正面投影 q' 反映实形 （2）水平投影 q 和侧面投影 q'' 积聚为一条直线并平行于相应的投影轴	（1）侧面投影 r'' 反映实形 （2）水平投影 r 和正面投影 r' 积聚为一条直线并平行于相应的投影轴

（1）投影面平行面的投影特性。

① 平面在它所平行的投影面上的投影反映实形。

② 平面在另外两个投影面上的投影积聚成直线，且分别平行于相应的投影轴。

（2）投影面平行面的判别。

在平面的三个投影中，若有两个投影积聚为平行于某投影轴的直线，即可判别该平面为投影面平行面，且平行于非积聚投影所在的投影面。也就是说“一框两线，框在哪面就平行于哪面”。

3.3.2 一般位置平面

对三个投影面都倾斜（既不平行也不垂直）的平面称为一般位置平面，图 3－14 所示为一般位置平面的投影。

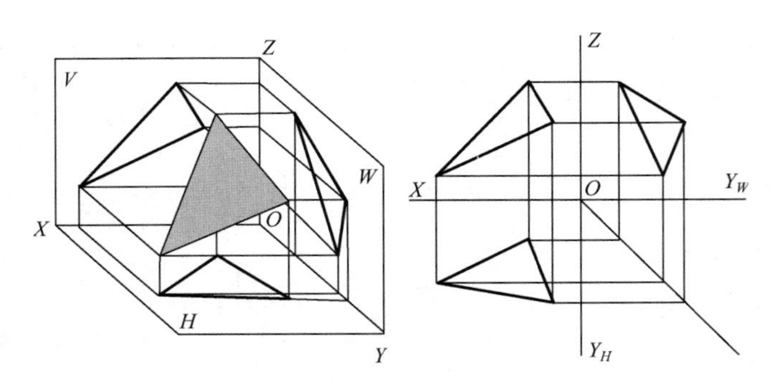

图 3-14　一般位置平面的投影

1. 一般位置平面的投影特性

一般位置平面的三个投影均为原平面图形的类似形，不反映实形，面积比实形小，不反映该平面与投影面的倾角，也不积聚，如图 3-14 所示。

2. 一般位置平面投影的判别

在平面的三个投影中，三个投影均为平面图形，即可判别该平面为一般位置平面。也就是说“三个投影三个框，定是一般位置平面”。

工作能力测评

一、填空题

1. 点 A 的坐标为（35，20，15），则该点对 W 面的距离为________。

2. 平面与某投影面垂直，则其在该投影面的投影为________。

3. 直线 AB 的 V、W 面投影均反映实长，则该直线为________。

4. 点 A 的坐标为（10，15，20），则该点在 H 面上方________。

二、选择题

1. 直线 AB 的 V、H 面投影均反映实长，该直线为（　　）。

A. 水平线　　B. 正垂线　　C. 侧平线　　D. 侧垂线

2. 已知点 A（10，10，10）、点 B（10，10，50），则两者（　　）产生重影点。

A. 在 H 面　　B. 在 V 面　　C. 在 W 面　　D. 不会

3. 某投影图如图 3-15 所示，可由此判断 B 点相对于 A 点的空间位置是（　　）。

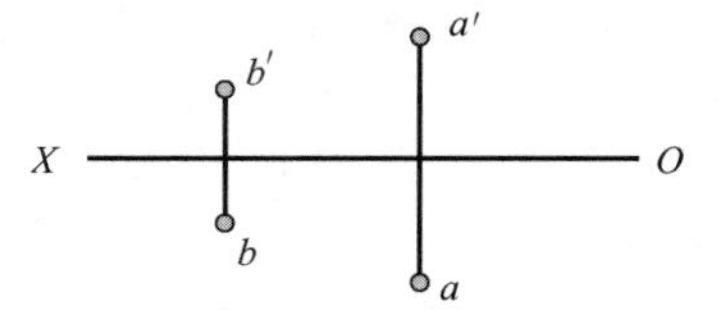

图 3-15　某投影图

A. 左、前、下方　　B. 左、后、下方

C. 左、前、上方　　D. 左、后、上方

4. 某平面的 H 面投影积聚为一直线，该平面为（　　）。

A. 水平面　　B. 正垂面　　C. 铅垂面　　D. 一般位置线

5. 某直线的 V 面投影反映实长，该直线为（　　）。

A. 水平线　　B. 正垂线　　C. 侧平线　　D. 侧垂线

6. 直线 AB 仅 W 面投影反映实长，该直线为（　　）。

A. 水平线　　B. 正垂线　　C. 侧平线　　D. 侧垂线

7. 平面的 W 面投影为一直线，该平面为（　　）。

A. 侧平面　　B. 侧垂面　　C. 铅垂面　　D. 正垂面

8. 直线 AB 的 V 投影平行于 OX 轴，则符合该投影特征的为（　　）。

A. 水平线　　B. 正垂线　　C. 侧平线　　D. 侧垂线

9. 直线 AB 的正面投影反映为一点，该直线为（　　）。

A. 水平线　　B. 正垂线　　C. 侧平线　　D. 侧垂线

三、简答题

1. 点的三面投影是怎样形成的？三面投影体系是如何展开成一个平面的？

2. 叙述点、直线、面的投影特性。

四、作图题

1. 根据点的坐标 A（10，15，20）、B（20，0，10），画出点的投影图和空间位置。

2. 已知点 B（20，0，10），点 A 在点 B 左 5mm、上 9mm、后 8mm，求作点 A 的投影。

3. 已知点 A（10，15，20），点 B 在点 A 的正前方 15mm，求作点 B 的三面投影，并判断其投影的可见性。

项目4 体的投影

任务导入

2019 年 8 月，小张今天心情不错，因为他对前面安排的项目已经消化。但小张明白，目前才学到投影的原理及点线面知识，只有掌握了体的投影，才能够看懂建筑工程图纸。因此，他决定用一段时间学好体的投影方面内容，包括基本体的投影、组合体的投影及轴测投影，并掌握点和直线在体的表面上投影的规律、重影点的特性、各种位置直线的投影规律等重要的知识点。

知识体系

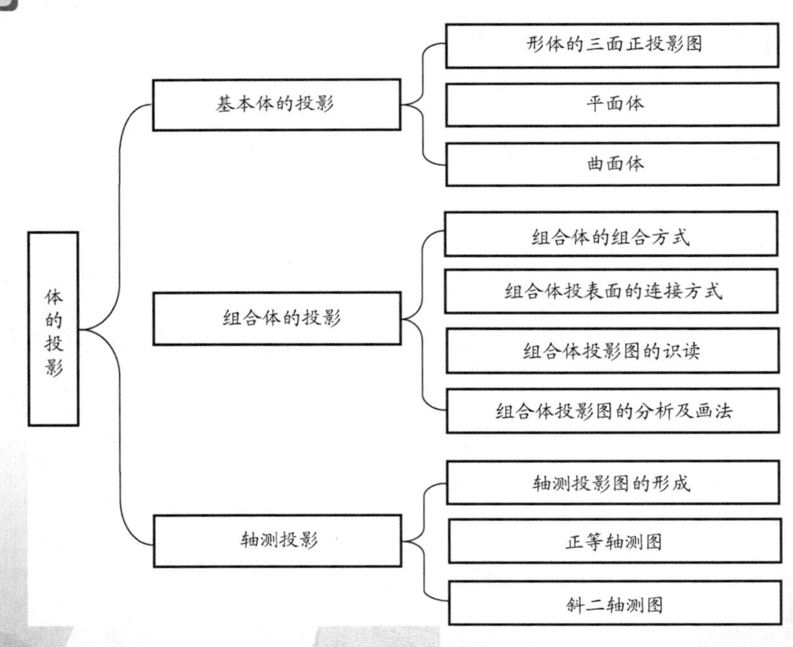

学习目标

目标类型	目标要求
知识目标	（1）了解简单几何体和组合体的三视图的画法及其投影规律，由三视图判断原几何体的结构特征 （2）掌握形体构成方法及投影图的画法，为建筑形体的投影图画法打好基础 （3）掌握平面体、曲面体的形状特点及作图方法，掌握平面体、曲面体表面上点、线的作图方法 （4）掌握组合体的构成方法、投影图的画法及投影图的识读
技能目标	（1）能够熟练掌握平面体、曲面体投影图的画法，熟练运用形体投影特征并可分析表面上取点与线的画法 （2）能够掌握组合体的构成方法、投影图的画法及具有投影图的识读能力 （3）能画出简单空间图形的三视图，并能识别上述三视图表示的立体模型，会用材料制作模型 （4）培养对平面立体、曲面立体、组合体投影的理解，掌握体投影图识读的步骤和方法
学习重点、难点提示	（1）画出简单组合体的三视图，给出三视图和直观图，还原或想象出原实际图的结构特征 （2）识别三视图所表示的几何体，培养空间想象能力、逆向思维能力，重点是由三视图判断几何体的结构特征 （3）平面体表面上点和直线的投影位置 （4）曲面体表面上点和直线的投影方法，包括素线法和纬圆法

任务实施

任务 4.1 基本体的投影

任何一个建筑物或构筑物都是由若干个简单的基本几何形体组成的，只要熟练地掌握基本形体投影图的画法和读法，复杂形体的绘制和解读便迎刃而解。图 4-1 所示的房屋由棱柱、棱锥等组成，图 4-2 所示的水塔由圆柱、圆台等组成，我们把这些组成建筑形体的最简单且又规则的几何体，称为基本体。根据表面的组成情况，基本体可分为平面体（图 4-3）和曲面体（图 4-4）两种，这些基本体是复杂形体形成的基础。

【体的构型与建模】

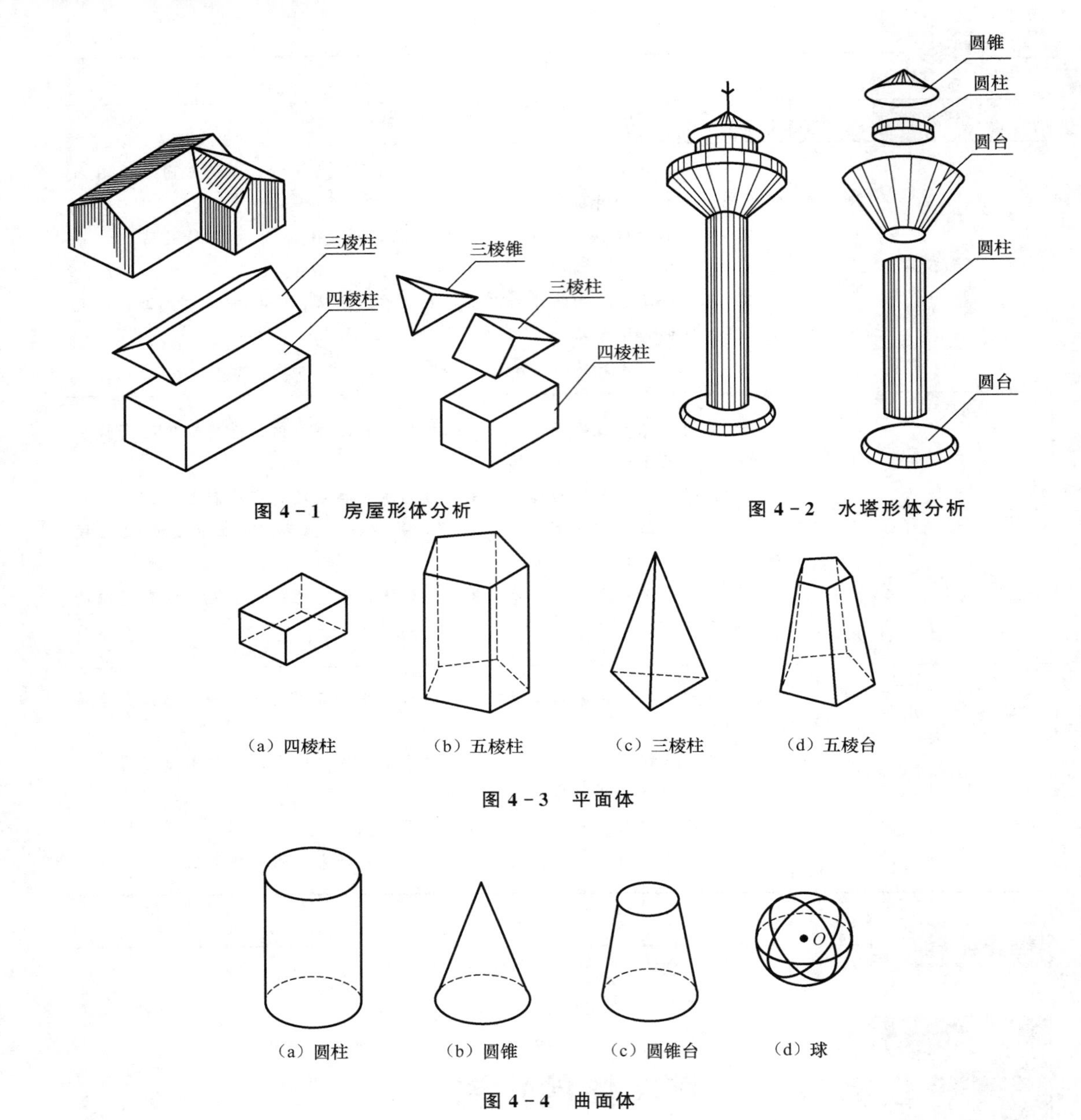

图 4-1 房屋形体分析

图 4-2 水塔形体分析

图 4-3 平面体

图 4-4 曲面体

4.1.1 形体的三面正投影图的作图方法与步骤

【体的投影画法】

熟练掌握形体的三面正投影图的作图方法，是绘制和识读工程图样的基础。通常形体都具有长、宽、高三个向度。在三面投影体系中，形体的长度指形体上最左和最右两点之间平行于 X 轴方向的距离；形体的宽度指形体上最前和最后两点之间平行于 Y 轴方向的距离；形体的高度指形体上最上和最下两点之间平行于 Z 轴方向的距离。形体的投影规律可概括为："长对正、宽相等、高平齐"。

以图 4－5（a）所示形体为例，可总结出绘制三面投影图的一般顺序为先画正平面投影图，再画水平面投影图，最后画侧平面投影图。具体方法和步骤如下。

（1）画出水平和垂直十字交叉线，作为正投影图的投影轴，如图 4－5（b）所示。

（2）根据形体在三面投影体系中的具体位置及"长对正、宽相等、高平齐"的作图规律，依次画出正平面投影图、水平面投影图和侧平面投影图，如图 4－5（c）～（e）所示。

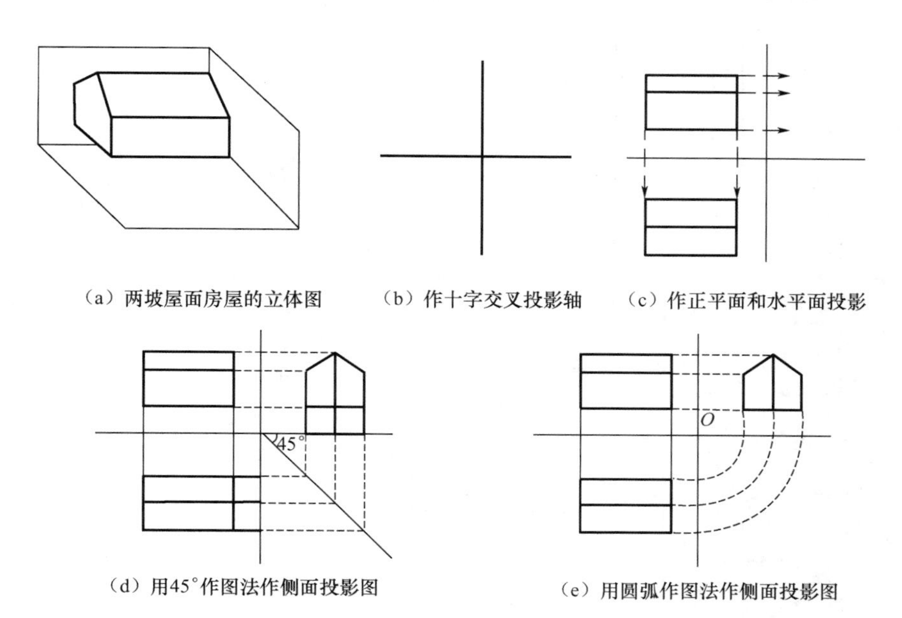

（a）两坡屋面房屋的立体图　（b）作十字交叉投影轴　（c）作正平面和水平面投影

（d）用45°作图法作侧面投影图　（e）用圆弧作图法作侧面投影图

图 4－5　形体的三面正投影图作图方法与步骤

4.1.2 平面体

1. 平面体的投影

【平面体的投影】

表面由若干平面围成的基本体，称为平面体，包括棱柱、棱锥、棱台等。作平面体的投影，就是作出组成平面体的各个平面的投影，因此，分析组成立体的各表面对投影面的相对位置及其投影特性，对正确作图是很重要的。点组成了线，线组成了面，面组成了体，因此，作体的投影，实际上就是作体表面的点、线和面的投影。平面体的投影特点如下。

（1）一个平面体的投影，实质上就是其点、直线和平面投影的集合。

（2）投影图中的线条，可能是直线的投影，也可能是平面的积聚投影。

（3）投影图中线段的交点，可能是点的投影，也可能是直线的积聚投影。

（4）投影图中任何一封闭的线框都表示立体上某个平面的投影。

（5）当向某投影面作投影时，凡看得见的直线用实线表示，看不见的直线用虚线表示；当两条直线的投影重合，一条看得见而另一条看不见时，仍用实线表示。

(6) 一般情况下，当平面的所有边线都看得见时，该平面才看得见；平面的边线中只要有一条是看不见的，该平面就是不可见的。

简单平面体的投影特性见表4-1。

表4-1 简单平面体的投影特性

平面体		直观图	投影图	简单平面体的投影特性
正棱柱	三棱柱	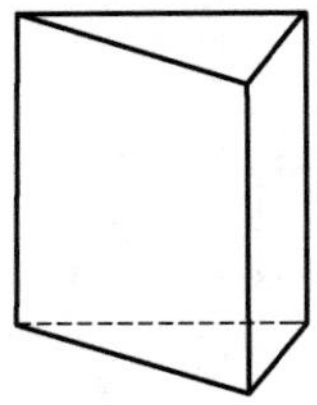	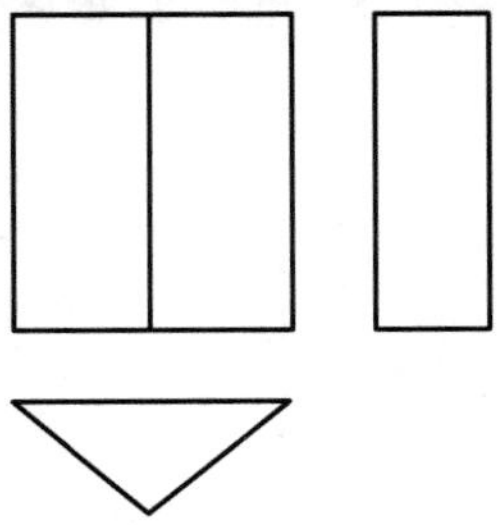	形体特征： (1) 有两个互相平行的全等多边形——底面 (2) 其余各面都是矩形——侧面 (3) 相邻侧面的公共边互相平行——侧棱 投影特征： 一个投影为多边形，且反映底面实形；其余两个投影为一个或若干个矩形
	四棱柱	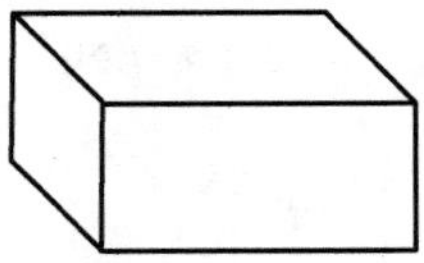	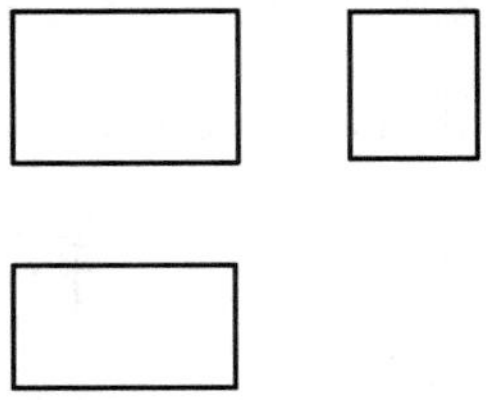	
	六棱柱	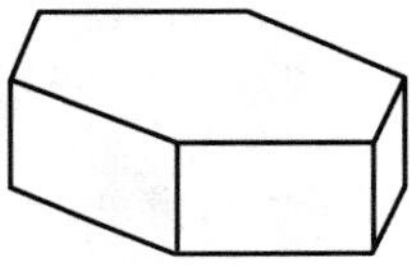	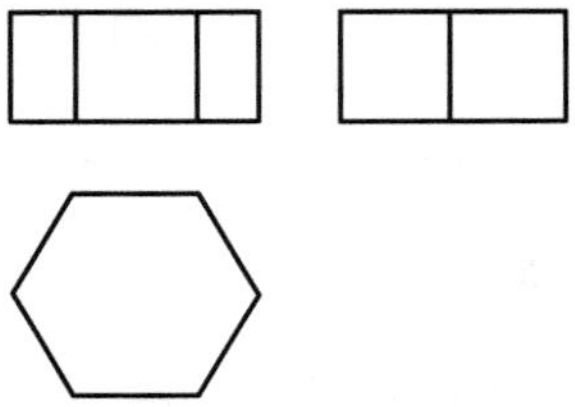	
正棱锥	三棱锥	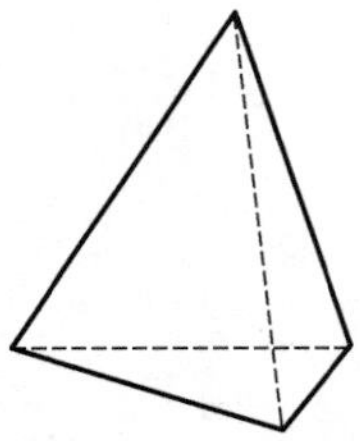	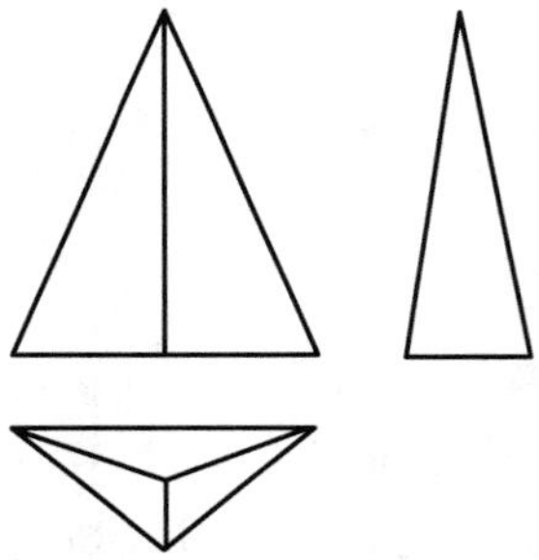	形体特征： (1) 有一个多边形——底面 (2) 其余各面是有公共顶点的三角形 (3) 过顶点作棱锥底面的垂线是棱锥的高，垂足在底面的中心上 投影特征： 一个投影为多边形，内有与多边形边数相同个数的三角形；另两个投影都是有公共顶点的若干个三角形
	四棱锥	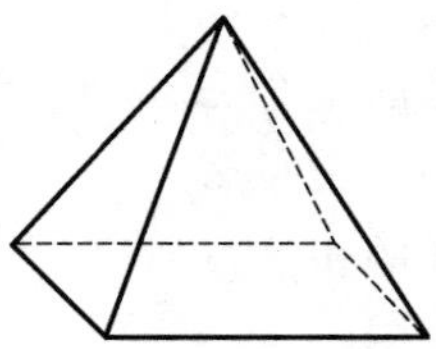	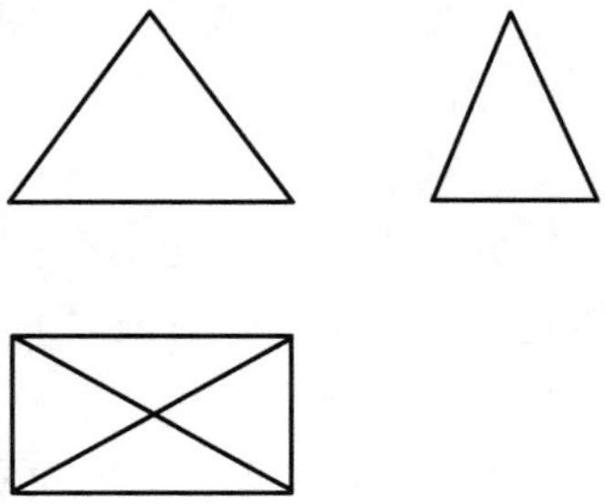	

续表

平面体		直观图	投影图	简单平面体的投影特性
正棱锥	六棱锥	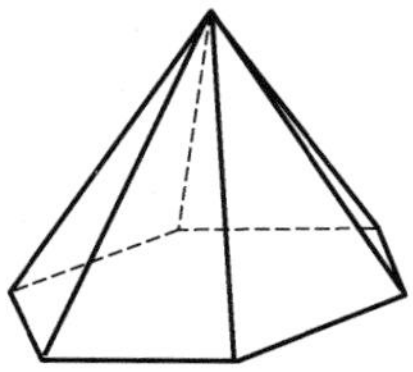	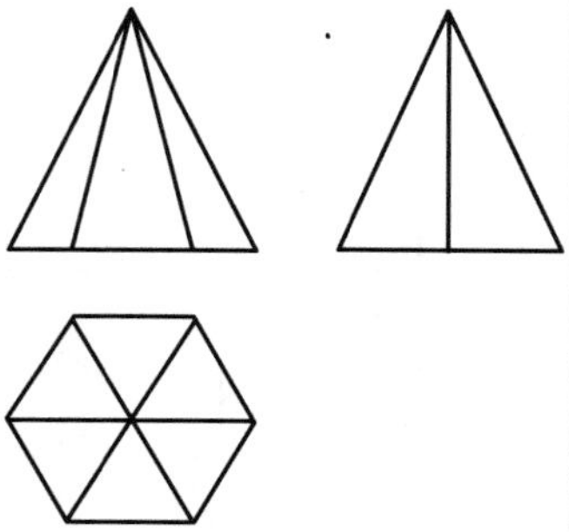	形体特征： (1) 有一个多边形——底面 (2) 其余各面是有公共顶点的三角形 (3) 过顶点作棱锥底面的垂线是棱锥的高，垂足在底面的中心上 投影特征： 一个投影为多边形，内有与多边形边数相同个数的三角形；另两个投影都是有公共顶点的若干个三角形
正棱台	三棱台	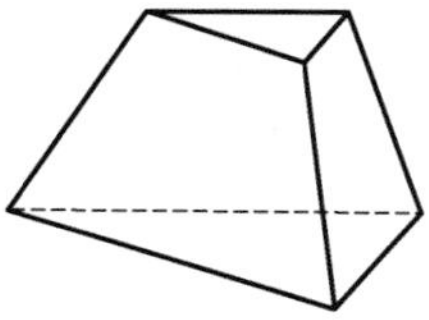	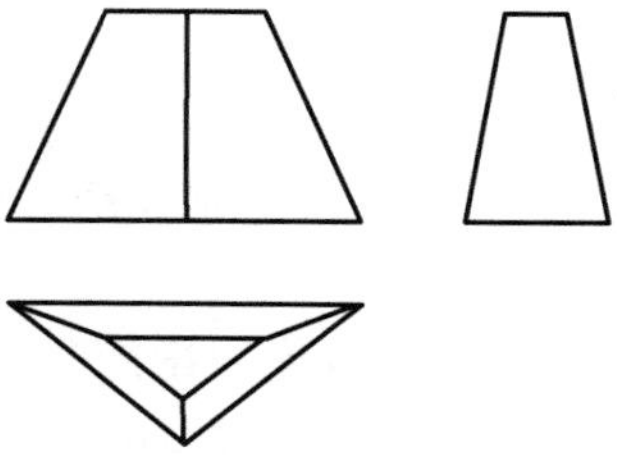	形体特征： (1) 有两个互相平行的相似多边形——底面 (2) 其余各面是有公共顶点的梯形 (3) 两底面中心的连线是正棱台的高 投影特征： 一个投影中有两个相似的多边形，内有与多边形边数相同个数的梯形；另两个投影都为若干个梯形
	四棱台	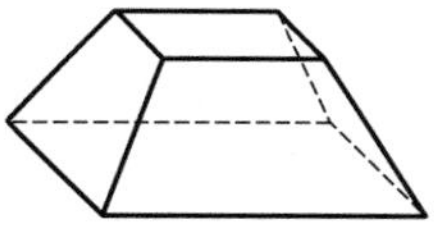	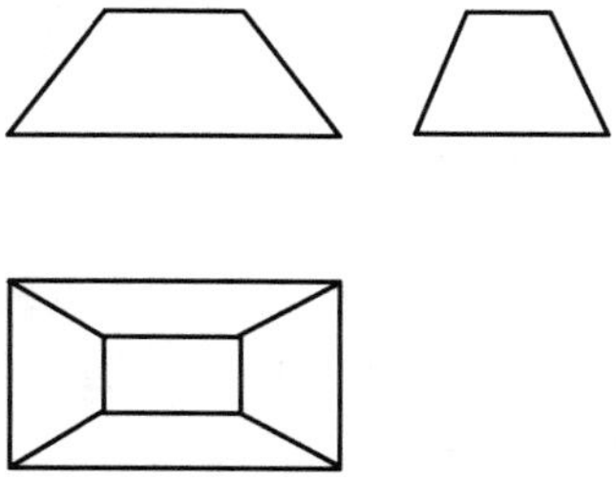	
	六棱台	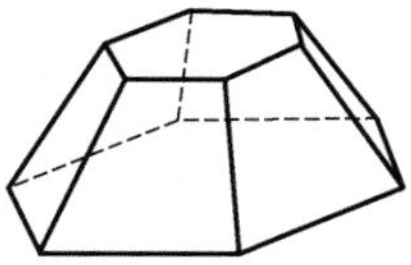	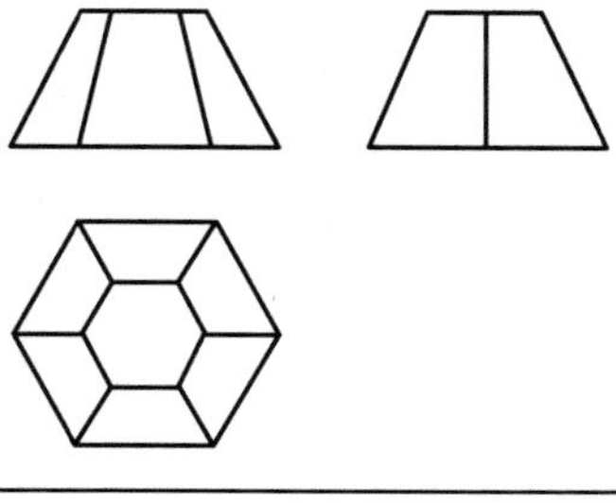	

2. 平面体投影图的绘制

如图4-6所示，有两个三角形平面互相平行，其余各平面都是四边形，并且每相邻两个四边形的公共边都互相平行，由这些平面所围成的基本体称为棱柱。其中两个互相平行的平面称为底面，其余各面称为侧面，两侧面的公共边称为侧棱，两底面间的距离为棱柱的高。当底面为三角形、四边形、五边形等形状时，所组成的棱柱分别为三棱柱、四棱柱、五棱柱等。

绘制平面体的三面正投影图，首先要确定该形体在三面投影体系中的位置（放置的原则，是让形体的表面和棱线尽量平行或垂直于投影面）。绘制平面体的投影实际上就是绘制平面体底面和侧表面的投影，一般先画出反映底面实形的正投影图，然后再根据投影规律的“三等”关系画出其他两面投影，如图 4－7 所示。

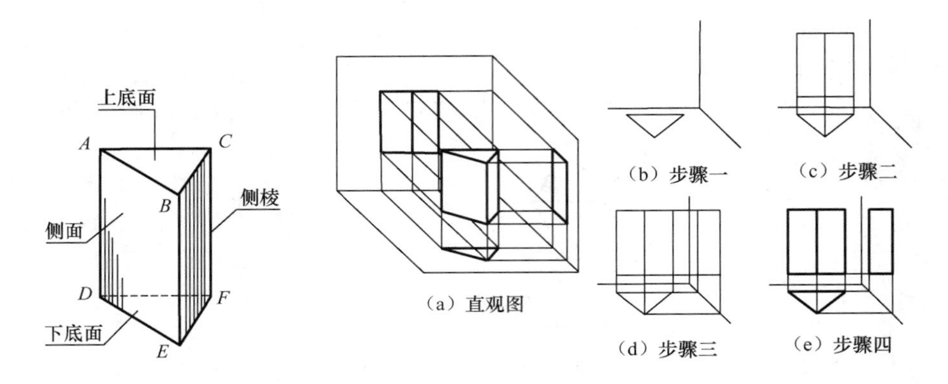

图 4－6　三棱柱　　　　**图 4－7　绘制三棱柱的三面投影图**

3. 平面体表面上点和直线的投影

【棱柱体表面上的点和直线投影】

求平面体表面上点和直线的投影，实质上就是作出平面上的点和直线的投影，不同之处是平面体表面上的点和直线的投影存在可见性的判断问题。当点的投影为不可见时，就要在该点不可见的投影上加小括号。

在平面体表面上取点，首先要分析该点所在表面的空间位置。特殊位置表面上的点可利用积聚性作图，一般位置表面上的点的作图可利用辅助线法；如果点在棱线上，则可利用点的从属性作图。平面体表面上直线的投影也应该是直线，可以作出控制该直线的两个端点的投影，然后连成直线即可。

如图 4－8 所示，在五棱柱（双坡屋面建筑）上有 M 和 N 两点，其中点 M 在前平面 $ABCD$ 上，点 N 在平面 $EFGH$ 上。$ABCD$ 平面是正平面，它在正立面上的投影反映实形，为一矩形线框，在水平面和侧立面上的投影是积聚在水平投影和侧面投影最前端的直线；因此，点 M 的水平投影和侧面投影都在这两条积聚线上，而正面投影在 $ABCD$ 正面投影的矩形线框内。

【例 4－1】 如图 4－9（a）所示，已知三棱柱表面上 A、B 两点的 V 面投影 a'、b'，求作这两点的 H 面、W 面投影。

【解】 根据已知条件，点 B 的正面投影为不可见点，说明其投影在三棱柱后侧的棱面上，而点 A 的正面投影为可见点，说明其投影在三棱柱前面的棱面上。

【棱锥体表面上的点和直线投影】

作图时利用棱柱各棱面的积聚性，从 b' 点向水平投影面作垂线，交后棱线于 b 点，根据“三等”关系即可求出点 b'' 的位置；再从 a' 点往水平投影面作垂线，交棱线于 a 点，根据“三等”关系即可求出点 a'' 的位置，如图 4－9（b）所示。

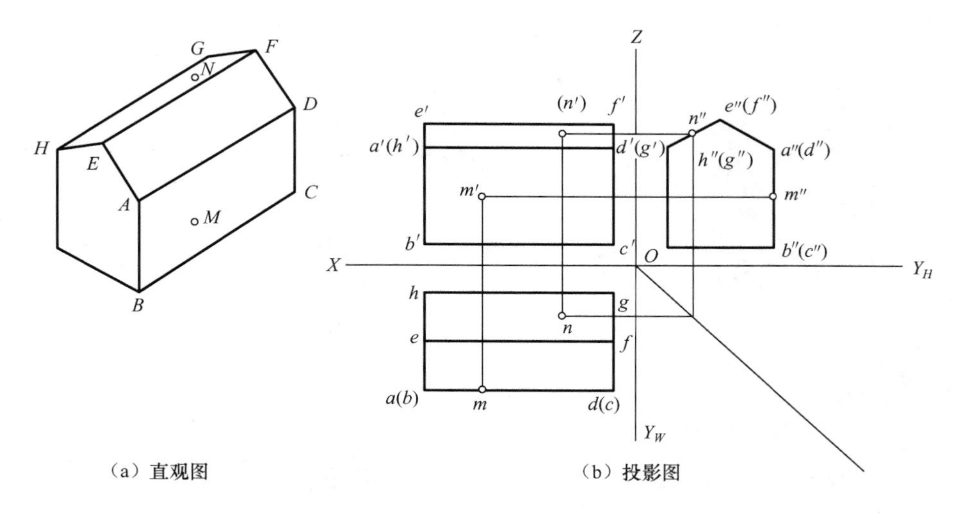

（a）直观图　　（b）投影图

图 4-8　五棱柱体表面上的点投影

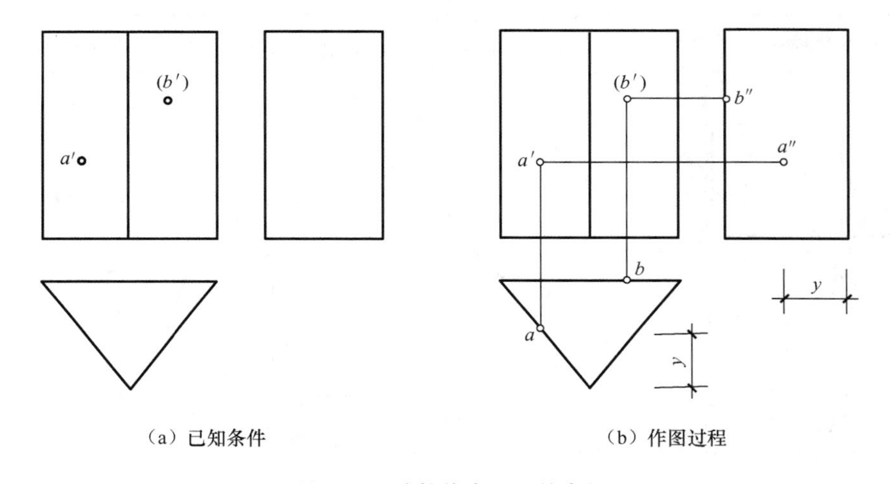

（a）已知条件　　（b）作图过程

图 4-9　三棱柱体表面上的点投影

【例 4-2】 如图 4-10 所示，已知三棱锥的三面投影及其表面上点 K 的正面投影 k'，求其在另两个面的投影。

【解】 如图 4-10（a）所示，在三棱锥体侧面 SAC 上有一点 K。侧面 SAC 为一般位置平面，其三面投影为三个三角形；由于点 K 在侧面 SAC 上，因此其三面投影必定在侧面 SAC 的三个投影上。当已知点 K 的一个投影，求作另两个投影时。

为了方便，过点 K 作一直线 SE，则点 K 为直线 SE 上的点；点 K 的三面投影应该在直线 SE 的三面投影上，如图 4-10（b）所示。这种作图方法称为辅助线法。

4. 平面体的尺寸标注

平面体只要标注出长、宽和高的尺寸，就可以确定它的大小。尺寸一般标注在反映其实形的投影上，尽可能集中标注在一两个投影的下方和右方，必要时才标注在上方和左方。一个尺寸只需要标注一次，尽量避免重复。标注正多边形（正五边形、正六边形等）的大小，可标注其外接圆周的直径。平面体的尺寸标注见表 4-2。

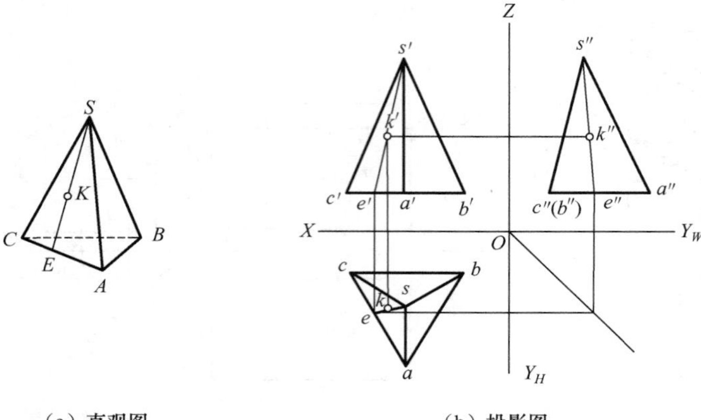

（a）直观图　　（b）投影图

图 4－10　三棱锥体表面上的点投影

表 4－2　平面体的尺寸标注

四棱柱体	三棱柱体	四棱柱体
三棱锥体	**五棱锥体**	**四棱台**
	φ	

4.1.3　曲面体

1．曲面体的投影

表面由曲面或由平面和曲面共同围成的体称为曲面体，常见的有圆柱体、圆锥体、球体等。曲面体的曲表面可以看作由一条动线（称为母线）绕某一固定直线旋转而形成的，这种曲表面又称回转曲面，母线在曲面上任何位置时都称素线，母线上任一点的轨迹称为纬圆，如图 4－11 所示。

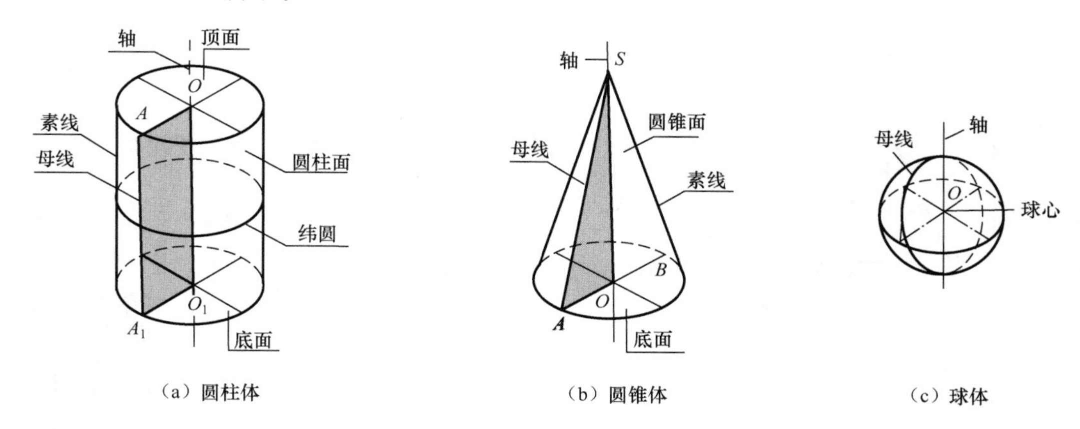

（a）圆柱体　（b）圆锥体　（c）球体

图 4－11　曲面体及其形成要素

作曲面体的投影，就是作出组成曲面体的各面的投影，因此，分析各表面对投影面的相对位置及其投影特性，对正确作图是很重要的。曲面的外形线称为轮廓线，是可见和不可见的分界线。当轮廓线与素线重合时，这种素线称为轮廓素线。在三面投影体系中，常用的四条轮廓素线为最前边的轮廓素线、最后边的轮廓素线、最左边的轮廓素线和最右边的轮廓素线。

求作体的投影实际上是求作体表面的点、线的投影。简单曲面体的投影特性见表 4－3。

表 4－3　简单曲面体的投影特性

平面体	直观图	投影图	简单平面体的投影特性
正圆柱			形体特征： （1）有两个全等且平行的圆——底面 （2）圆柱面可看作母线绕与它平行的轴线旋转而成 （3）所有素线相互平行 投影特征： （1）一面投影为反映底面实形的圆 （2）其他两面投影为矩形 【圆柱体的投影】

续表

平面体	直观图	投影图	简单平面体的投影特性
正圆锥	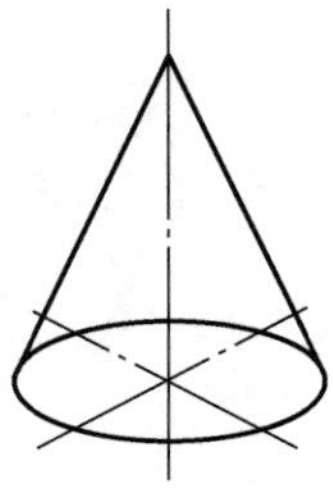	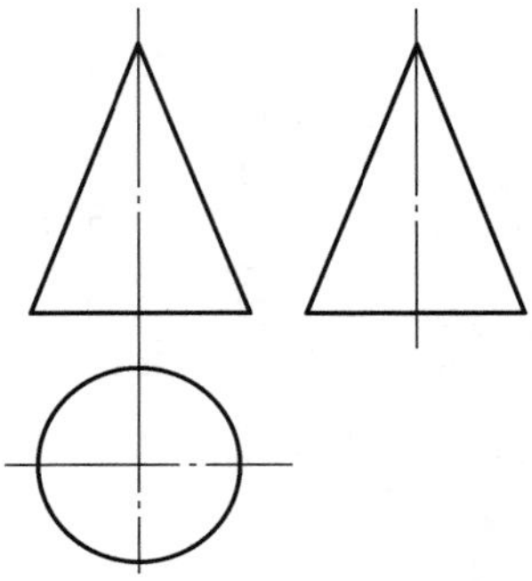	形体特征： (1) 底面为圆 (2) 圆锥面可看作母线绕与它相交的轴线旋转而成 (3) 所有素线相交于圆锥顶点 投影特征： (1) 一面投影为反映底面实形的圆 (2) 其他两面投影为三角形 【圆锥体的投影】
正圆台	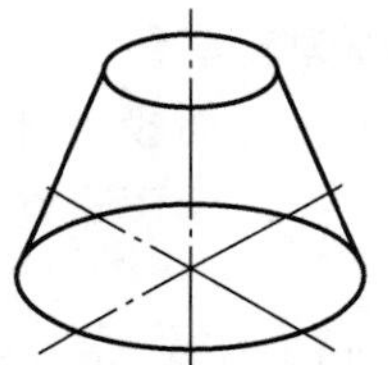	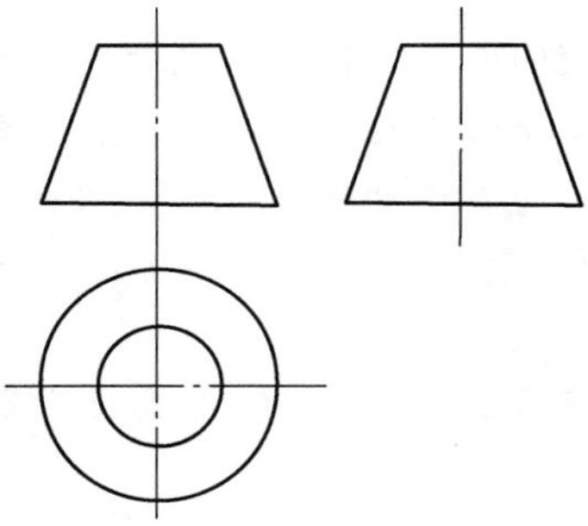	形体特征： (1) 上下底面为大小不等且平行的圆 (2) 圆台面可看作母线绕与它倾斜的轴线旋转而成的 (3) 所有素线延长后交于一点 投影特征： (1) 一面投影为直径不等的同心圆 (2) 其他两面投影为梯形
球	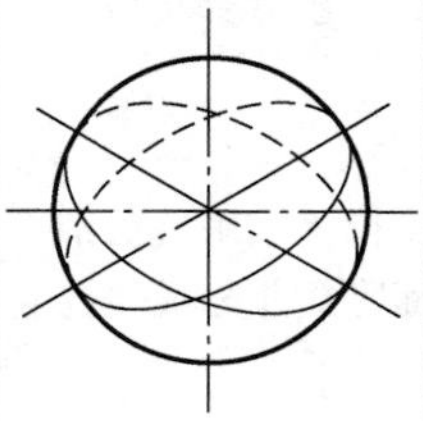	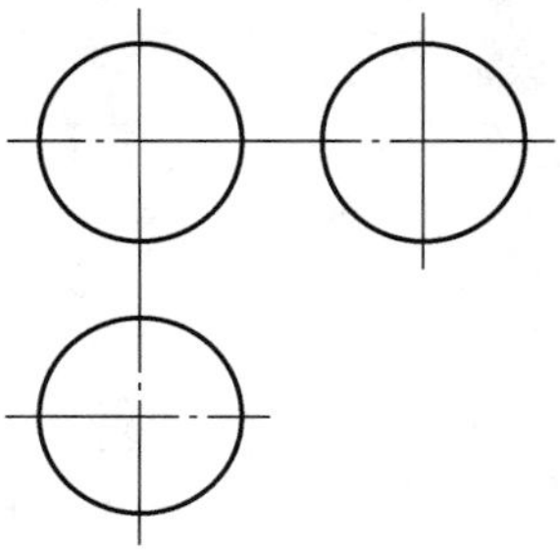	形体特征： (1) 球面可看作母线圆绕直径轴线旋转而成 (2) 所有素线均为直径与球径相等的圆 投影特征： 三面投影均为直径与球径相等的圆

2. 曲面体的投影图绘制

绘制曲面体的三面正投影图，首先要确定该形体在三面投影体系中的位置（放置的原则是让形体的表面和棱线尽量平行或垂直于投影面）。绘制曲面体的投影，实际上就是绘制曲面体底面和侧表面的投影，一般先画出反映底面实形的正投影图，然后再根据投影规律的“三等”关系画出其他两面投影，如图 4－12 所示。

3. 曲面体表面上的点和直线投影

曲面体表面上的点和平面体表面上的点相似。为了作图方便，在求曲面体表面上的点时，可把点分为如下两类。

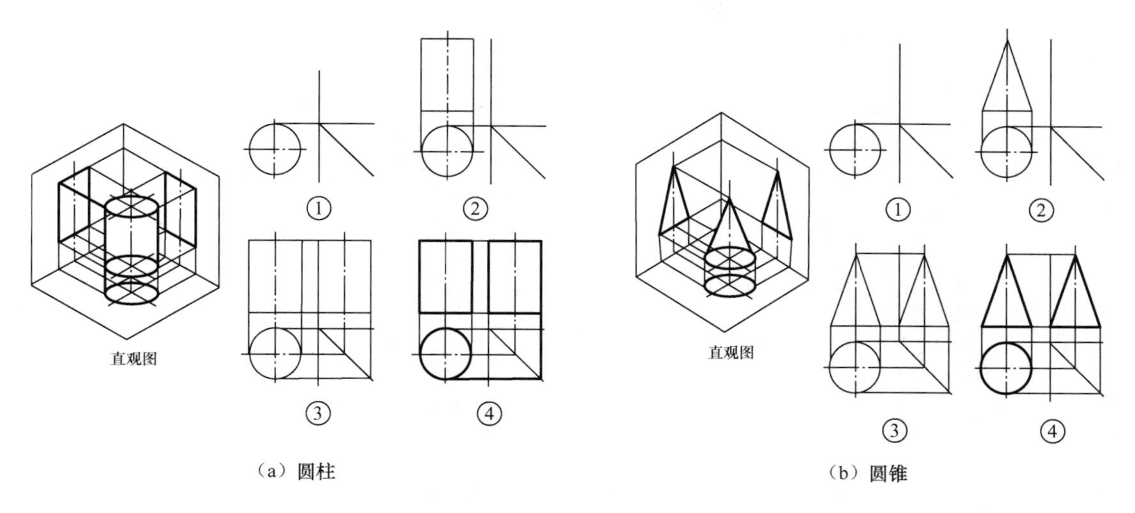

图 4-12　绘制曲面体的三面投影图步骤

（1）特殊位置的点，如圆柱和圆锥的最前、最后、最左、最右、底边及球体上平行于三个投影面的最大圆周等位置上的点，可直接利用线上点的方法求得。因为曲面体表面上点的投影必定在曲面体的一条素线或一个纬圆上，当曲面体具有积聚性时，曲面上点的投影必在同面的积聚投影上。

（2）其他位置的点，可利用曲面体投影的积聚性、素线法和纬圆法等方法求得。圆柱体表面具有积聚性，所以求其表面上点的投影可采用积聚性法；圆锥体表面没有积聚性，所以求其表面上点的投影可以采用素线法和纬圆法；球体表面不具有积聚性，所以求其表面上点的投影可用纬圆法。

素线法：圆锥体上任一素线都是通过顶点的直线，已知圆锥体上一点时，可过该点作素线，先作出该素线的三面投影，再利用线上点的投影求得。

纬圆法：由回转面的形成可知，母线上任一点的运动轨迹为圆，且该圆垂直于旋转轴线，称为纬圆。圆锥体上任一点一定在与其等高的纬圆上，因此可借助该点的纬圆，求出点的投影。

求曲面体表面上点和直线的投影，实质上就是求曲面上点和直线的投影，不同之处是前者的点和直线的投影存在可见性的判断问题。当点的投影为不可见时，就要在该点不可见的投影上加小括号。

【例 4-3】 如图 4-13 所示，已知圆柱体表面上点 A 和点 B 的正面投影，求作 A、B 点另两个面的投影。

【圆柱体表面上的点和直线投影】

【解】 如图 4-13（a）所示，在圆柱体表面上，点 A 在圆柱体的右前方，该点的水平投影 a 在圆柱面水平投影积聚圆周上；其正面投影在圆柱正面投影矩形的右半边，为可见；其侧面投影在圆柱侧面投影的右半边，为不可见。点 B 在圆柱的最左边素线上，因此点 B 的三面投影在该素线的三面投影上，即水平投影在圆柱水平投影圆周的最左边，正面投影在圆柱正面投影矩形的左边线上，侧面投影在圆柱侧面投影的中心线上。作图方法如图 4-13（b）所示。

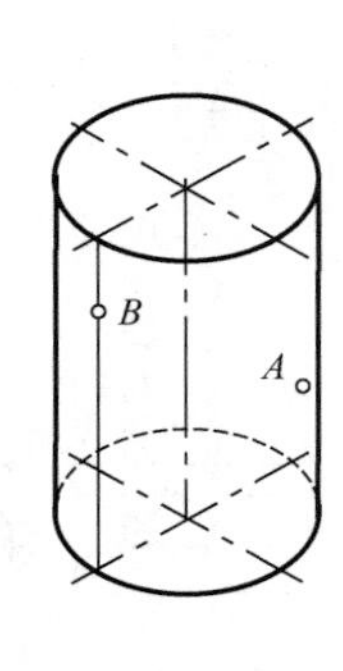

（a）直观图

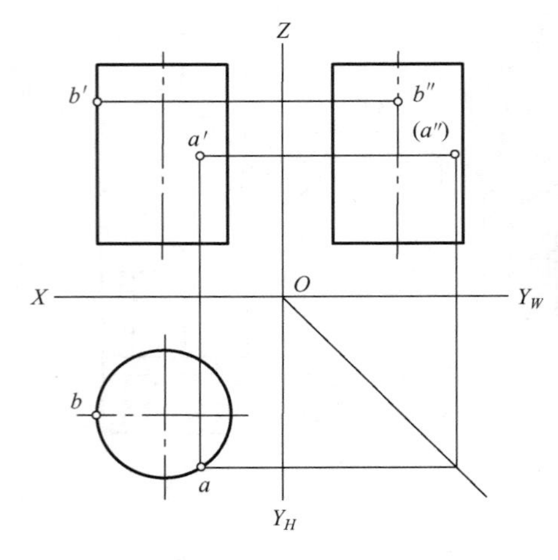

（b）投影图

图 4-13　圆柱体表面上点的投影

【圆锥体表面上的点和直线投影】

【例 4-4】 如图 4-14（a）、（b）所示，已知圆锥体表面上点 M 和点 N 的正面投影 m' 和 n'，试作出 M、N 点的另两个面投影。

【解】（1）采用纬圆法。如图 4-14（a）所示，圆锥体母线上任一点的运动轨迹是垂直于圆锥轴线的圆，该圆平行于水平投影面，其水平投影为与圆锥水平投影同心的圆，正面投影是平行于 OX 轴的线。已知点 M 的正面投影，求其他两个投影时，可过 m' 作平行于 OX 轴的线与圆锥左、右轮廓线交于 c'、d' 点，直线 $c'd'$ 即为辅助圆的正面投影；以 $c'd'$ 为直径，以 s 为圆心在圆锥的水平投影中作圆，即为辅助圆的水平投影；过 m' 作 OX 轴的垂线交辅助圆水平投影于 m 点，再利用点的投影规律作出点 M 的侧面投影 m''。同理可求出 n 点的另两个面投影。相关作图方法如图 4-14（c）所示。

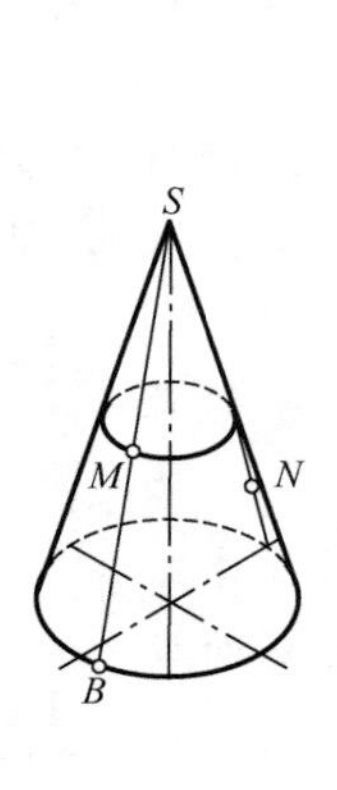

（a）直观图

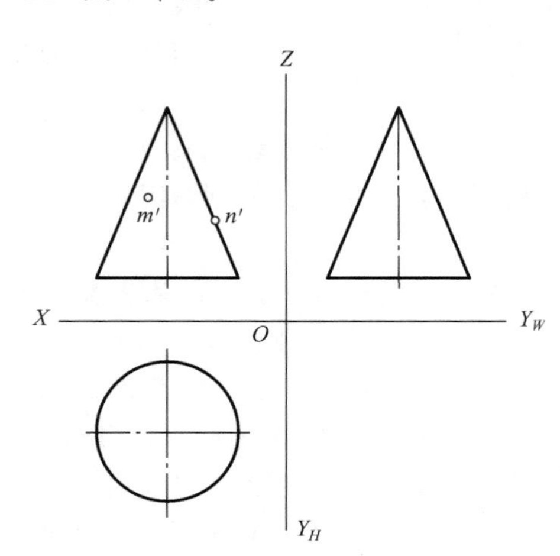

（b）已知点M、N的正面投影m'、n'

图 4-14　圆锥体表面上点的投影

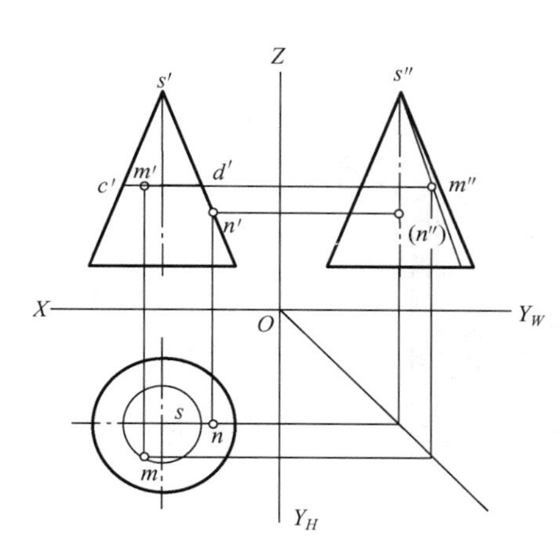

(c) 纬圆法求点的投影

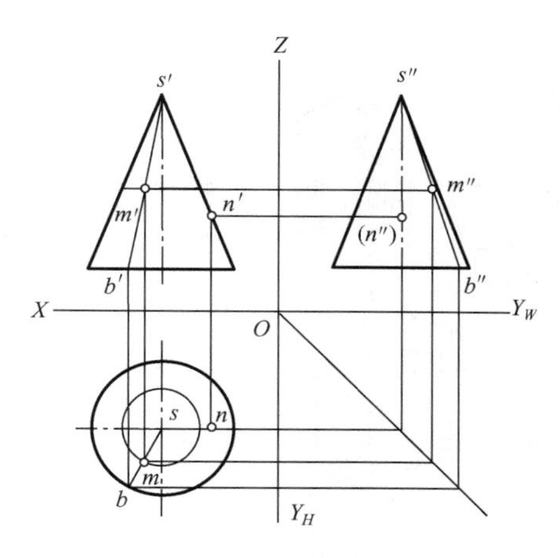

(d) 素线法求点的投影

图 4－14 圆锥体表面上点的投影（续）

(2) 采用素线法。在正面投影上，过点 m' 作素线的投影 $s'b'$，在水平投影上求出 sb 的投影，m 点的水平投影一定在 sb 线上，将点 m' 向水平投影作垂线，交 sb 于一点即为 m 的投影；根据“三等”关系，即可求出 m'' 的位置。同理可求出 n 点另两个面的投影。相关作图方法如图 4－14 (d) 所示。

任务 4. 2 组合体的投影

4. 2. 1 组合体的组合方式

由两个或两个以上基本体构成的形体称为组合体。按其构成的形式，可分为叠加式、切割式和混合式三种组合体。

【组合体的投影】

(1) 叠加式。把组合体看成由若干个基本形体叠加而成，如图 4－15 (a) 所示。

(2) 切割式。组合体由一个大的基本形体经过若干次切割而成，如图 4－15 (b) 所示。

(3) 混合式。既有叠加又有切割而形成的组合体，如图 4－15 (c) 所示。

4. 2. 2 组合体表面的连接方式

如果组合体表面的连接关系是相切的，则在画投影图时这个位置就不能画线，如果是相交的则要画线；如果组合体表面的连接关系是平齐的也不能画线，如果不是平齐的则要画线，如图 4－16 所示。

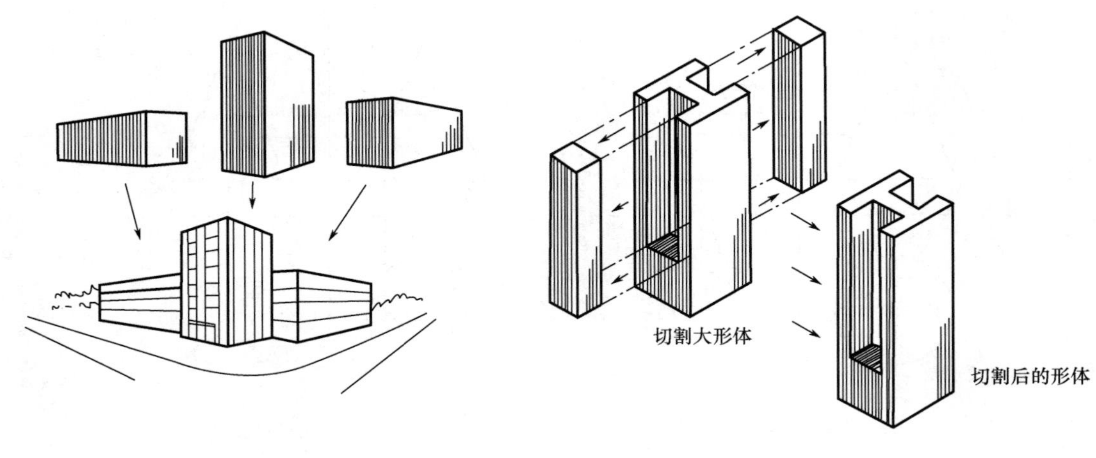

（a）叠加式

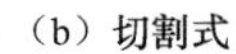

（b）切割式

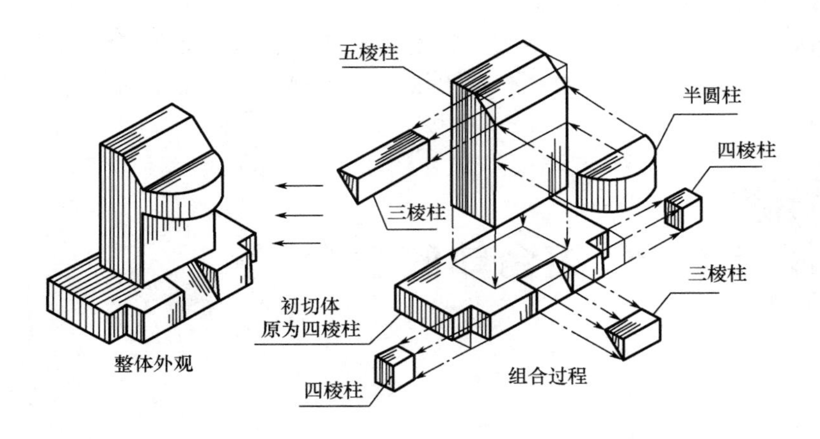

（c）混合式

图 4－15　组合体的构成方式

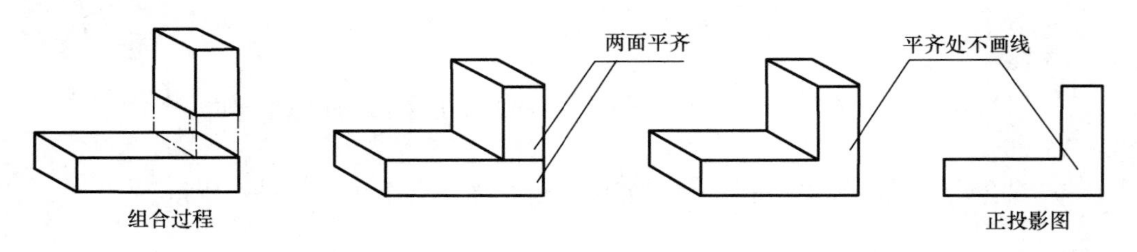

（a）表面平齐

图 4－16　组合体表面的连接关系

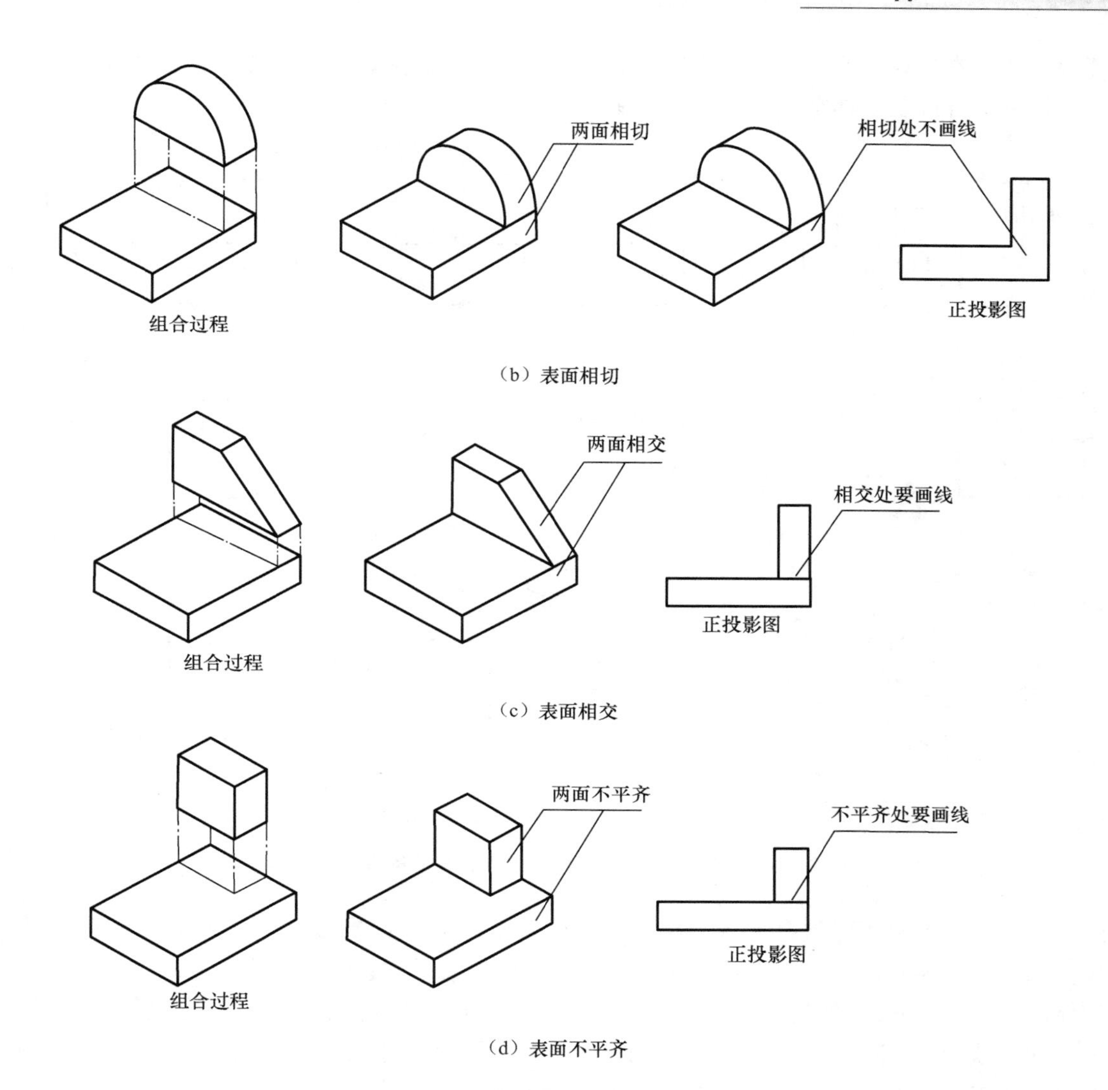

（b）表面相切

（c）表面相交

（d）表面不平齐

图 4-16 组合体表面的连接关系（续）

4.2.3 组合体投影图的识读

1. 组合体投影图的读法

根据已经作出的投影图，运用投影原理和方法，想象出形体的空间形状，这个过程就是投影图的识读。投影图的识读方法有形体分析法和线面组合法两种。

【组合体投影图的识读】

(1) 形体分析法。

形体分析法读图可用“分、找、想、合”四个字概括。“分”就是从形状特征明显或简单的视图入手，划分线框，即把组合体分解为几个基本形体；“找”即按“长对正、宽相等、高平齐”的投影规律，找出各个部分对应的其他投影的线框；“想”

即根据各基本形体的投影想象其空间形状；“合”即根据各基本形体的形状想象出整体形状。最后综合成组合体空间形状进行画图，如图 4－17 所示。

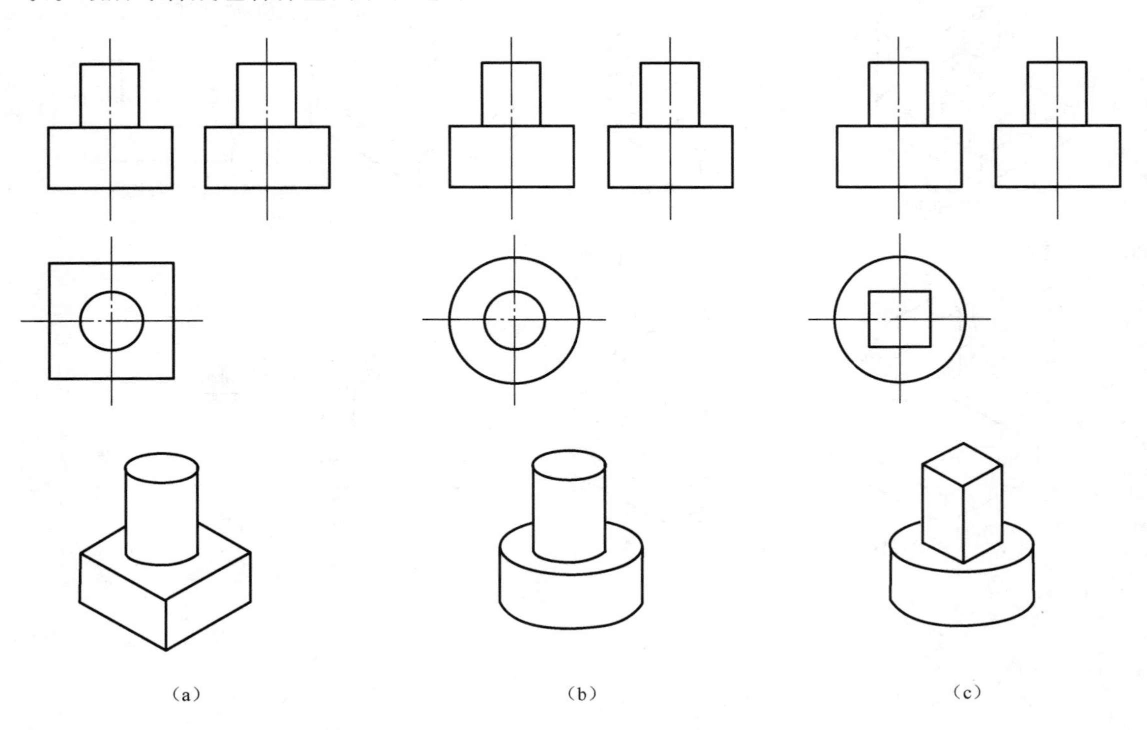

图 4－17　正面投影和侧面投影相同的形体

以图 4－18 所示的投影图为例，特征比较明显的是 *V* 面投影，结合观察 *W*、*H* 面投影可知，该形体是由下部两个长方体上叠加一个中间偏后位置的长方体（后表面与下部长方体的后表面平齐），然后再在其上叠加一个宽度与中间长方体相等的半圆柱体组合而成。在 *W* 面投影上主要反映了半圆柱、中间长方体与下部长方体之间的前后位置关系，在 *H* 面投影上主要反映下部两个长方体之间的位置关系。

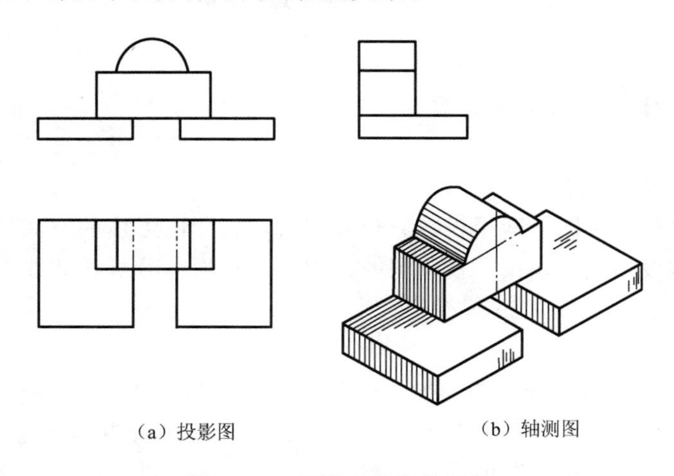

图 4－18　形体分析法的运用

（2）线面分析法。

线面分析法是由线、面的投影特性，分析投影图中某条线或某个线框的空间意义，从而想象其空间形状，最后联想出组合体整体形状的分析方法，如图 4－19 和图 4－20 所示。线面分析法是形体分析法的辅助手段。

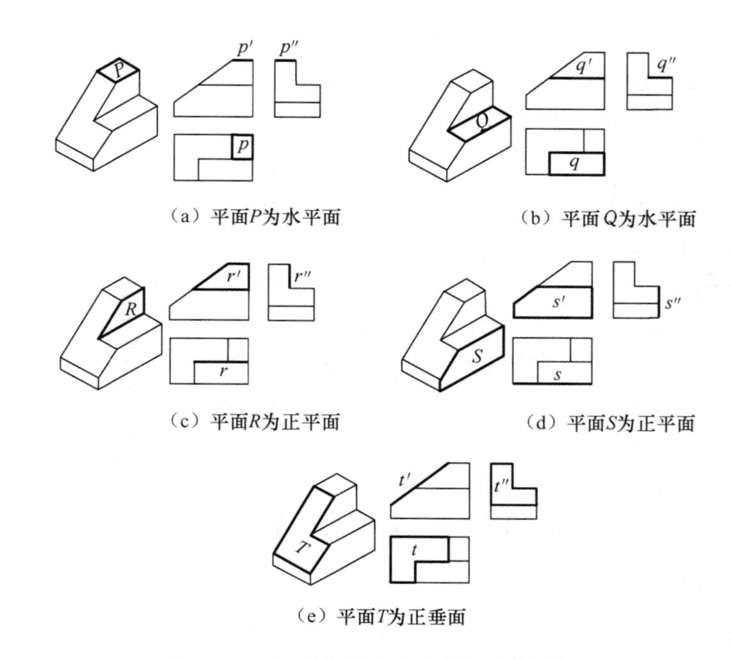

（a）平面P为水平面　（b）平面Q为水平面

（c）平面R为正平面　（d）平面S为正平面

（e）平面T为正垂面

图 4－19　用线面分析法分析形体投影图

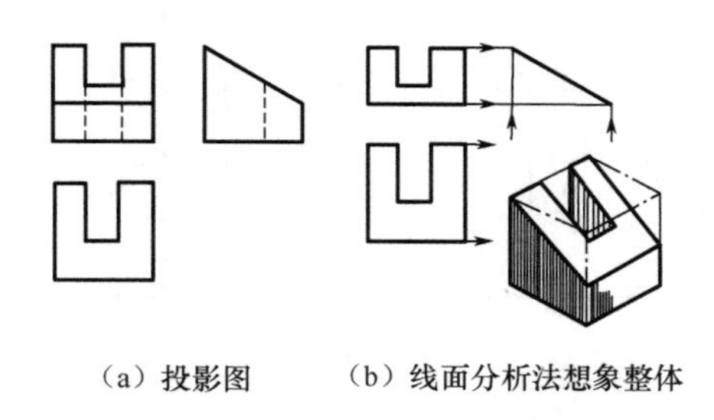

（a）投影图　（b）线面分析法想象整体

图 4－20　用线面分析法想象形体

2. 组合体投影图识图要点

要根据建筑形体投影图识读其形状，必须掌握下面的基本知识。

（1）掌握三面投影图的投影关系，即“长对正、高平齐、宽相等”。

（2）掌握在三面投影图中各基本体的相对位置，即上下关系、左右关系和前后关系。

（3）掌握棱柱、棱锥、圆柱、圆锥和球体等基本体的投影特点。

（4）掌握点、线、面在三面投影体系中的投影规律。

（5）掌握建筑形体投影图的画法。

下面给出几个识图要点。

（1）联系各个投影想象形体。

若想把已知条件中所给的几个投影图全部联系起来识读，就不能只注意其中的一部分。如图 4－21（a）所示，若只把视线注意在 V、H 面投影上，则会得出图 4－21（b）～（d）图下方所列的三个答案，甚至更多。

由于答案没有唯一性，显然不能用于施工制作。只有把 V、H 面投影和图 4－21（b）～（d）图中任何一个上方的 W 面投影联系起来识读，才能得出唯一准确的答案。

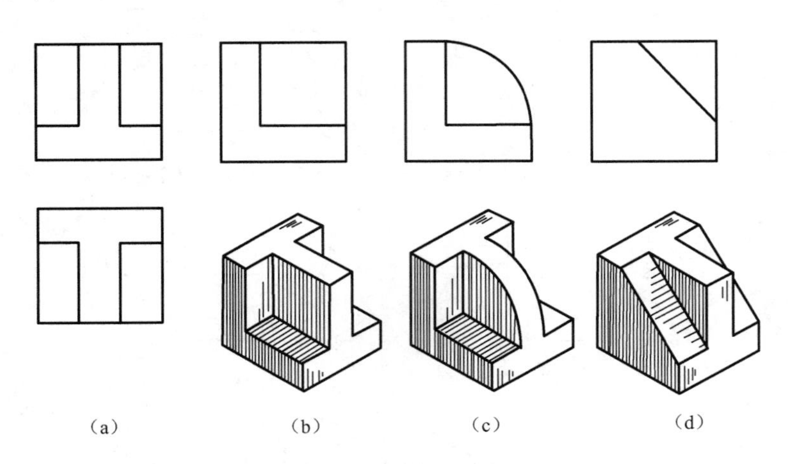

图 4－21　已知两面投影图来想象实体图

（2）注意找出特征投影。

能使某一形体区别于其他形体的投影，称为该形体的特征投影（或特征轮廓）。图 4－22 中的 H 面投影，均为各自形体的特征投影。特征投影的确定有助于形体分析和线面分析，进而想象出组合体的形状。

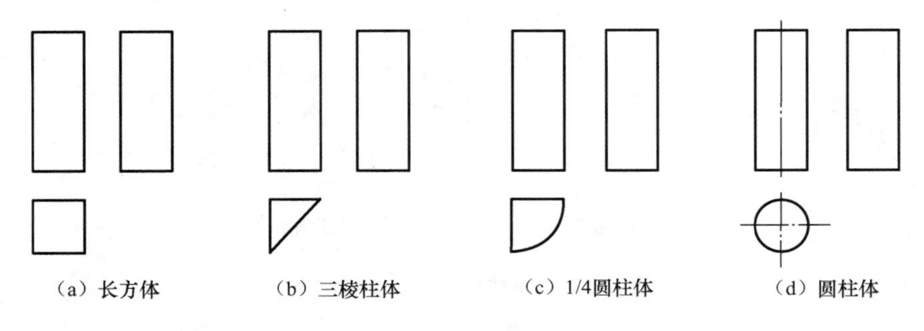

图 4－22　*H* 面投影作为特征投影

（3）明确投影图中直线和线框的意义。

视图是由图线构成的，由图线围成的线框称为图框，读图时要正确读懂每条图线和每个图框所代表的含义。如图 4－23（a）所示，由 V、H 面投影可知该形体为一个三棱锥体，在 V 面三角形投影的两条腰线中，左边一条表示锥体的左侧棱，右边一条表示锥体的右侧面（或表示右前及右后侧棱）；图 4－23（b）的 V 面投影也为三角形投影，但对照 H 面的圆形投影可知，该形体为圆锥体，V 面三角形投影的两条腰线表示了圆锥曲面左右转向素线（转向线）的投影，它既不是棱线也不是平面。

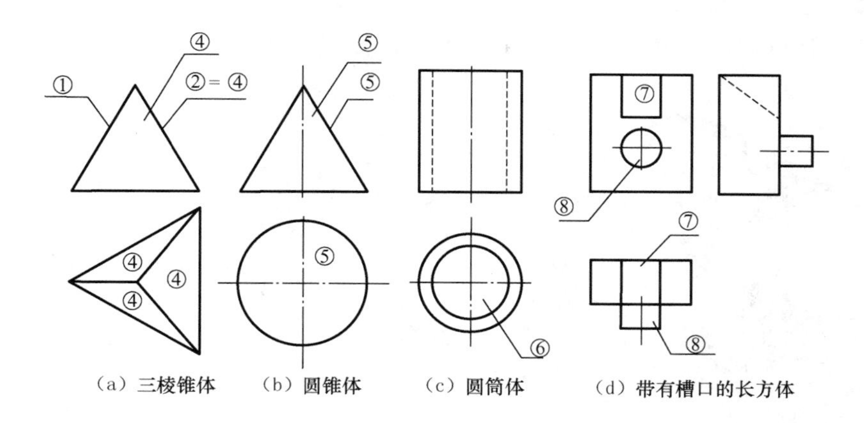

图 4-23 投影图中线和线框的意义

①—棱线的投影；②—平面的投影；③—曲面体素线的投影；
④—平面投影的线框；⑤—曲面投影的线框；⑥—孔洞投影的线框；
⑦—槽口投影的线框；⑧—凸出体投影的线框

投影图中的一条直线，一般有以下三种意义。

① 可表示形体上一条棱线的投影。

② 可表示形体上一个面的积聚投影。

③ 可表示曲面体上一条轮廓素线的投影，但此时在其他投影中，必有一个具有曲线图形的投影。

投影图中的一个线框，一般也有三种意义。

① 可表示形体上一个平面的投影。

② 可表示形体上一个曲面的投影，此时其他投影图上必有一曲线形的投影与之对应。

③ 可表示形体上孔、洞、槽或叠加体的投影，其中对于孔、洞、槽，其他投影上必对应有虚线的投影。

综上所述，对投影图中线的意义的确定顺序为：平面的积聚投影→棱线的投影→曲面体上素线的投影。答案必为其一。

对线框的意义的确定也可按顺序进行：首先把线框定为平面的投影，然后去对应其他投影，看是否符合平面的投影特性；如果不符合，则可能是曲面的投影；如果也不符合曲面的投影特性，则必为孔、洞、槽或凸出体的投影。

3. 组合体投影图的绘制步骤

(1) 形体分析。

【组合体投影图的画法】

一个组合体可以看作由若干个基本形体所组成。对组合体中基本形体的组合方式、表面连接关系及相互位置等进行分析，弄清各部分的形状特征，这种分析过程即称为形体分析。作图前需要对组合体进行形体分析。图 4-24 所示为对房屋简化模型的形体分析。

(2) 布置投影图。

画图前将最能反映形体特征的图作为主要投影面，并尽可能使其平行于投影面，使得到的投影反映实形。但工程形体有大有小，无法按实际大小作图，所以必须选择适当的比例作图。当比例选定后，再根据投影图所需数量及面积大小选用合理图幅。

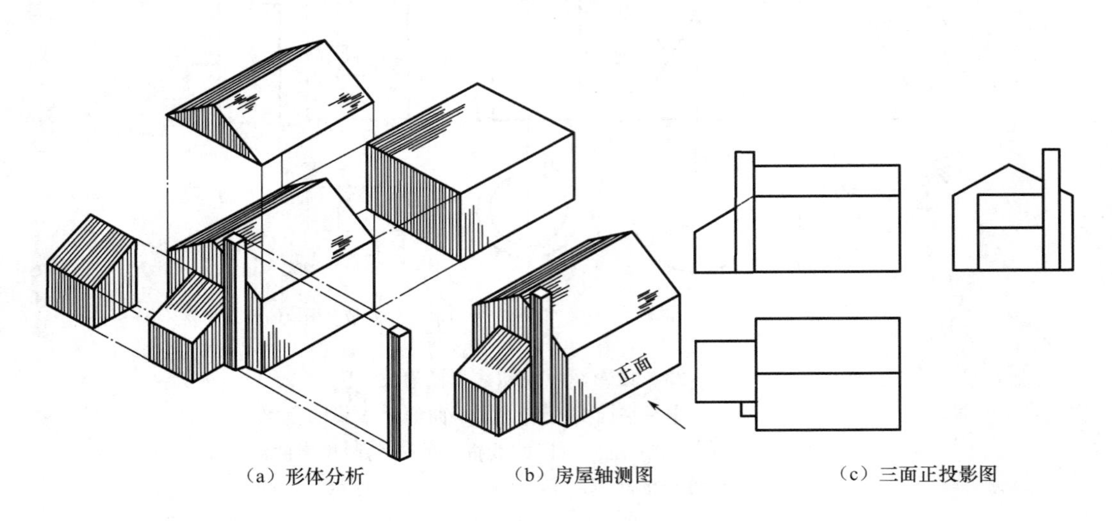

（a）形体分析　（b）房屋轴测图　（c）三面正投影图

图 4－24　房屋的形体分析及三面正投影

（3）作投影图。

① 画底稿。首先选定比例及图纸幅面，其次计算每个图的大小，均衡、匀称地布置图位。如果投影图上要求标注尺寸，则应留出标注尺寸的位置。画底稿的顺序以形体分析的结果进行，一般为先主体后局部、先外形后内部、先曲线后直线。

② 加深加粗图线，完成所作投影图。

③ 标注尺寸（方法见后），做到详尽、准确。

4. 组合体投影图的尺寸标注

（1）组合体尺寸组成。

① 定形尺寸：用于确定组合体中各基本体自身大小的尺寸称为定形尺寸。它通常由长、宽、高三项尺寸来反映。

② 定位尺寸：用于确定组合体中各基本形体之间相互位置的尺寸称为定位尺寸。定位尺寸在标注之前需要确定定位基准，也就是某一方向定位尺寸的起止位置。对于由平面体组成的组合体，通常选择形体上某一明显位置的平面或形体的中心线作为该基准位置。

③ 总体尺寸：总体尺寸即是确定组合体总长、总宽、总高的外包尺寸。

（2）组合体尺寸标注。

组合体尺寸在标注之前也需进行形体分析，弄清反映在投影图上的有哪些基本形体，然后注意这些基本形体的尺寸标注要求，做到简洁合理。各基本形体之间的定位尺寸一定要先选好定位基准，再进行标注，做到心中有数且不遗漏。总体尺寸标注时要注意核对其是否等于各分尺寸之和，做到准确无误。

任务 4.3 轴测投影

正投影图能反映出形体的形状和大小，且作图方便，在工程设计和施工中被广泛使用。但其缺乏立体感，正投影图中的每个投影只反映出形体长、宽、高中的两个，读图时必须将三个投影面都结合起来，才能得到形状完整的形体，且要有一定的投影知识才能看懂。看图时需要运用正投影的原理，想象出形体的形状，如图 4－25（a）所示，当形体较复杂时，其投影图很难看懂。为了便于读图，在工程图中常用一种富有立体感的投影图来表示形体，作为辅助图样，这样的图称为轴测投影图，简称轴测图，如图 4－25（b）所示。但其作图复杂，度量性较差，不作为工程正式图样。在给排水和暖通工程等专业图中，常用轴测图表达各种管道系统；在工业厂房等其他专业图中，轴测图应用也十分广泛，如图 4－26 所示。

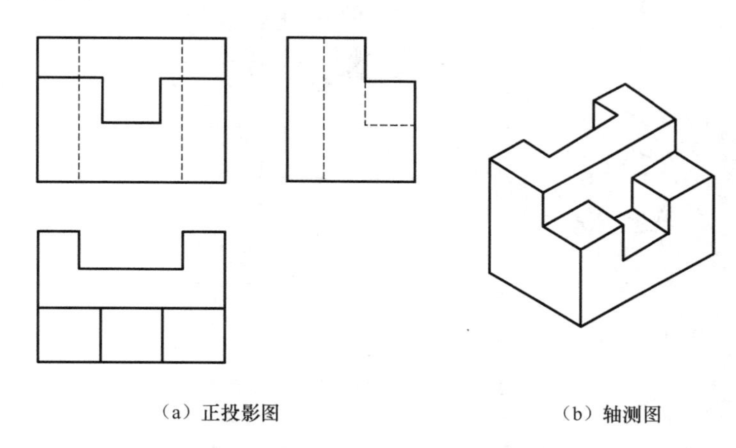

（a）正投影图　　（b）轴测图

图 4－25　正投影图和轴测图的对比

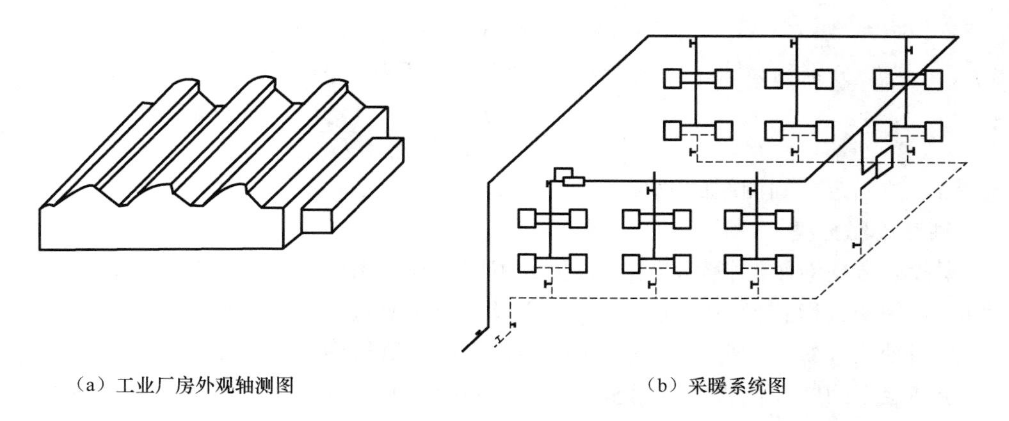

（a）工业厂房外观轴测图　　（b）采暖系统图

图 4－26　工业厂房和采暖系统轴测图

4.3.1 轴测投影图的形成

【轴测投影图的形成】

轴测投影属于平行投影的一种。在作形体投影图时，如果选取适当的投影方向，将物体连同确定物体长、宽、高三个尺度的直角坐标轴，用平行投影的方法一起投影到一个投影面（轴测投影面）上所得到的投影，即称为轴测投影。应用轴测投影的方法绘制的投影图就称为轴测图，如图 4－27 所示。

1. 轴测投影术语

（1）轴测轴：OX、OY、OZ 的轴测投影 O_1X_1、O_1Y_1、O_1Z_1。

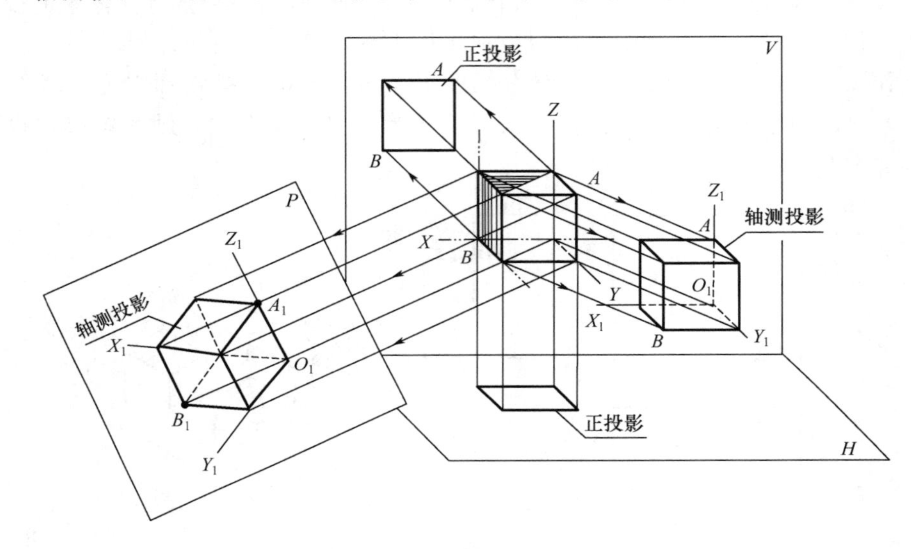

图 4－27　立方体的正投影和轴测投影

（2）轴间角：轴测轴之间的夹角$\angle X_1O_1Y_1$、$\angle X_1O_1Z_1$、$\angle Y_1O_1Z_1$且三个轴间角之和为 360°。轴间角确定了形体在轴测图中的方位。

（3）伸缩系数：O_1X_1、O_1Y_1、O_1Z_1上的线段与坐标轴 OX、OY、OZ 上对应线段的长度比 p、q、r，分别称为 X_1、Y_1、Z_1轴的轴向伸缩系数，即

$$p=\frac{O_1X_1}{OX},\quad q=\frac{O_1Y_1}{OY},\quad r=\frac{O_1Z_1}{OZ}$$

伸缩系数确定了轴测图的大小。

2. 轴测投影分类

根据投射方向对轴测投影面相对位置的不同，轴测图可分为以下两大类。

（1）正轴测投影：投射方向垂直于轴测投影面时所得到的轴测投影。

（2）斜轴测投影：投射方向倾斜于轴测投影面时所得到的轴测投影。

由于确定空间物体位置的直角坐标轴对轴测投影面的倾角大小不同，轴向伸缩系数也随之不同，故上述两类轴测投影又可以各分为三种，见表 4－4。

其中正轴测投影分为以下三种。

(1) 正等轴测投影（正等轴测图），即三个轴向伸缩系数均相等（$p=q=r$）的正轴测投影，简称正等测。

(2) 正二等轴测投影（正二轴测图），即两个轴向伸缩系数相等（$p=q\neq r$ 或 $p=r\neq q$ 或 $q=r\neq p$）的正轴测投影，简称正二测。

(3) 正三轴测投影（正三轴测图），即三个轴向伸缩系数均不相等（$p\neq q\neq r$）的正轴测投影，简称正三测。

斜轴测投影分为以下三种。

(1) 斜等轴测投影（斜等轴测图），即三个轴向伸缩系数均相等（$p=q=r$）的斜轴测投影，简称斜等测。

(2) 斜二等轴测投影（斜二轴测图），即轴测投影面平行一个坐标平面，且平行于坐标平面的两根轴的轴向伸缩系数相等（$p=q\neq r$ 或 $p=r\neq q$ 或 $q=r\neq p$）的斜轴测投影，简称斜二测。

(3) 斜三轴测投影（斜三轴测图），即三个轴向伸缩系数均不相等（$p\neq q\neq r$）的斜轴测投影，简称斜三测。

表 4－4 正轴测投影和斜轴测投影比较

<table>
<tr><th colspan="2">类别</th><th colspan="3">正轴测投影</th><th colspan="3">斜轴测投影</th></tr>
<tr><th colspan="2">特性</th><th colspan="3">投射线与轴测投影面垂直</th><th colspan="3">投射线与轴测投影面倾斜</th></tr>
<tr><th colspan="2">轴测类型</th><th>正等轴测投影</th><th>正二等轴测投影</th><th>正三轴测投影</th><th>斜等轴测投影</th><th>斜二等轴测投影</th><th>斜三轴测投影</th></tr>
<tr><th colspan="2">简称</th><th>正等测</th><th>正二测</th><th>正三测</th><th>斜等测</th><th>斜二测</th><th>斜三测</th></tr>
<tr><td rowspan="4">应用举例</td><td>伸缩系数</td><td>$p_1=q_1=r_1=0.82$</td><td>$p_1=r_1=0.94$，$q_1=p_1/2=0.47$</td><td rowspan="4">视具体要求选用</td><td rowspan="4">视具体要求选用</td><td>$p_1=r_1=1$，$q_1=0.5$</td><td rowspan="4">视具体要求选用</td></tr>
<tr><td>简化系数</td><td>$p=q=r=1$</td><td>$p=r=1$，$q=0.5$</td><td>无</td></tr>
<tr><td>轴间角</td><td>120° 120° 120°</td><td>97° 131° 132°</td><td>90° 135° 135°</td></tr>
<tr><td>例图</td><td>l l l</td><td>l l $\frac{l}{2}$</td><td>l l $\frac{l}{2}$</td></tr>
</table>

3. 轴测投影的基本性质

(1) 平行性：空间平行线段的轴测投影仍平行，且平行线段变形系数相等。与轴测轴平行的线段，其变形系数等于轴向变形系数。

(2) 从属性：属于直线的点，其轴测投影必从属于直线的轴测投影。

(3) 等比性：点分空间线段之比等于相应线段轴测投影之比；平行线段的轴测投影仍具有等比性。

(4) 实形性：与轴测投影面平行的线段（或平面图形）反映实长（或实形）。

4. 轴测投影的绘制规定

（1）房屋建筑的轴测图，宜采用正等测投影并用简化伸缩系数绘制。

（2）轴测图的可见轮廓线宜采用中实线绘制，断面轮廓线宜用粗实线绘制。不可见轮廓线一般不绘出，必要时，可用细虚线绘出所需部分。

（3）轴测图的断面上应画出其材料图例线，图例线应按其断面所在坐标面的轴测方向绘制。

（4）轴测图线性尺寸应标注在各自所在的坐标面内，尺寸线应与被注长度平行，尺寸界线应平行于相应的轴测轴，尺寸数字的标注方向应平行于尺寸线，如出现字头向下倾斜时，应将尺寸线断开，在尺寸线断开处水平方向标注尺寸数字。轴测图的尺寸起止符号宜用小圆点。

（5）轴测图中圆的半径或直径尺寸，应标注在圆所在的坐标面内；尺寸线与尺寸界线应分别平行于各自的轴测轴。圆弧半径和小圆直径尺寸也可引出标注，但尺寸数字应标注在平行于轴测轴的引出线上。

（6）轴测图的角度尺寸，应标注在该角所在的坐标面内，尺寸线应画成相应的椭圆弧或圆弧。尺寸数字应按水平方向标注。

在实际工作中，正等轴测图、斜二轴测图用得较多，正三轴测图和斜三轴测图的作图较繁，很少采用。本书只介绍正等轴测图和斜二轴测图的画法。

4.3.2 正等轴测图

【正轴测投影】

坐标轴系的三个轴 OX、OY、OZ 与投影面 P 的夹角均相等所得到的轴测投影，其三个伸缩系数均相等，故称正等轴测图。其画法简单、立体感强，在工程上最为常用。

正等轴测图的三个轴间角均相等，为120°，如图4－28所示。为了视觉习惯，一般把 O_1Z_1 轴垂直放置，另两个轴测轴与水平线呈30°，可以直接用三角板的30°角画出。正等轴测图的三个伸缩系数理论值为0.82，显然这非常不方便画图，使用简化伸缩系数（取该值为1）画出的正等轴测投影图的形状没有改变，相当于把图放大了1.22倍，并不影响轴测图的形状，应用起来更便利，如图4－28和图4－29所示。

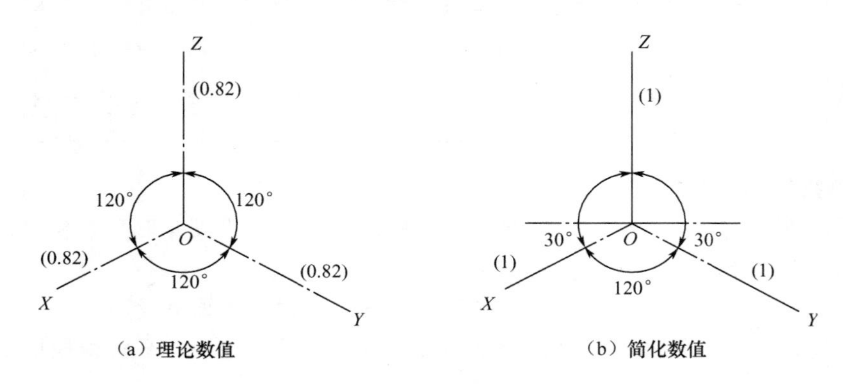

图4－28 正等轴测图的轴间角与轴向伸缩系数

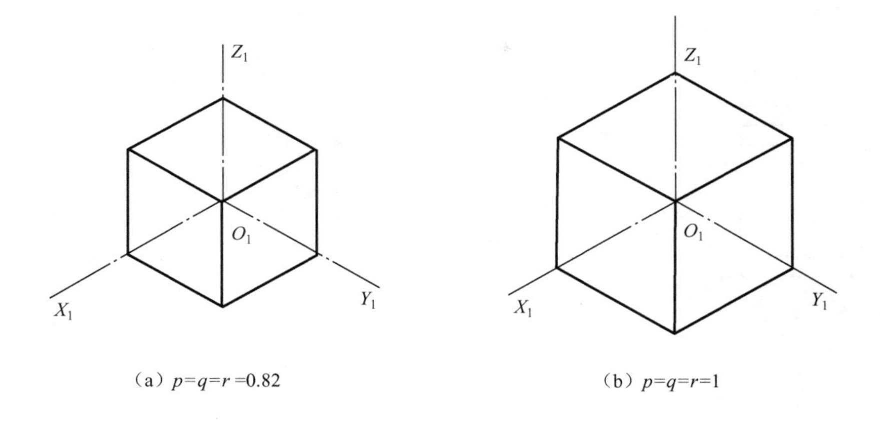

（a）$p=q=r=0.82$　　（b）$p=q=r=1$

图 4-29　正等轴测图的轴向伸缩系数

1. 正等轴测图的画法

画正等轴测图时，应先用丁字尺配合三角板作出轴测轴。一般将 O_1Z_1 轴画成铅垂线，再用丁字尺画一条水平线，在其下方用 30°三角板作出 O_1X_1 轴和 O_1Y_1 轴，如图 4-30 所示。

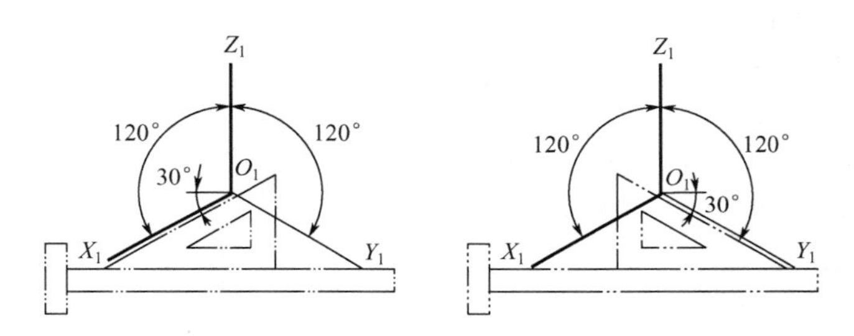

图 4-30　正等轴测图轴测轴的画法

2. 平面体正等轴测图的画法

下面以一些实例说明相应的画法。

【例 4-5】 如图 4-31（a）所示，已知形体的两面投影，画出其正等轴测图。

【解】 从投影图中可以看出，这是一个由两个长方形叠加而成的形体，画图时，从下而上进行绘制即可。作图步骤如下。

（1）先在投影面上确定好坐标轴的位置，因为是画正等轴测图，所以各轴的轴向伸缩系数可取简化后的，这样直接在投影图上量取尺寸画到轴测投影图上即可，如图 4-31（b）所示。

（2）在正等轴测轴上先将下面的长方体投影图上的长、宽和高的尺寸画到图上，再过各点做相应投影轴的平行线，即得到了长方体，如图 4-31（c）所示。

（3）用同样的方法在轴测轴上找到相应的位置，即可绘出上面长方体的轴测图，如图 4-31（d）所示。

（4）对照投影图和正等轴测图进行检查，没有错误后擦去多余的作图线，加深可见图线，即完成了该形体的正等轴测图的绘制，如图 4-31（e）所示。

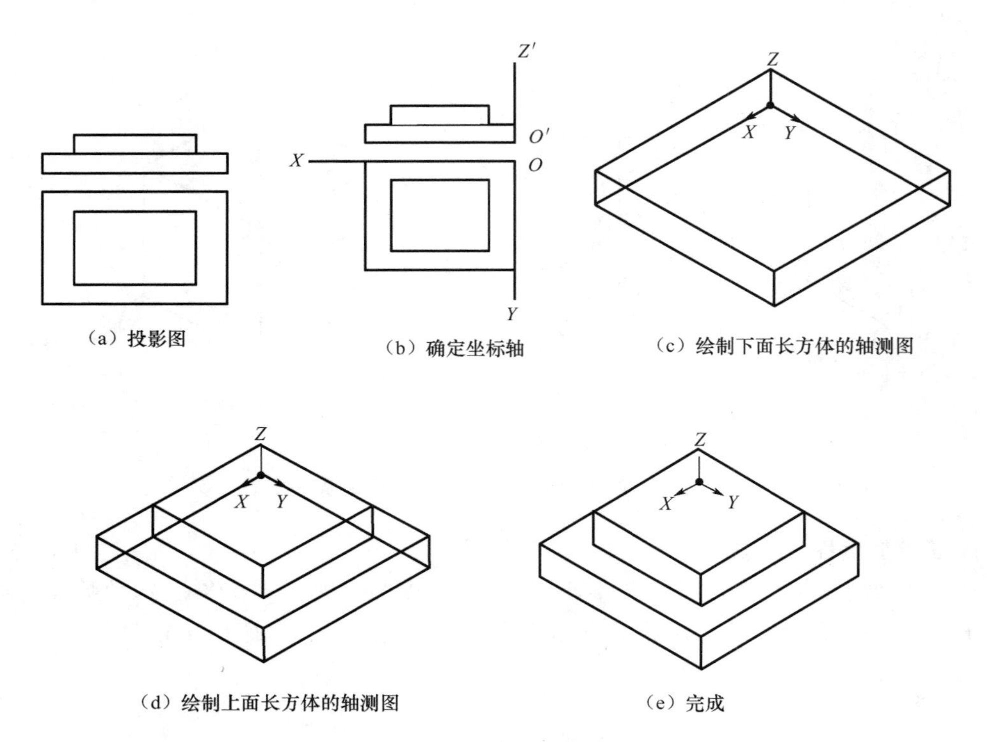

(a) 投影图　(b) 确定坐标轴　(c) 绘制下面长方体的轴测图

(d) 绘制上面长方体的轴测图　(e) 完成

图 4-31　形体的正等轴测画法

【例 4-6】 用坐标法作长方体的正等轴测图。

【解】 作用步骤如下（图 4-32）。

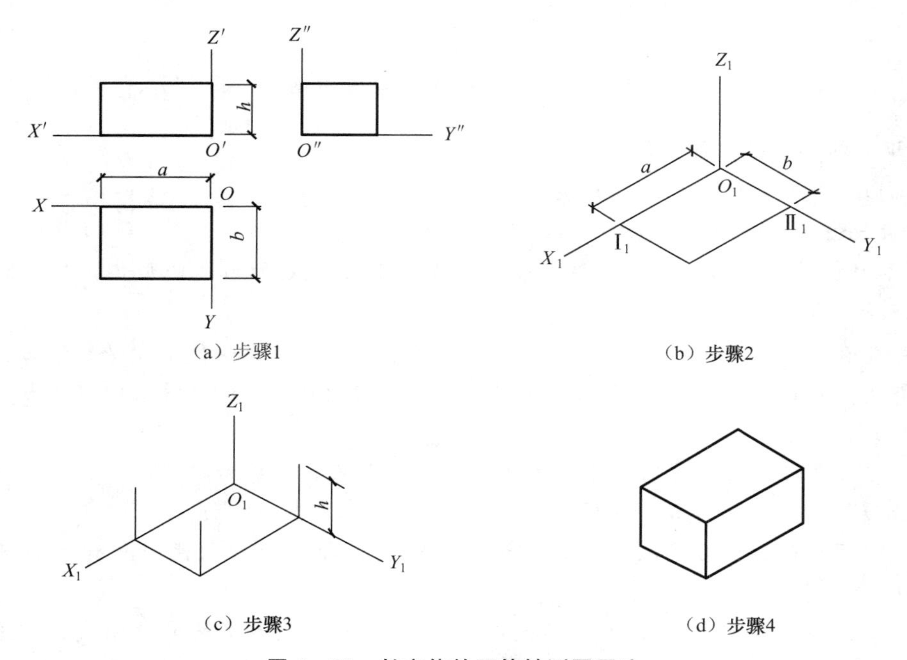

(a) 步骤1　(b) 步骤2

(c) 步骤3　(d) 步骤4

图 4-32　长方体的正等轴测图画法

（1）在正投影图上定出原点和坐标轴的位置。

（2）画轴测轴，在 O_1X_1 和 O_1Y_1 上分别量取 a 和 b，过Ⅰ$_1$、Ⅱ$_1$ 作 O_1X_1 和 O_1Y_1 的平行线，得到长方体底面的轴测图。

（3）过底面各角点作 O_1Z_1 轴的平行线，量取高度 h，得到长方体顶面各角点。

（4）连接各角点，擦去多余的线并描探图线，即得到长方体的正等轴测图。图中虚线可不必画出。

【例 4－7】 作四棱台的正等轴测图。

【解】 作图步骤如下（图 4－33）。

（1）在正投影图上定出原点和坐标轴的位置。

（2）画轴测轴，在 O_1X_1 和 O_1Y_1 上分别量取 a 和 b 画出四棱台底面的轴测图。

（3）在底面上用坐标法根据尺寸 c、d 和 h 作棱台各角点的轴测图。

（4）依次连接各点，擦去多余的线并描深，即得到四棱台的正等轴测图。

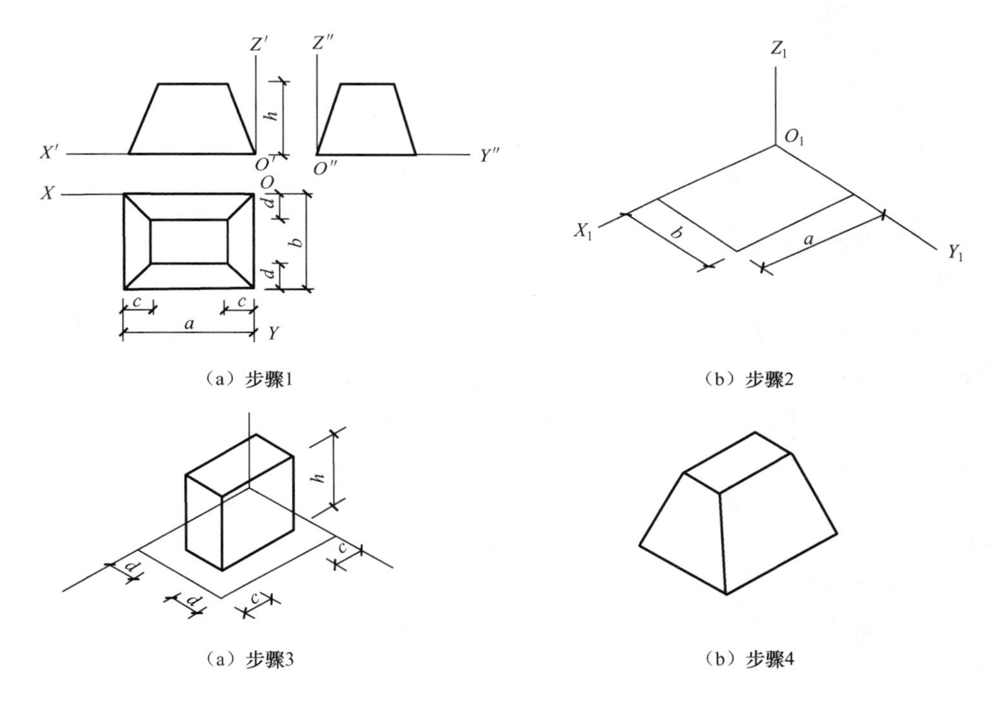

图 4－33 四棱台的正等轴测图画法

3. 曲面体正等轴测图的画法

在正投影中，当圆所在的平面平行于投影面时，其投影仍是圆；而当圆所在的平面倾斜于投影面时，其投影则是椭圆。在轴测投影中，除斜二测投影中一个面不发生变形外，一般情况下圆的轴测投影是椭圆。

当曲面体上圆平行于坐标面时，作正等轴测图，通常采用近似的作图方法——“四心法”，如图 4－34 所示。作图步骤如下。

（1）在正投影图上定出原点和坐标轴位置，并作圆的外切正方形 $EFGH$，如图 4－34（a）所示。

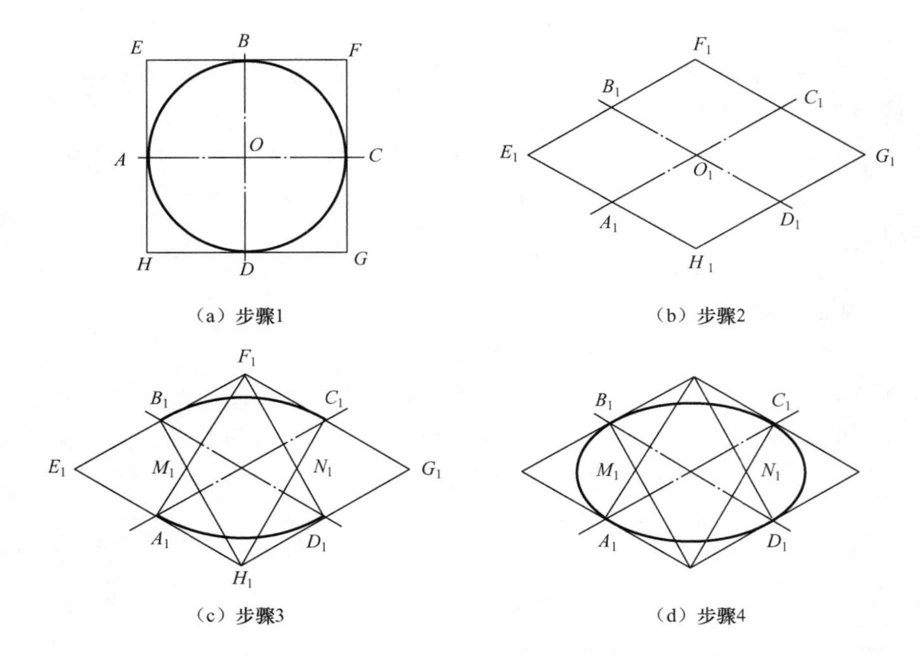

（a）步骤1　（b）步骤2　（c）步骤3　（d）步骤4

图 4-34 “四心法”画圆的正等轴测图——椭圆

（2）画轴测轴及圆的外切正方形的正等轴测图，即确定 F_1、H_1 两个作图用圆心的位置，如图 4-34（b）所示。

（3）将图上 B_1 与 H_1、C_1 与 H_1、A_1 与 F_1、D_1 与 F_1 依次连接，相交两点即为作图用圆心 M_1、N_1。分别以 F_1、H_1 为圆心，以 B_1H_1、F_1A_1 为半径画弧 $\overset{\frown}{B_1C_1}$ 和 $\overset{\frown}{A_1D_1}$，如图 4-34（c）所示。

（4）再分别以 M_1、N_1 为圆心，以 M_1A_1、N_1C_1 为半径画弧，即可连接得到水平面圆的正等轴测图，如图 4-34（d）所示。

【例 4-8】 如图 4-35（a）所示，已知圆柱的两面投影图，作圆柱体的正等轴测图。

【解】 作图步骤如下。

（1）先在正投影图上定出原点和坐标轴位置，如图 4-35（a）所示。

（2）根据圆柱的直径 D 和高 H，作上下底圆外切正方形的轴测图。用“四心法”作出水平投影圆的正等轴测图，再以正面投影的高度，将水平圆心的位置移高，即得到了上半面圆的正等轴测图，如图 4-35（b）（c）所示。

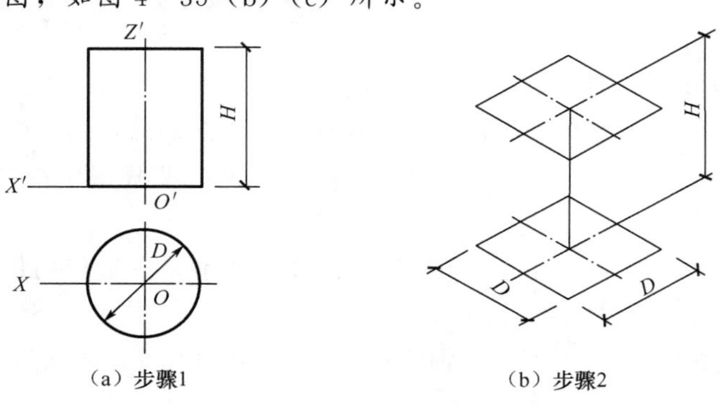

（a）步骤1　（b）步骤2

图 4-35 圆柱体的正等轴测图画法

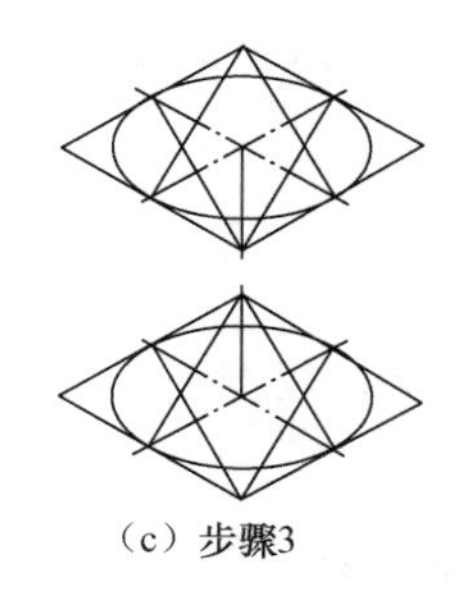

（c）步骤3

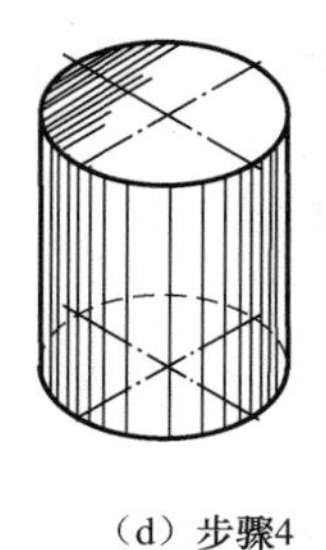

（d）步骤4

图 4－35　圆柱体的正等轴测图画法（续）

（3）作两椭圆公切线，擦去多余线条并描深，将两椭圆的左右切线相连，得到了圆柱的正等轴测图，如图 4－35（d）所示。

4.3.3　斜二轴测图

斜轴测是投射线 S 与投影面 P 相倾斜所形成的轴测图，通常把坐标体系的一个面与投影面 P 平行，而相应产生正面斜轴测、侧面斜轴测、水平斜轴测。我们把其中三个伸缩系数相等的称为斜等测，只有两个系数相等的称为斜二测。

【斜轴测投影图】

正面斜二测就是 XOZ 坐标面（即形体的正面）平行于投影面，则形体正面的投影不变，有 $X_1O_1Z_1=90°$；O_1Y_1 轴为倾斜线，为方便作图，取特殊的45°夹角。当满足 $p=q=1=2r$ 时，所得到的轴测投影图为正面斜二轴测图，如图 4－36（a）所示。

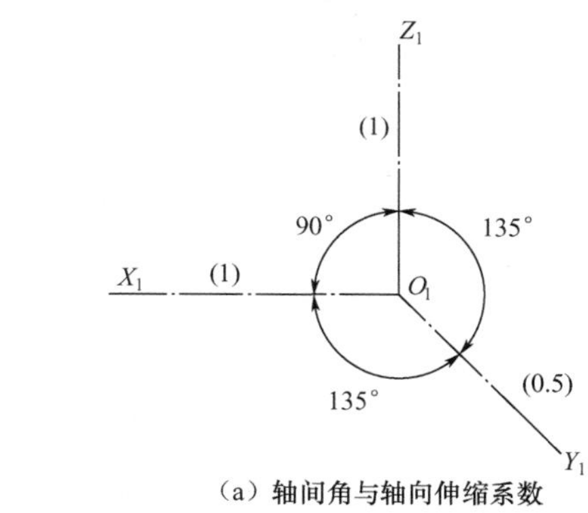

（a）轴间角与轴向伸缩系数

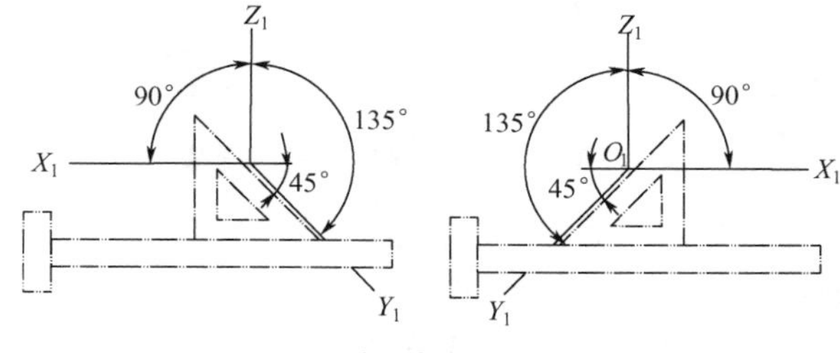

（b）轴测轴的画法

图 4－36　正面斜二轴测图的参数及绘制

画斜二轴测图时，一般仍将 O_1Z_1 轴画成铅垂线，用丁字尺和45°三角板画出 O_1X_1 轴和 O_1Y_1 轴，如图 4－36（b）所示。

1. 正面斜二轴测图的画法

下面举例说明相应画法。

【例 4－9】 如图 4－37（a）所示，已知形体的两面投影图，求其正面斜二轴测图。

【解】 作图步骤如下。

（1）先在投影图上选好坐标轴，将正面投影图画在 $X_1O_1Z_1$ 坐标平面上；根据水平投影图可得出形体的宽度，画出形体的完整轴测图。

（2）对照投影图进行检查，擦去多余的图线，加深即可，如图 4－37（*b*）所示。

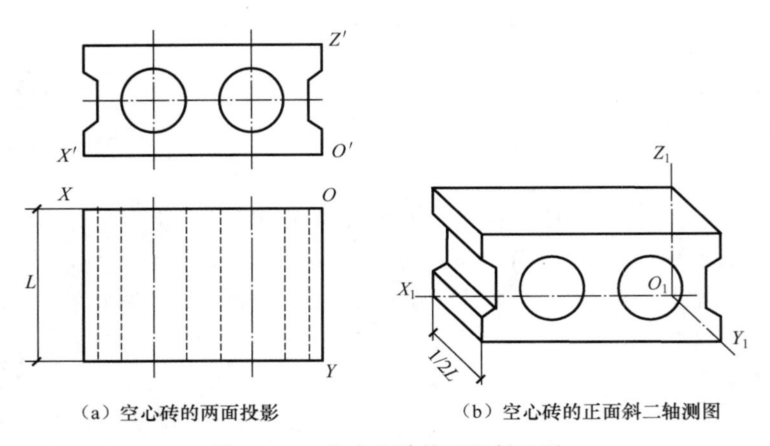

（a）空心砖的两面投影　　（b）空心砖的正面斜二轴测图

图 4－37　作空心砖的正面斜二测

【例 4－10】 利用轴测投影的特点，作垫块的斜二轴测图，如图 4－38 所示。

【解】 作图步骤如图 4－38 所示。

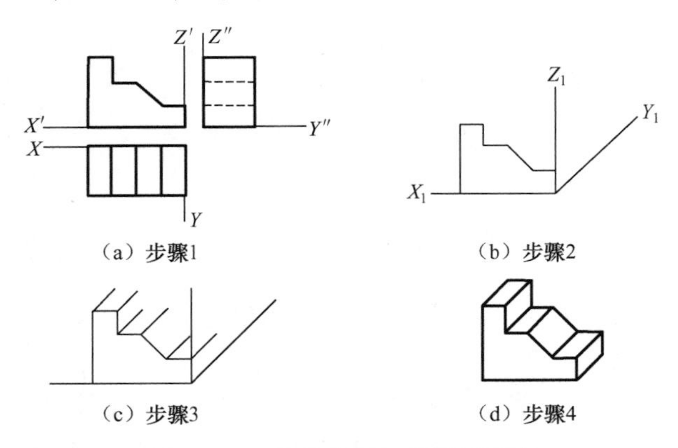

（a）步骤1　（b）步骤2　（c）步骤3　（d）步骤4

图 4－38　垫块的斜二轴测图画法

（1）在正投影图上定出原点和坐标轴的位置。

（2）画出斜二轴测图的轴测轴，并在 X_1Z_1 坐标面上画出正面图。

（3）过各角点作 Y_1 轴平行线，长度等于宽度的一半。

（4）将平行线各角点连起来加深，即得其斜二轴测图。

当圆平面平行于由 OX 轴和 OZ 轴决定的坐标面时，其斜二轴测图仍是圆；当圆平行于其他两个坐标面时，由于圆外切四边形的斜二轴测图是平行四边形，圆的轴测图可采用近似的作法——“八点法”来作图，如图 4-39 所示。

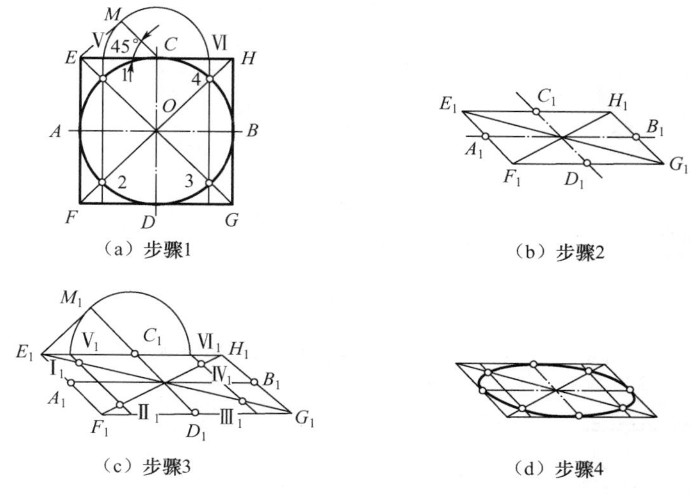

图 4-39 用“八点法”作圆的斜二测——椭圆

作图步骤如下。

(1) 画出圆的外切正方形 $EFGH$，并连接对角线 EG、FH 交圆周于 1、2、3、4 点，得到圆上八个等分点，如图 4-39 (a) 所示。

(2) 在斜轴测上画出外切正方形的斜二轴测图，切点 A_1、B_1、C_1、D_1 即为椭圆上的四个点，即四个等分点，如图 4-39 (b) 所示。

(3) 以 E_1C_1 为斜边作等腰直角三角形，以 C_1 为圆心，以腰长 C_1M_1 为半径作弧，交 E_1H_1 于 $Ⅴ_1$、$Ⅵ_1$，过 $Ⅴ_1$、$Ⅵ_1$ 作 C_1D_1 的平行线与对角线交 $Ⅰ_1$、$Ⅱ_1$、$Ⅲ_1$、$Ⅳ_1$ 四点，即另外四个等分点，如图 4-39 (c) 所示。

(4) 用光滑的曲线依次连接八个等分点 A_1、I_1、C_1、$Ⅳ_1$、B_1、$Ⅲ_1$、D_1、$Ⅱ_1$、A_1，即完成椭圆的绘制，即得平行于水平面的圆的斜二轴测图，如图 4-39 (d) 所示。

2. 水平斜二轴测图

水平斜轴测就是以 H 面或与 H 面平行的面作为轴测投影面，得到的斜轴测投影称为水平斜轴测。水平斜轴测又分为水平斜二测和水平斜等测两种。水平斜轴测投影影响轴间角分别取$\angle X_1O_1Y_1=90°$、$\angle X_1O_1Z_1=120°$、$\angle Y_1O_1Z_1=150°$。在画图时，通常将 O_1Z_1 轴垂直放置，O_1X_1 轴与水平方向成 30°的夹角，O_1Y_1 轴与水平方向成 60°的夹角，如图 4-40 所示。满足 $p=q=1=2r$ 时，所得到的轴测投影图即为水平斜二轴测图。

【例 4-11】 如图 4-41 (a) 所示，已知一幢房屋的水平投影和正面投影，求其带水平断面的水平斜轴测图。

【解】 作图步骤如下。

(1) 正面投影图上的 h_2 高度，即为该水平断面的高度，如图 4-41 (a) 所示。

(2) 把房屋断面的水平投影图逆时针旋转 30°画在轴测投影图上，如图 4-41 (b) 所示。

(3) 过各个顶点画高度线，作出房屋各个组成部分的轴测图，如图 4-41 (c) 所示。

(4) 画出门窗、台阶等细部构造，即完成水平斜轴测图的绘制，如图 4-41 (d) 所示。

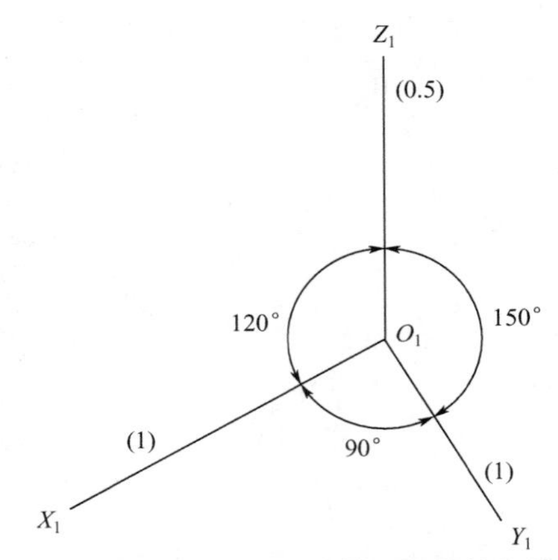

图 4-40　水平斜二轴测图的轴间角与轴向伸缩系数

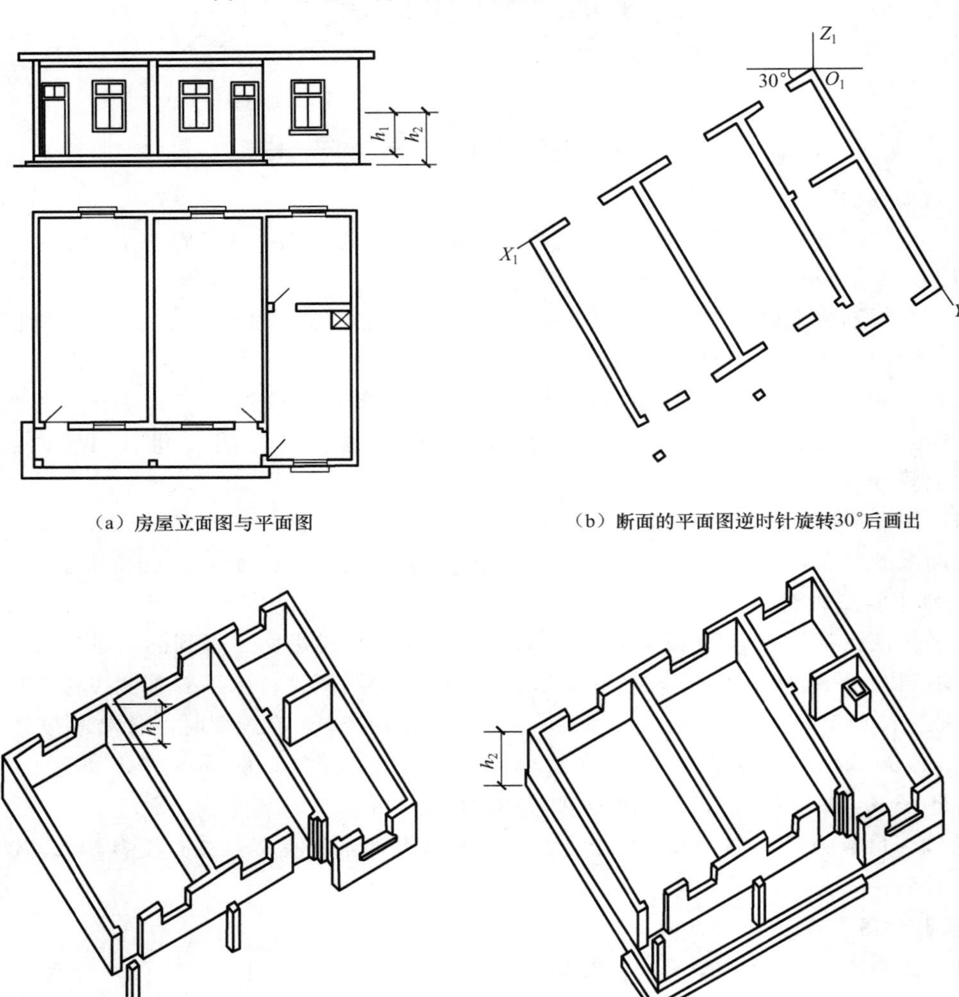

（a）房屋立面图与平面图

（b）断面的平面图逆时针旋转30°后画出

（c）画内外墙角、门、窗、柱子

（d）画台阶、水池等，并完成全图

图 4-41　作带断面的房屋水平斜二轴测图

工作能力测评

一、简答题

1. 常用的平面体和曲面体有哪些？各有什么投影特性？
2. 组合体的组合方式有几种？识读组合体投影的方法有几种？
3. 什么是轴测投影？轴间角和轴向伸缩系数有哪些情形？
4. 轴测投影可分为几类？轴测投影的基本性质有哪些？

二、作图题

1. 已知形体线面上的点，试求图 4-42 各图中投影面上的点在另外两个面上的投影。

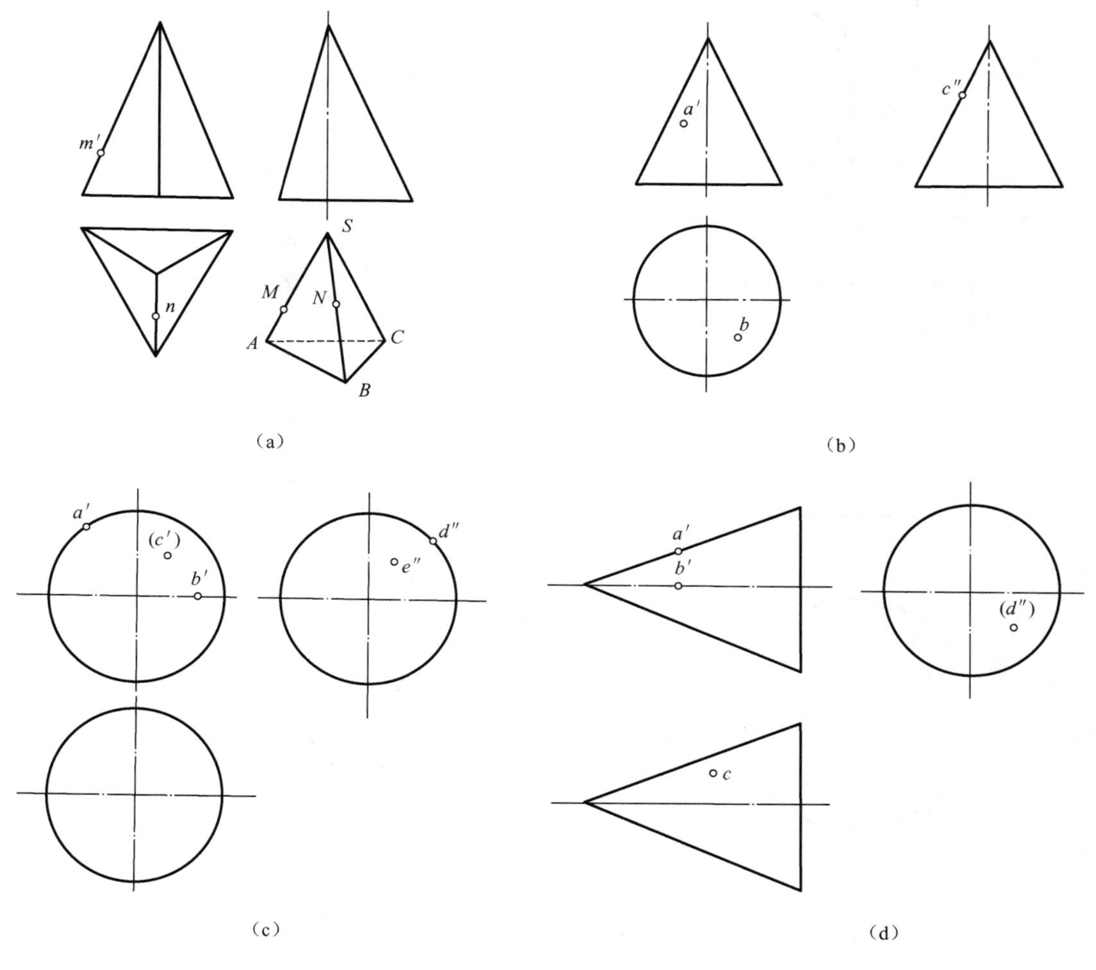

图 4-42 题 1 图

2. 根据两面投影画出第三面投影，并作出图 4-43 各图中形体投影上各点的投影。
3. 已知轴测图，试求图 4-44 各图中形体的三面投影图。

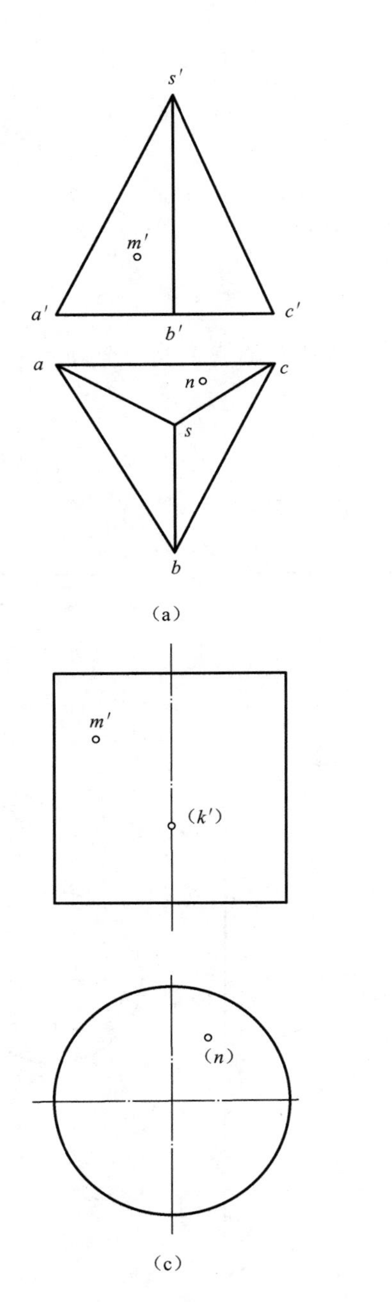

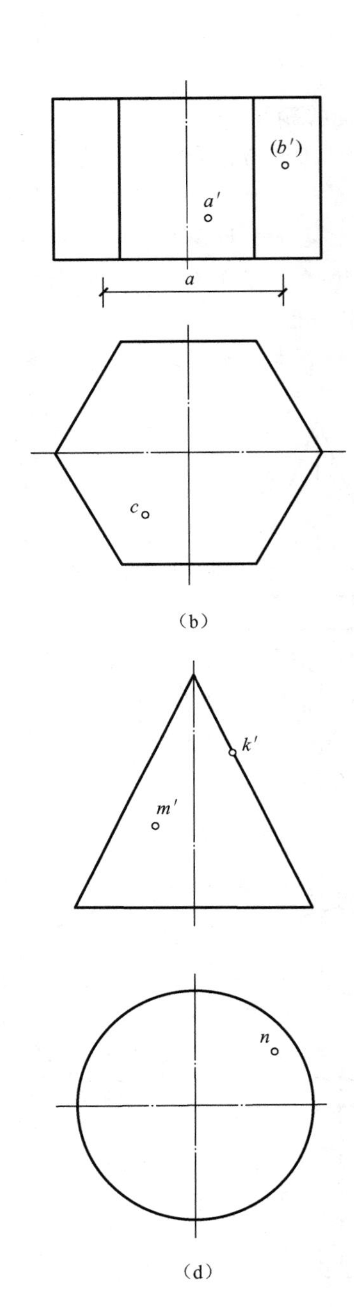

(a) (b) (c) (d)

图 4-43 题 2 图

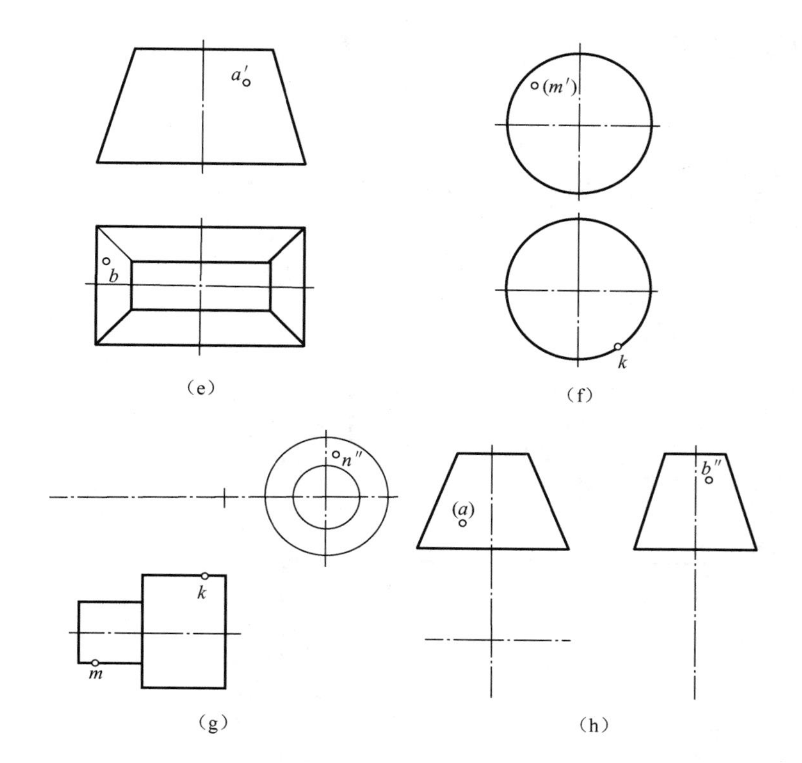

(e) (f)

(g) (h)

图 4-43　题 2 图（续）

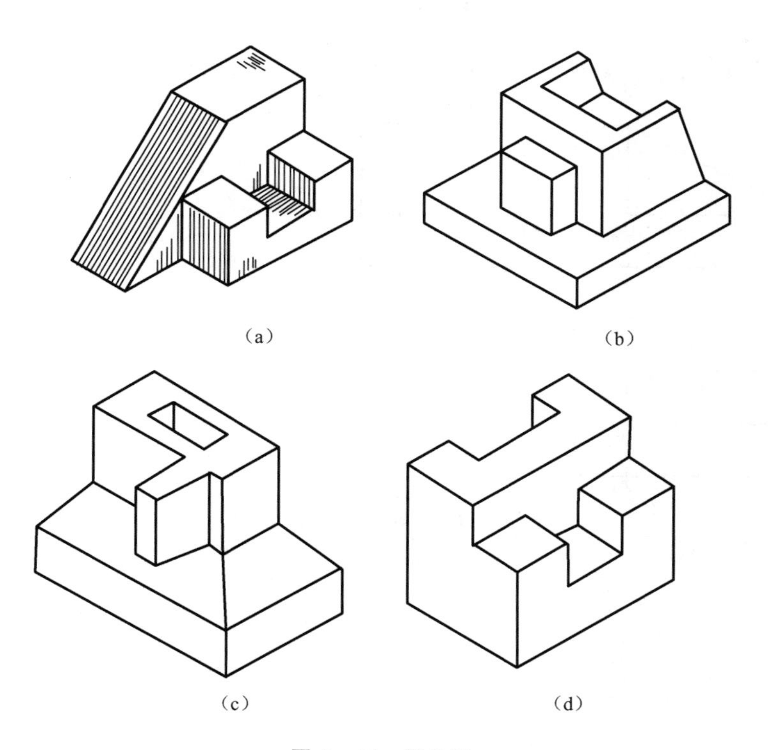

(a) (b)

(c) (d)

图 4-44　题 3 图

4. 试根据某建筑群的总平面图，自行设计建筑高度，绘制图4-45所示建筑对象的水平斜二轴测图。

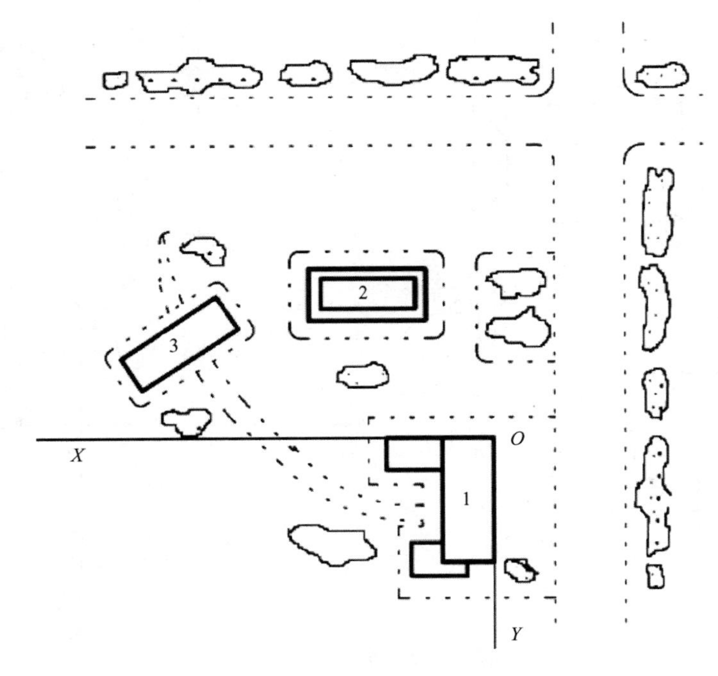

图4-45　题4图

5. 如图4-46所示，试根据形体的三面投影，绘制其正等轴测图。

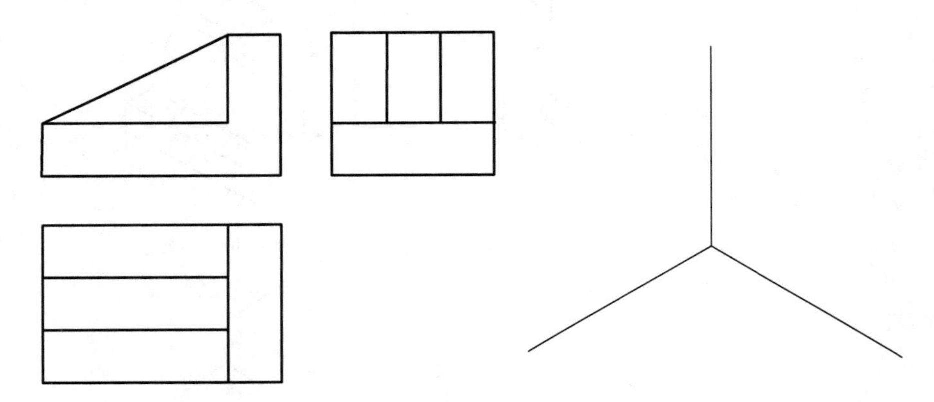

图4-46　题5图

剖面图与断面图

任务导入

小张在学习了投影的基础知识后，对物体的三面投影加深了理解。但他发现一个问题：如果是复杂的形体投影，投影图中会出现大量的虚线，看起来特别不美观，也不利于对内部结构的识读，应该有办法可以解决。到底是什么办法呢？带着这个问题，小张继续学习剖面图与断面图的基本知识，他相信会从中找到答案。

知识体系

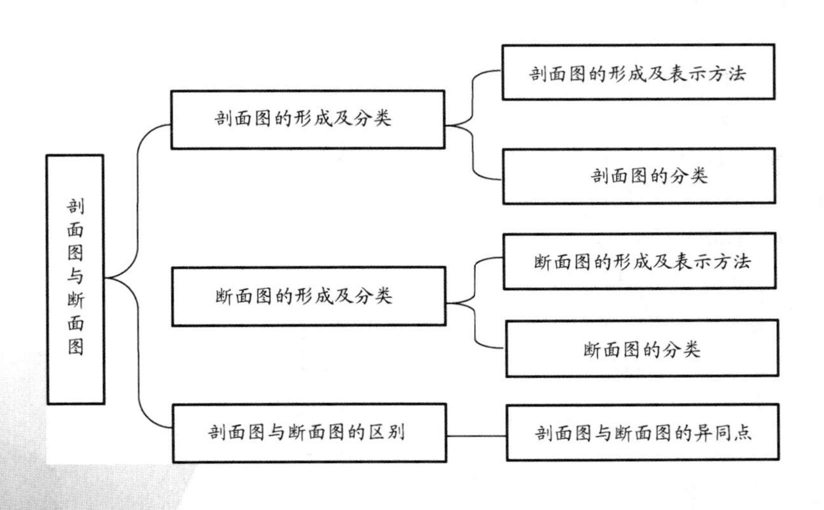

学习目标

目标类型	目标要求
知识目标	(1) 了解剖面图和断面图的形成原理 (2) 掌握剖面图和断面图的表示方法 (3) 掌握剖面图和断面图的分类 (4) 掌握剖面图和断面图之间的异同
技能目标	(1) 能够根据给出图形判断属于剖面图还是断面图 (2) 能够绘制简单的剖面图和断面图 (3) 能够正确判断出剖面图和断面图的类别
学习重点、难点提示	剖面图和断面图的表示方法，剖面图和断面图的分类，剖面图和断面图的异同

任务实施

任务 5.1　剖面图

5.1.1　剖面图的形成

【剖面图】

运用三面投影图，可以用实线把形体的外部形状和大小表达清楚，至于形体内部被遮挡的、不可见部分，则用虚线表示。如果形体的内部形状比较复杂，在投影图内部就会出现较多虚线（图 5－1），致使投影图看不清楚，较难识读，也不便于标注尺寸。解决这个问题的办法，就是假想将形体剖开，让它内部构造显露出来，使形体看不见的部分变成看得见的部分，然后用实线画出这些内部构造的投影图。

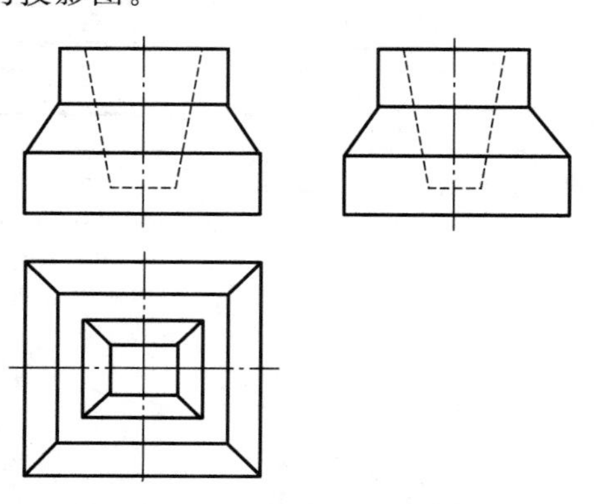
图 5－1　杯形基础的三面投影图

1. 剖面图的形成原理

假想用一个剖切平面将形体剖开，移去观察者和剖切平面之间的部分，将剩余部分向与剖切平面平行的投影面作正投影，并将剖切面与形体接触的部分画上剖面线或材料图例，这样所得的投影图称为剖面图。

如图 5－2 所示，假想用一个通过杯形基础的平面 P 将基础剖开，移去观察者与剖切平面之间的部分，将剩余部分向 V 面投影，就得到基础的一个剖面图。剖面图由两部分组成：一部分是被剖切平面切到部分的投影，另一部分是沿投影方向未被切到但能看到部分的投影。

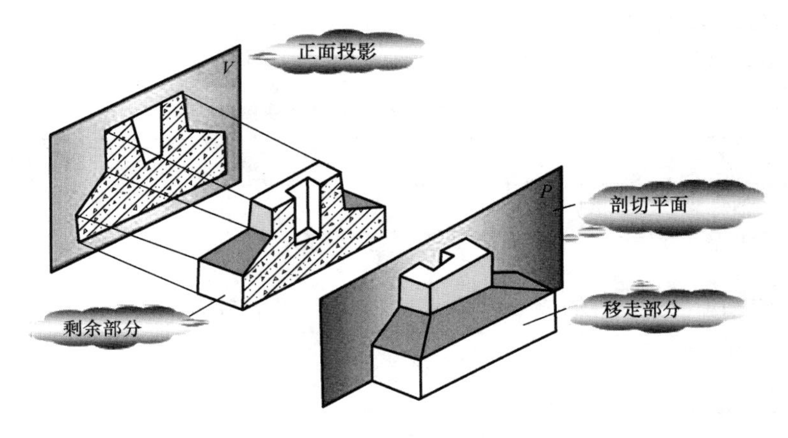

图 5－2　剖面图的形成

2. 作剖面图的注意事项

（1）剖切位置要适当。剖切平面应该平行于某一投影面；为了能够很好地反映形体的内部形态，剖切平面最好过形体的对称面或孔洞的轴线；在剖切过程中不能产生新线，否则会影响形体正常的内部结构。

（2）剖面图符号要画好。在剖面图中，规定要在截面上画出建筑材料图例，以区分截面（剖切到的）和非截面（看到的）部分。各种建筑材料图例必须遵照《房屋建筑制图统一标准》（GB/T 50001—2017）的规定画法。

（3）遵守剖切的使用规定。由于剖切是假想的，所以只在画剖面图时，才假定将形体切去一部分，而在画其他投影图时，应按完整的形体画出；在剖面图中，只画可以看得见的部分，不可见的部分不画，即剖面图中不出现虚线。

5.1.2 剖面图的表示方法

剖面图在识读时要配合其他投影图，才能很好地表达物体的具体位置和内部形态。为了将其他投影图与剖面图很好地结合起来，《房屋建筑制图统一标准》（GB/T 50001—2017）中对剖面图的表示方法做出如下规定。

1. 确定剖切面的位置和数量

作形体剖面图时，首先应恰当地确定剖切平面的位置，使剖切后画出的图形能确切、全面地反映所要表达部分的真实形状；选择的剖切平面应平行于投影面，并通过形体的对称面或孔的轴线。其次应确定剖切平面的数量，即要表达清楚一个形体，需要画几个剖面图。

2. 确定投影方向

剖切平面应平行于投影面，剖切开后，应该移去剖切平面与观察者之间的部分，将剩余部分向投影面作正投影。

3. 在截面内画出材料的图例

在剖面图中，规定要在剖出的断面上画出建筑材料的图例，以区分截面（剖到的）和非截面（看到的）部分。各种建筑材料图例必须遵照《房屋建筑制图统一标准》中所规定的画法。常见的建筑材料图例见表 5-1。在不指明材料时，可以用等间距（2～5mm）、同方向的 45°细实线来表示断面。

表 5-1　常用的建筑材料图例

序号	名　称	图　例	备　注
1	自然土壤		包括各种自然土壤
2	夯实土壤	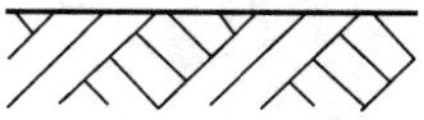	
3	砂、灰土		靠近轮廓线绘较密的点
4	砂砾土、碎砖三合土	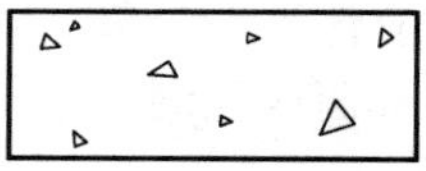	
5	石材	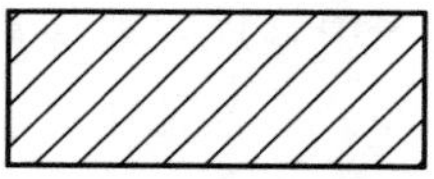	
6	毛石	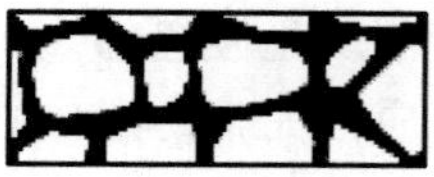	
7	普通砖	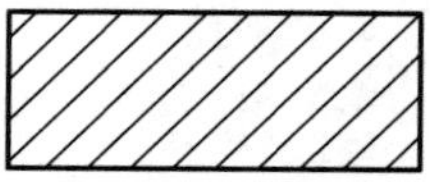	包括实心砖、多孔砖、砌块等砌体；断面较窄不易绘出图例线时，可涂红
8	耐火砖	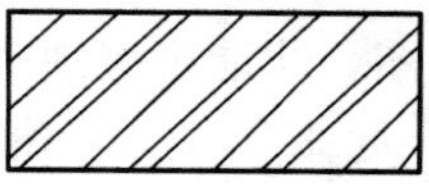	包括耐酸砖等砌体
9	空心砖	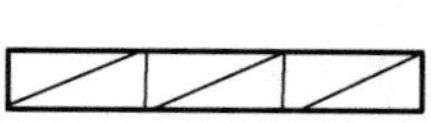	指非承重砖砌体

续表

序号	名　称	图　例	备　注
10	饰面砖		包括铺地砖、马赛克、陶瓷锦砖、人造大理石等
11	焦渣、矿渣		包括与水泥、石灰等混合而成的材料
12	混凝土		（1）本图例指能承重的混凝土及钢筋混凝土。包括各种强度等级、骨料、添加剂的混凝土 （2）在剖面图上画出钢筋时，不画图例线；断面图形小，不易画出图例线时，可涂黑
13	钢筋混凝土		
14	多孔材料		包括水泥珍珠岩、沥青珍珠岩、泡沫混凝土、非承重加气混凝土、软木、蛭石制品等

4. 画出剖切符号

剖视的剖切符号由剖切位置线及剖视方向线组成，均应以粗实线绘制，如图5-3（a）所示。剖切位置线的长度宜为6～10mm；剖视方向线应垂直于剖切位置线，长度应短于剖切位置线，宜为4～6mm。绘制时，剖切符号不应与其他图线相接触。

5. 剖面图的名称标注

剖切符号编号宜采用粗阿拉伯数字，按剖切顺序由左至右、由下向上连续编排，并应标注在剖视方向线的端部；需要转折的剖切位置线，应在转角的外侧加注与该符号相同的编号。剖面图的表示方法如图5-3所示。

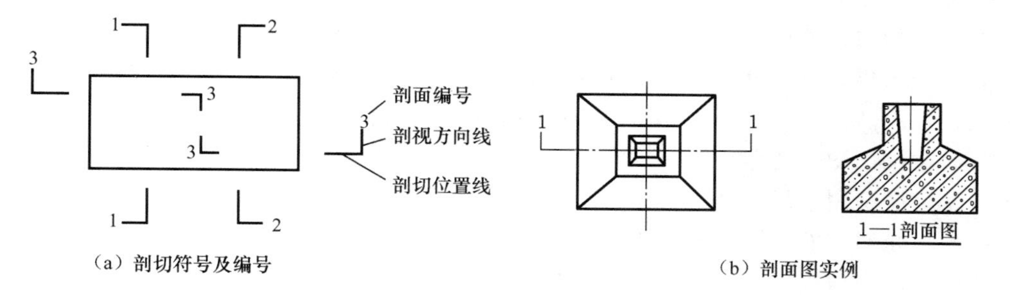

（a）剖切符号及编号　（b）剖面图实例

图5-3　剖面图的表示方法

剖面图除应画出剖切面切到部分的图形外，还应画出沿投射方向所看到的部分。被剖切面切到部分的轮廓线用粗实线绘制；剖切面没有切到、但沿投射方向可以看到的部分，用中实线绘制。

5.1.3 剖面图的分类

由于形体的形状不同，对形体作剖面图时所剖切的位置和作图方法也不同。通常采用的剖面图，有全剖面图、半剖面图、局部剖面图、阶梯剖面图和旋转剖面图五种。

1. 全剖面图

(1) 全剖面图的形成。

假想用一个平面，将形体全部剖开，然后画出它的剖面图，这种剖面图称为全剖面图，如图 5-4 所示。全剖面图一般要标注剖切位置线，只有当剖切平面与形体的对称平面重合，且全剖面图又置于基本投影图位置时，可以省略标注。

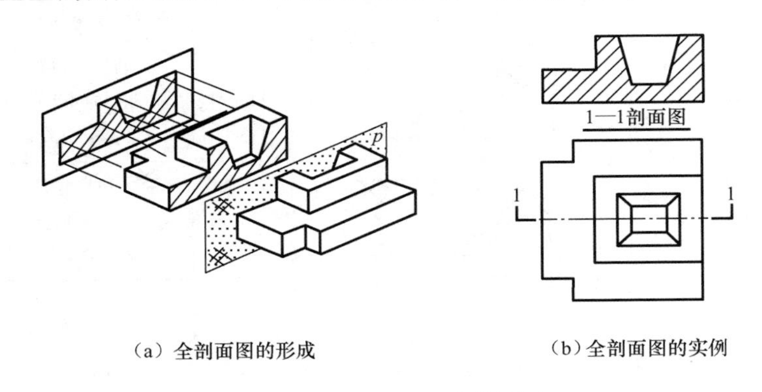

(a) 全剖面图的形成　　(b) 全剖面图的实例

图 5-4　全剖面图

(2) 全剖面图的适用范围。

全剖面图适用于不对称的形体，或虽然对称但外形结构比较简单而内部结构比较复杂的形体。

2. 半剖面图

(1) 半剖面图的形成。

当形体的内、外形在某个方向上具有对称性，且内、外形又都比较复杂时，可以对称单点长画线为界，将其投影的一半画成表示形体外部形状的正投影，另一半画成表示内部结构的剖面图。这种投影图和剖面图各画一半的图，称为半剖面图。

(2) 半剖面图的适用范围。

半剖面图适用于形体具有对称平面，且内、外形状都需要表达的对称形体。由于在剖切前投影图是对称的，因此在剖切后半个剖面图就已经清楚表达了内部结构形状，所以在另外半个视图中虚线一般不用画出，如图 5-5 所示。

(3) 作半剖面图的注意事项。

半个视图和半个剖面图的分界线应画成单点长画线（对称轴线），不能画成实线。若作为分界线的单点长画线刚好与轮廓线重合，则应避免用半剖面。

当分界线为竖直时，视图画在分界线的左侧，剖面图画在分界线的右侧；当分界线为水平时，视图画在水平分界线的上方，剖面图画在水平分界线的下方。

若形体具有两个方向的对称平面，且半剖面图又置于基本投影位置时，标注可以省

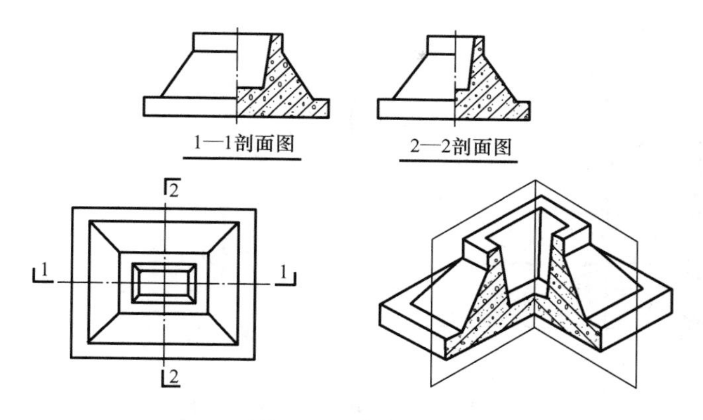

图 5-5　半剖面图

略，如主视图和左视图；但当形体仅具有一个方向的对称面时，半剖面图必须标注，标注方法同全剖面图，如图 5-6 所示的 1—1 剖面图。

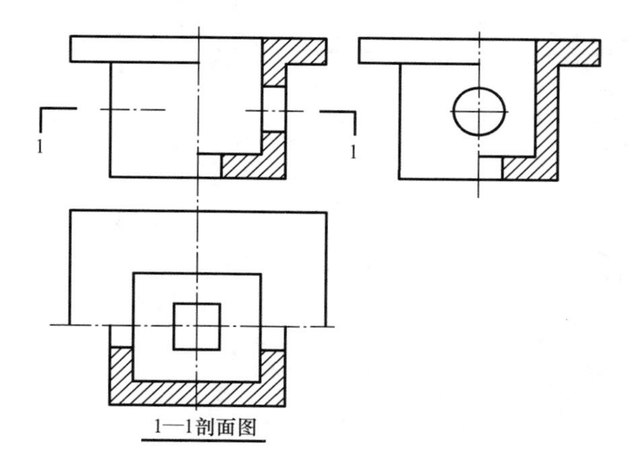

图 5-6　半剖面图

3. 局部剖面图

(1) 局部剖面图的形成。

在不影响外形表达的情况下，用剖切平面局部地剖开形体来表达结构内部形状所得到的剖面图，称为局部剖面图，如图 5-7 所示。局部剖切的位置与范围用波浪线来表示。

(2) 局部剖面图的适用范围。

局部剖面图适用于外形复杂、内部形状简单且需保留大部分外形，只需表达局部内部形状的形体。形体轮廓与对称轴线重合，不宜采用半剖或不宜采用全剖的形体，可采用局部剖，如图 5-7 和图 5-8 所示。

建筑物的墙面、楼面及其内部构造层次较多，可用分层的局部剖面来反映各层所用的材料和构造，如图 5-9 所示。分层剖切的剖面图，应按层次以波浪线将各层隔开，波浪线不应与任何线重合。

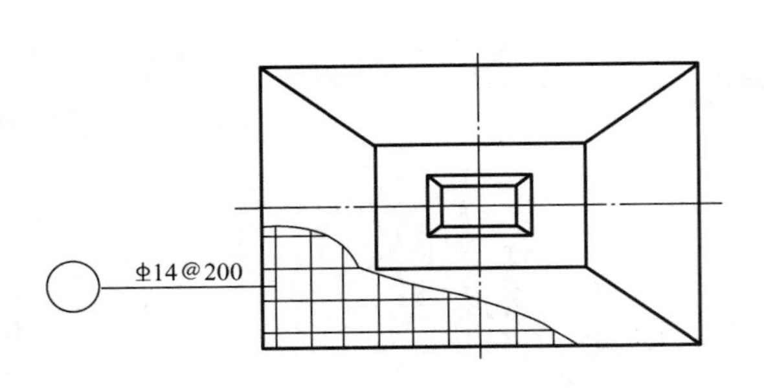

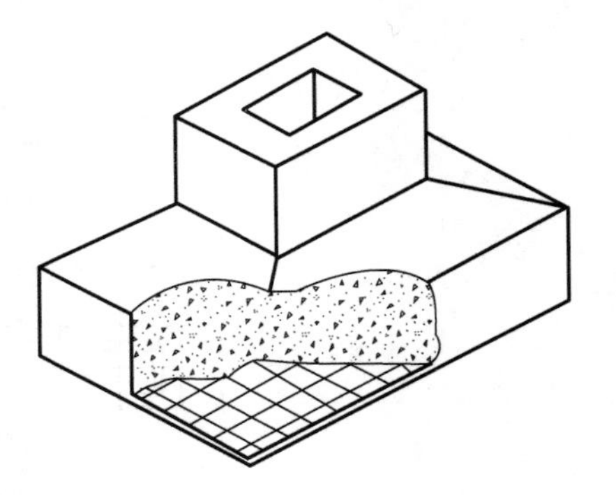

图 5－7　杯形基础的局部剖面图

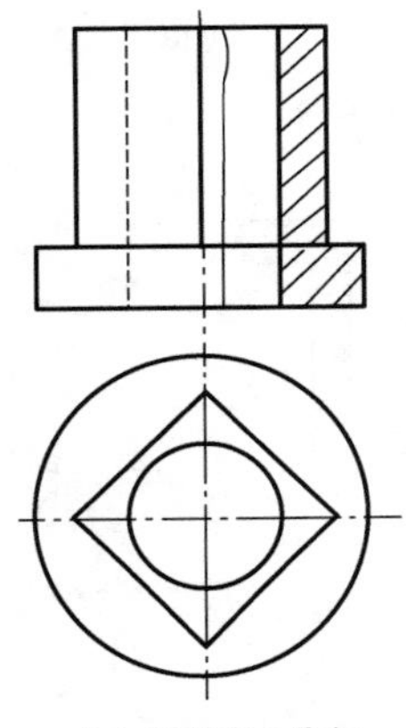

（a）对称中心线与外轮廓线重合时

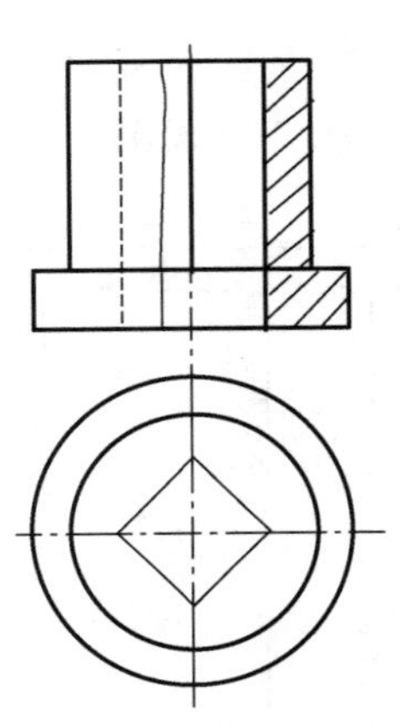

（b）对称中心线与内轮廓线重合时

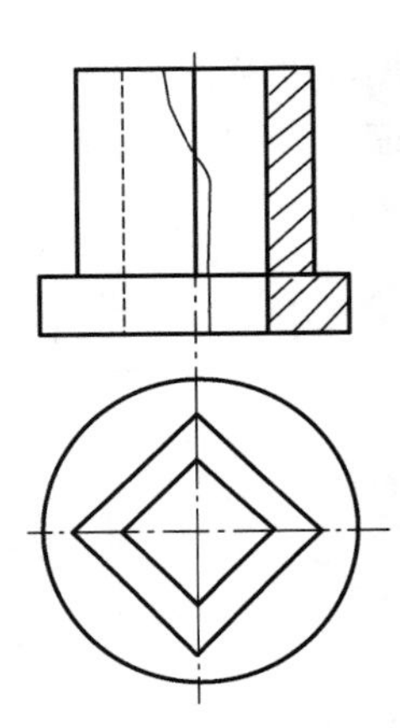

（c）对称中心线同时和内外轮廓线重合时

图 5－8　局部剖面图的选用

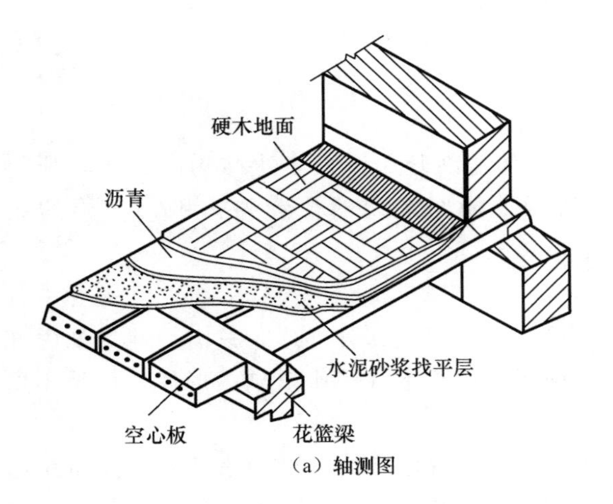

（a）轴测图

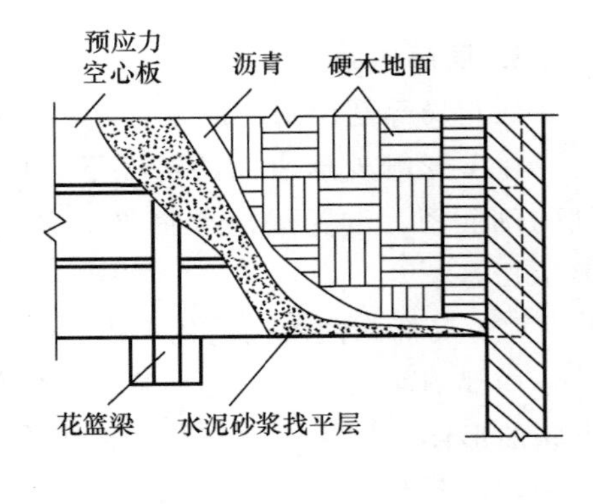

（b）投影图

图 5－9　分层局部剖面图

（3）作局部剖面图的注意事项。

局部剖切比较灵活，但应照顾看图的方便，不应过于零碎。一般每个剖面图局部剖不能多于三处。

用波浪线表示形体断裂痕迹，波浪线应画在实体部分，不能超出视图轮廓线或画在中空部位，不能与图上其他图线重合。

局部剖面图只是形体整个外形投影中的一部分，不需标注。

4. 阶梯剖面图

（1）阶梯剖面图的形成。

当形体内部结构层次较多，采用一个剖切平面不能把形体内部结构全部表达清楚时，可以假想用两个或两个以上相互平行的剖切平面来剖切该形体，由此得到的剖面图称为阶梯剖面图，如图 5－10 所示。

（2）阶梯剖面图的适用范围。

阶梯剖面图适用于表达内部结构不在同一平面上的形体。

（3）作阶梯剖面图的注意事项。

阶梯剖面图必须标出名称、剖切符号，如图 5－10 中的立面图所示。为使转折处的剖切位置不与其他图线发生混淆，应在转折处标注转折符号“┛”，并在剖切位置的起、止和转折处标注相同的编号，如图 5－10 中的俯视图所示。

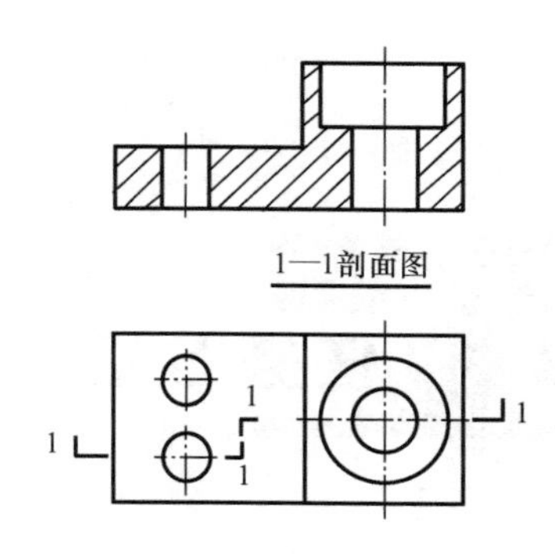

图 5－10　阶梯剖面图

在剖面图上，由于剖切平面是假想的，所以不应画出两个剖切平面转折处交线的投影。

阶梯剖面图的剖切平面转折位置不应与图形轮廓线重合，也不应出现不完整的要素，如不应出现孔、槽的不完整投影。只有当两个投影在图形上具有公共对称中心线或轴线时，才允许各画一半，此时应以中心线或轴线为界。

5. 旋转剖面图

（1）旋转剖面图的形成。

用两个或两个以上相交的剖切平面（交线垂直于一个基本投影面）剖切形体后，将被剖切的倾斜部分旋转与选定的基本投影面平行，再进行投影，使剖面图既得到实形又便于画图，这样的剖面图称为旋转剖面图，如图 5－11 所示。

（2）旋转剖面图的适用范围。

旋转剖面图适用于内部不在同一平面上，且具有回转轴的形体。

（3）作旋转剖面图的注意事项。

旋转剖的剖切面交线常和形体主要孔的轴线重合。采用旋转剖时，必须标出剖面图的名称，标注全剖切符号，并在剖切面的起讫和转折处用相同的编号标出。

在画旋转剖面图时，应先剖切，后旋转，然后再投影。而且应在旋转剖面图名称后边标注“展开”二字，如图 5－11 所示。

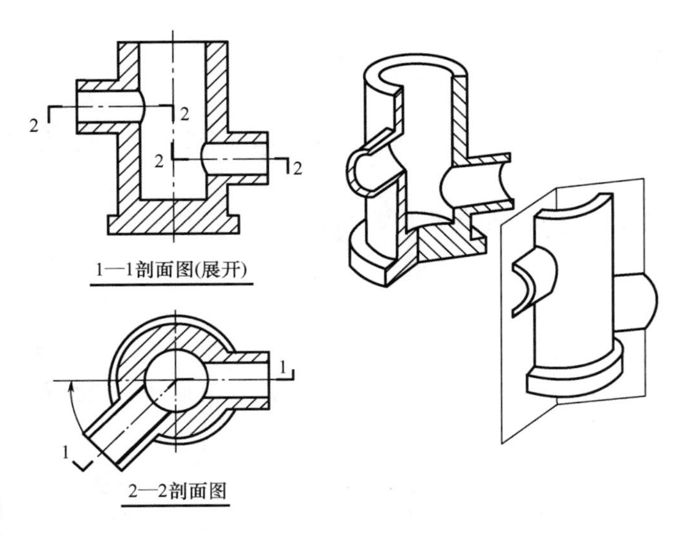

图 5-11　旋转剖面图

任务 5.2　断面图

5.2.1　断面图的形成

【断面图】

假想用一个剖切面将物体某处切断，仅画出该剖切面与物体接触部分（区域内画上剖面线或材料图例），即仅画出截断面在其平行的投影面上的投影，此投影图称为断面图，简称断面，如图 5-12 所示。

5.2.2　断面图的表示方法

1. 剖切符号

断面的剖切符号应只用剖切位置线表示，并应以粗实线绘制，长度宜为 6～10mm。

2. 剖切符号编号

断面剖切符号的编号规则与剖面图相同，宜采用阿拉伯数字，按顺序连续编排，并应标注在剖切位置线的一侧；编号所在的一侧应为该断面的剖视方向，如图 5-12 所示。

3. 断面图例

断面图例的表示方法同剖面图。在断面投影图中要画上表示其材料的图例，如果没有指明材料的图例，则用 45°平行等间距的细实线绘制。

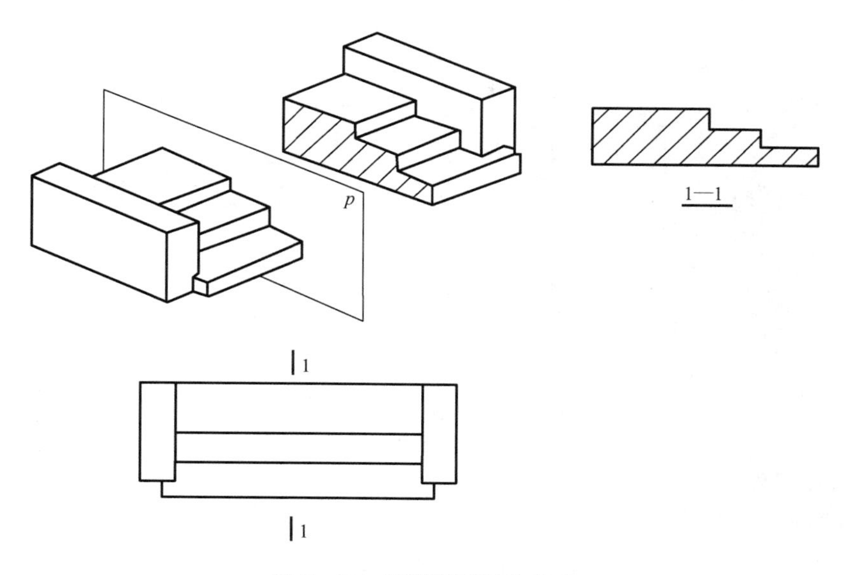

图 5-12 楼梯断面图的形成

5.2.3 断面图的分类

1. 移出断面图

画在形体投影图外的断面图称为移出断面图。为了便于读图，移出断面图应尽量靠近投影图。当物体有多个断面图时，断面图应按剖切顺序排列，并尽量画在剖切位置的延长线上，如图 5-13 所示。

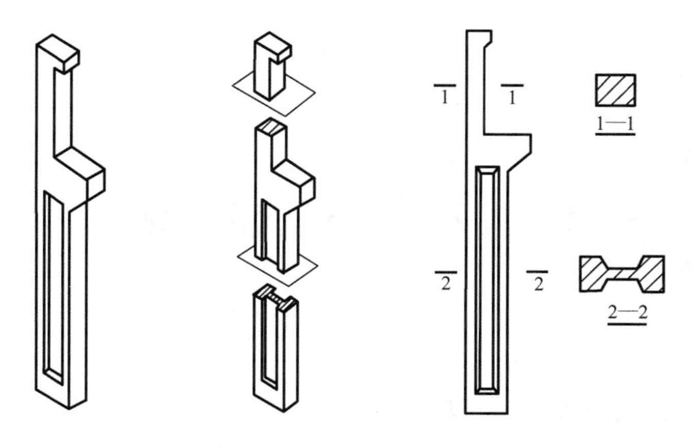

图 5-13 移出断面图示例

2. 中断断面图

断面图画在投影图的中断处，这种断面图称为中断断面图，中断断面图不需要标注，如图 5-14 所示。其适用于具有单一断面的较长杆件及型钢。

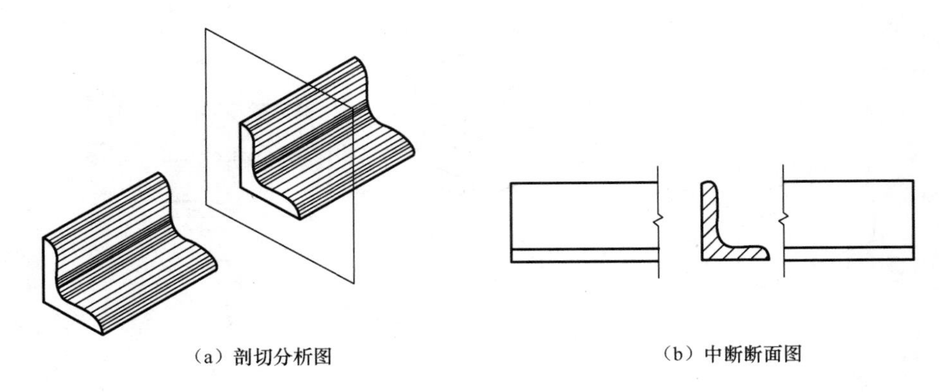

（a）剖切分析图　　（b）中断断面图

图 5－14　中断断面图示例

3. 重合断面图

画在视图轮廓线以内的断面图称为重合断面图，如图 5－15 所示。重合断面的图线与投影图的图线应有所区别，当重合断面的图线为粗实线时，视图的图线应为细实线，反之亦然。

当视图中的轮廓线与重合断面的图形重叠时，视图中的轮廓线仍应连续画出，不可间断。当图形不对称时，可标注剖切位置线，并标注数字以示方向，如图 5－15 所示。

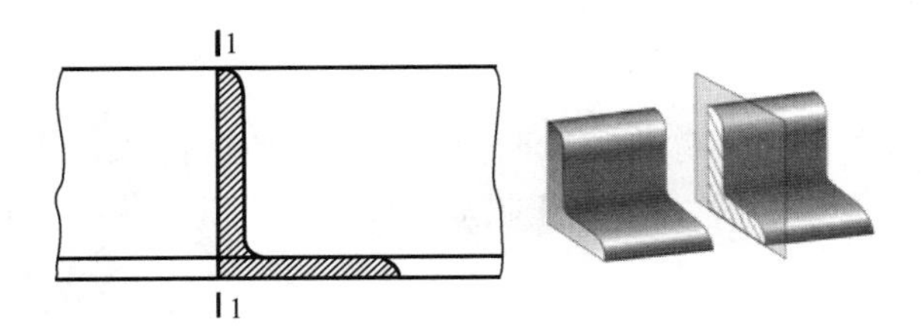

图 5－15　重合断面图

任务 5.3　断面图与剖面图的区别

5.3.1　断面图与剖面图的相同点

通过对比图 5－16 中同一形体的剖面图与断面图，我们可以得到以下三个相同点。

（1）断面图和剖面图均为形体剖切后得到的投影图。

（2）断面图和剖面图均要在图上表示剖切位置。

（3）断面图和剖面图均要在剖切后的截面上绘制材料图例。

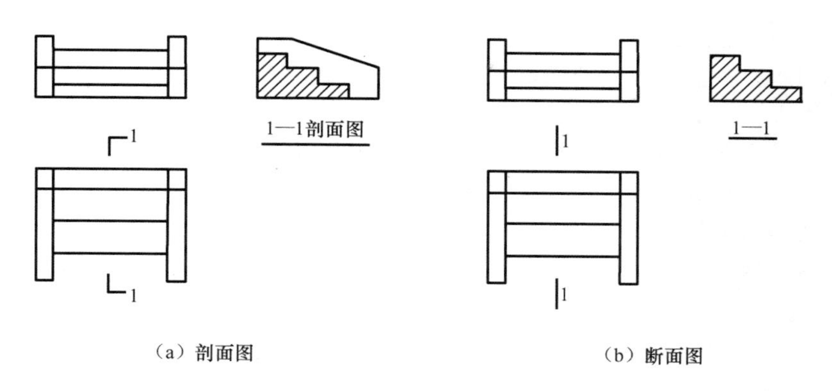

（a）剖面图　（b）断面图

图 5-16　剖面图与断面图的对比

5.3.2 断面图与剖面图的不同点

通过对比图 5-16 中同一形体的剖面图与断面图，我们可以得到以下不同之处。

（1）表达的内容不同。断面图只画形体与剖切平面接触的部分；剖面图则不仅画出该部分，还画出了剖切平面后面没有被剖切到的可见部分。

（2）投影情况不同。剖面图是被剖开形体的投影，是体的投影；断面图只是一个截面的投影，是面的投影。

（3）剖切符号的标注不同。断面图的剖切符号只画出剖切位置线，没有剖视方向线，而是用剖切符号旁编号所在的一侧来表示剖视方向；剖面图的剖切符号则不仅有剖切位置线，还有专门的剖视方向线。

（4）剖切平面要求不同。剖面图中的剖切平面可转折，断面图中的剖切平面则不可转折。

5.3.3 断面图与剖面图的联系

不管是断面图还是剖面图，都是通过剖开形体后得到的，被剖开的形体必有一个截面，所以剖面图必然包含断面图，断面图属于剖面图中的一部分。

工作能力测评

一、填空题

1. 绘制剖面图的目的是清晰地表达物体的________。

2. 用____________将形体切开后，移去观察者和剖切平面之间的部分，将________向投影面投影，这样所得的视图称为剖面图。

3. 各种建筑材料图例在不指明材料时，可以用________来表示。

4. 剖面图的标注由______和______两部分组成。

5. 断面图用________表示剖视方向。

6. 断面图是________的一部分。

二、简答题

1. 绘制剖面图时，剖切位置线、剖视方向线和剖面编号是如何标注的？

2. 常见的剖面图有哪几种？各自用途如何？

3. 剖面图和断面图是如何形成的？它们之间有何区别和联系？

4. 简述断面图的种类。

三、作图题

1. 根据图 5－17 所示台阶的三面投影图，画出相应的剖面图和断面图（钢筋混凝土材料）。

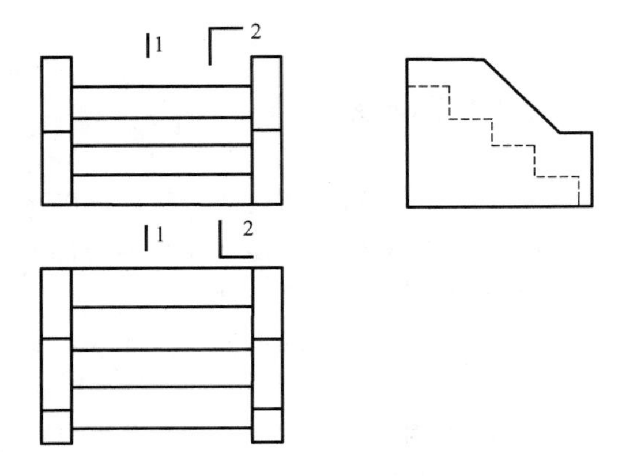

图 5－17　台阶的三面投影图

2. 根据图 5－18 中的剖切位置，用移出断面图的方式画出该形体的 1—1、2—2、3—3 断面图。

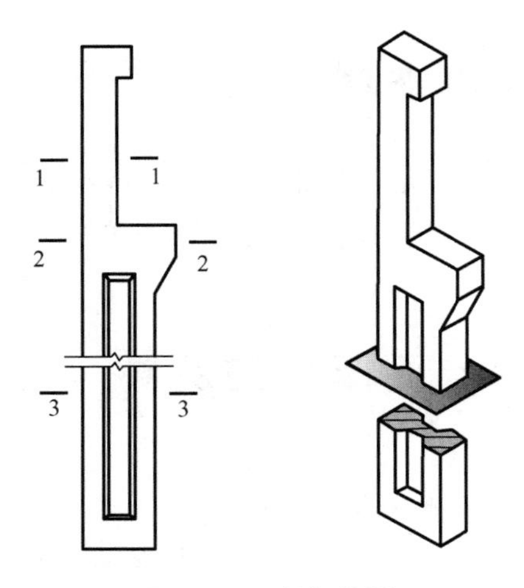

图 5－18　剖切位置

项目6 建筑施工图

任务导入

2019年9月，小张在前阶段的学习中感觉自己在识图和制图方面有了很大的进步。随着工程建设的深入，图纸对技术人员识读能力要求更高，尤其在建筑施工图中，只有把图纸信息全部准确地获取才能更好地指导施工和计量计价工作的顺利进行。因此，小张决定继续深入学习。

知识体系

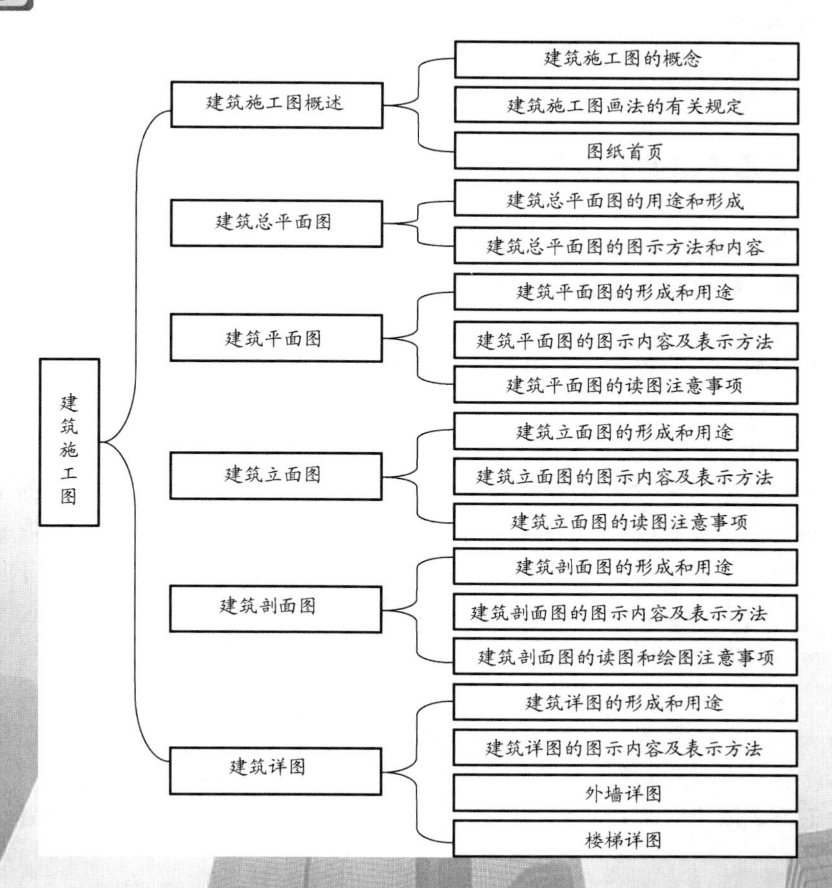

学习目标

目标类型	目标要求
知识目标	(1) 理解建筑施工图在建筑图纸中的意义和作用 (2) 掌握建筑施工图的组成 (3) 掌握建筑施工图的识读顺序和方式
技能目标	(1) 能识读和绘制平面布置图 (2) 能识读和绘制建筑平面图 (3) 能识读和绘制建筑立面图 (4) 能识读和绘制建筑剖面图 (5) 能对建筑平面图、建筑立面图、建筑剖面图进行联合识读
学习重点、难点提示	建筑总平面图中等高线的绘制；建筑平面图、建筑立面图、建筑剖面图的联合识读和绘制

任务实施

任务 6.1 建筑施工图概述

6.1.1 建筑施工图的概念

房屋施工图按专业不同，可分为建筑施工图（简称建施）、结构施工图（简称结施）、设备施工图（如给排水施工图、暖通施工图、电气施工图，简称设施）和装饰施工图（简称装施）等。

(1) 建筑施工图主要表达房屋建筑群体的总体布局及房屋的外部造型、内部布置、固定设施、构造做法和所用材料等内容，具体包括首页（图纸目录、设计总说明、门窗统计表等）、建筑总平面图、建筑平面图、建筑立面图、建筑剖面图和建筑详图等。

其中图纸目录包括每张图纸的名称、内容、图号等；设计总说明包括工程概况（建筑名称、建筑地点、建设单位、建筑占地面积、建筑等级、建筑层数），设计依据（政府有关批文、建筑面积、造价以及有关地质、水文、气象资料），设计标准（建筑标准结构、抗震设防烈度、防火等级、采暖通风要求、照明标准）以及施工要求（验收规范要求、施工技术及材料的要求，采用新技术、新材料或有特殊要求的做法说明，对图纸中不详之处的补充说明等）。

(2) 结构施工图主要表达房屋承重构件的布置、类型、规格、所用材料、配筋形式和施工要求等内容，具体包括结构布置图、构件详图、节点详图等。

(3) 设备施工图主要表达室内给排水、采暖通风、电气照明等设备的布置、安装要求和线路铺设等内容，具体包括给排水、暖通、电气等设施的平面布置图、系统图、构造和安装详图等。

（4）装饰施工图主要表达室内设施的平面布置及地面、墙面、顶棚的造型、细部构造、装修材料与做法等内容，具体包括装饰平面图、装饰立面图、装饰剖面图、装饰详图等。

由此可见，一套完整的房屋施工图，其内容和数量众多。为了能准确地表达建筑物的形态，设计时图样的数量和内容应完整、详尽、充分。但在能够清楚表达工程对象的前提下，一套图样的数量及内容越少越好。

6.1.2 建筑施工图画法的有关规定

为使建筑工程图达到标准化和规范化，2010 年 8 月 18 日，住房和城乡建设部、国家质量监督检验检疫总局联合发布了关于建筑制图的《总图制图标准》（GB/T 50103—2010）和《建筑制图标准》（GB/T 50104—2010），2017 年 9 月 27 日又发布了《房屋建筑制图统一标准》（GB/T 50001—2017）。这些国家标准是所有工程人员在设计、施工、管理中必须严格遵守的国家法令。下面对其中一些基本规定进行介绍。

1. 比例

图样的比例为图形与实物相应的线性尺寸之比，用符号“：”表示。绘图所用的比例应根据图样的用途与被绘对象的复杂程度选取，见表 6－1。

表 6－1　绘图所用的比例

常用比例	1∶1，1∶2，1∶5，1∶10，1∶20，1∶50，1∶100，1∶150，1∶200，1∶500，1∶1000，1∶2000，1∶5000，1∶10000，1∶20000，1∶50000，1∶100000，1∶200000
可用比例	1∶3，1∶4，1∶6，1∶15，1∶25，1∶30，1∶40，1∶60，1∶80，1∶250，1∶300，1∶400，1∶600

一般情况下，一个图样应选用一种比例。根据专业制图的需要，同一图样可选用两种比例。特殊情况下也可以自选比例，并在适当位置绘出相应比例尺。

2. 索引符号与详图符号

图样中的某一局部或某一构件和构件之间的构造如需另见详图，应以索引符号指引，以便看图时查找相应的图样。索引符号和详图符号的编号方法如图 6－1 所示。

索引出的详图，如与被索引的图在同一张图纸内，应在索引符号的上半圆中用阿拉伯数字注明该详图的编号，并在下半圆中画一段水平细实线［图 6－1（a）］；如与被索引的图不在同一张图纸内，则应在索引符号的上半圆中用阿拉伯数字注明该详图编号，在下半圆中用阿拉伯数字注明该详图所在图纸的编号［图 6－1（b）］；详图如采用标准图，应在索引符号水平直径的延长线上加注该标准图集的编号［图 6－1（c）］。

当索引符号用于索引剖视详图时，应在被剖切的部位绘制剖切位置线，并以引出线来引出索引符号，引出线所在一侧应为剖视方向［图 6－1（d）～（f）］。

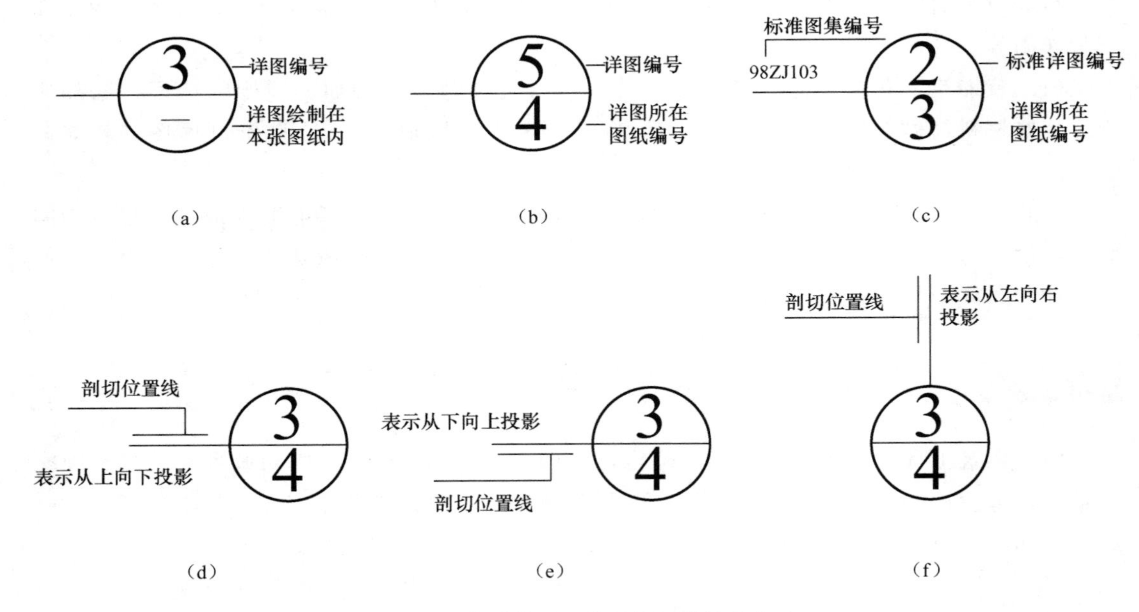

图 6-1 索引符号和详图符号的编号方法

3. 引出线与文字说明

建筑施工图中标注文字说明、编号等常用引出线。引出线应以细实线绘制，且宜采用水平方向的直线；文字说明宜标注在水平线的上方，也可以标注在水平线的端部；索引详图的引出线，应与水平直线相连；同时引出的几个相同部分的引出线，宜互相平行，也可画成集中于一点的放射线。相关表示方法如图 6-2 所示。

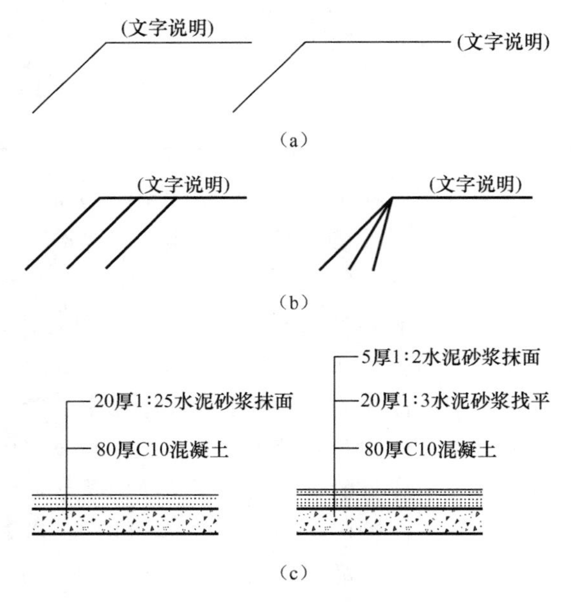

图 6-2 引出线及文字说明

4. 定位轴线

建筑施工图中的定位轴线是施工定位、放线的重要依据，凡是承重墙、柱子等主要承重构件，都应画上轴线来确定其位置。对于一些与主要构件相联系的非承重的次要构件，一般采用附加定位轴线来定位，其编号可用分数表示，分母表示前一轴线的编号，分子则表示附加轴线的编号，且用阿拉伯数字依次编号。

定位轴线用细单点长画线表示，在线的端头画直径 8mm、详图上为 10mm 的圆圈，在圆圈内编号。平面图上定位轴线的编号宜标注在图样的下方与左侧，横向定位轴线应用阿拉伯数字，从左向右依次编写；竖向定位轴线应用大写拉丁字母，从下至上依次编写，其中 I、O、Z 不得采用，以免与数字 1、0、2 混淆。相关表示方法如图 6－3 所示。

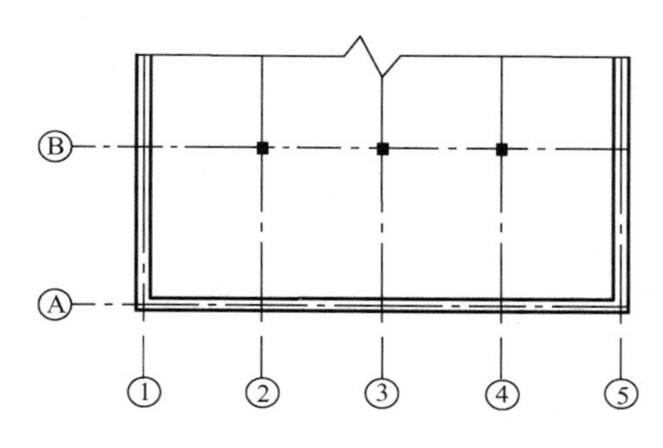

图 6－3 定位轴线及其编号

6.1.3 图纸首页

建筑施工图首页一般由图纸目录、设计总说明、构造做法表及门窗表组成。

1. 图纸目录

图纸目录放在一套图纸的最前面，说明本工程的图纸类别、图号编排、图纸名称和备注等，以方便图纸的查阅。表 6－2 为某住宅楼的施工图图纸目录，其中共有建筑施工图 12 张，结构施工图 4 张，电气施工图 2 张。

表 6－2 图纸目录示例

图别	图号	图纸名称	备注	图别	图号	图纸名称	备注
建施	01	设计说明、门窗表		建施	10	1—1 剖面图	
建施	02	车库平面图		建施	11	大样图一	
建施	03	一～五层平面图		建施	12	大样图二	
建施	04	六层平面图		结施	01	基础结构平面布置图	
建施	05	阁楼层平面图		结施	02	标准层结构平面布置图	
建施	06	屋顶平面图		结施	03	屋顶结构平面布置图	
建施	07	①～⑩轴立面图		结施	04	柱配筋图	
建施	08	⑩～①轴立面图		电施	01	一层电气平面布置图	
建施	09	侧立面图		电施	02	二层电气平面布置图	

2. 设计总说明

设计总说明主要用于说明工程的概况和总的要求，内容包括工程设计依据（如工程地质、水文、气象资料）、设计标准（建筑标准、结构荷载等级、抗震要求、耐火等级、防水等级）、建设规模（占地面积、建筑面积）、工程做法（墙体、地面、楼面、屋面等的做法）及材料要求。

下面是某住宅楼设计说明的例子。

（1）本建筑为某房地产公司经典生活住宅小区工程9栋，共6层，住宅楼底层为车库，总建筑面积3263.36m²，基底面积538.33m²。

（2）本工程为二类建筑，耐火等级二级，抗震设防烈度6度。

（3）本建筑定位见总图；相对标高±0.000相对于绝对标高值见总图。

（4）本工程合理使用年限为50年；屋面防水等级Ⅱ级。

（5）本设计各图除注明外，标高以m计，平面尺寸以mm计。

（6）本图未尽事宜，请按现行有关国家规范及规程施工。

（7）墙体材料及做法：砌体结构选用材料除满足本设计外，还必须配合当地建设行政部门的政策要求；地面以下或防潮层以下的砌体、潮湿房间的墙，采用MU10黏土多孔砖和M7.5水泥砂浆砌筑；其余按要求选用。

骨架结构中的填充砌体均不做承重用，材料选用烧结空心砖；所用混合砂浆均为石灰水泥混合砂浆。

外墙做法：烧结多孔砖墙面，40mm厚聚苯颗粒保温砂浆，5.0mm厚耐碱玻纤网布抗裂砂浆；外墙涂料见立面图。

3. 构造做法表

构造做法表是以表格的形式对建筑物各部位构造、做法、层次、选材、尺寸、施工要求等做详细说明。某住宅楼工程构造做法见表6-3。

表6-3　构造做法示例

名　　称	构造做法	施工范围
水泥砂浆地面	素土夯实	一层地面
	30mm厚C10混凝土垫层随捣随抹	
	干铺一层塑料膜	
	20mm厚1：2水泥砂浆面层	
卫生间楼地面	钢筋混凝土结构板上15mm厚1：2水泥砂浆找平	卫生间
	刷基层处理剂一遍，上做2mm厚一布四涂氯丁沥青防水涂料，四周沿墙上翻150mm高	
	15mm厚1：3水泥砂浆保护层	
	1：6水泥炉渣填充层，最薄处20mm厚C20细石混凝土找坡1%	
	15mm厚1：3水泥砂浆抹平	

4. 门窗统计表

门窗统计表反映门窗的类型、编号、数量、尺寸规格、所在标准图集等相应内容，以备工程施工、结算所需，见表 6-4。

表 6-4 门窗统计表示例

类 别	门窗编号	标准图号	图集编号	洞口尺寸/(mm×mm)		数 量	备 注
				宽	高		
门	M1	98ZJ681	GJM301	900	2100	78	木门
	M2	98ZJ681	GJM301	800	2100	52	铝合金推拉门
	MC1	见大样图	无	3000	2100	6	铝合金推拉门
	JM1	甲方自定	无	3000	2000	20	铝合金推拉门
窗	C1	见大样图	无	4260	1500	6	铝合金中空玻璃窗
	C2	见大样图	无	1800	1500	24	铝合金中空玻璃窗
	C3	98ZJ721	PLC 70-44	1800	1500	7	铝合金中空玻璃窗
	C4	98ZJ721	PLC 70-44	1500	1500	10	铝合金中空玻璃窗
	C5	98ZJ721	PLC 70-44	1500	1500	20	铝合金中空玻璃窗
	C6	98ZJ721	PLC 70-44	1200	1500	24	铝合金中空玻璃窗
	C7	98ZJ721	PLC 70-44	900	1500	48	铝合金中空玻璃窗

任务 6.2 建筑总平面图

6.2.1 建筑总平面图的用途和形成

建筑总平面图是拟建建筑工程附近一定范围区域内的建筑物、构筑物及其自然状况的总体布置图，用以表明拟建建筑物的位置、朝向，与原有建筑物的相对位置关系，建筑物的平面外形和绝对标高、层数，周围道路、绿化布置以及地形地貌等内容，如图 6-4 所示。建筑总平面图是建筑物施工定位、土方施工以及绘制水、电、暖等管线总平面图和施工总平面图的依据。

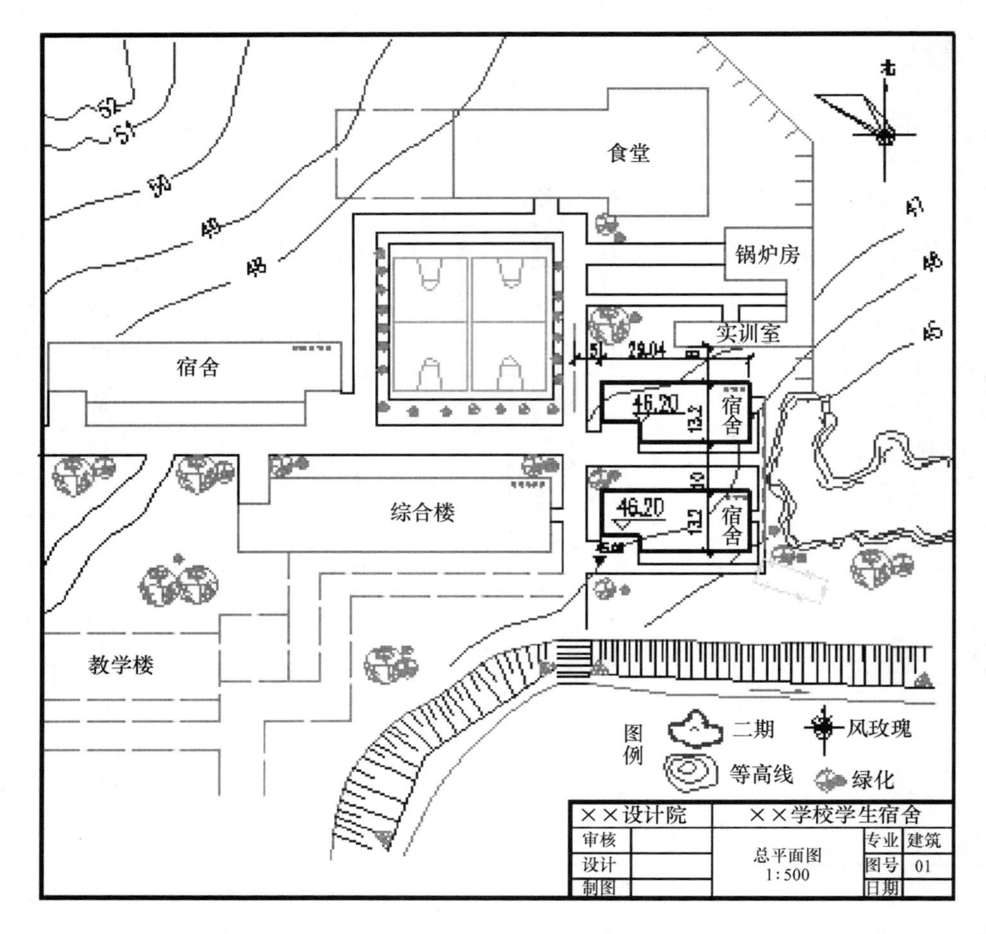

图 6-4　建筑总平面图

6.2.2 建筑总平面图的图示方法和内容

1. 建筑总平面图基本内容

（1）图名、比例。总平面图应给出准确图名。由于建筑总平面图所包括的区域面积较大，所以常采用 1∶500、1∶1000、1∶2000、1∶5000 等比例绘制，房屋只用外围轮廓线的水平投影表示。

（2）图例符号。应用图例来表明新建区、扩建区或改建区的总体布置，各建筑物和构筑物的位置，道路、广场、室外场地和绿化等的布置情况，以及各建筑物的层数等。在建筑总平面图上一般应画上所采用的主要图例及其名称，对于标准中缺乏规定而需要自定的图例，必须在建筑总平面图中绘制清楚并注明名称。基本图例符号见表 6-5。

表 6－5 基本图例符号

名称	图例	备注
新建建筑物	X= Y= ① 12F/2D H=59.00m	新建建筑物以粗实线表示与室外地坪相接处±0.00m外墙定位轮廓线 建筑物一般以±0.00m处的外墙定位轴线交叉点坐标定位；轴线用细实线表示，并标明轴线号 根据不同设计阶段标注建筑编号，地上、地下层数，建筑高度，建筑出入口位置（两种表示方法均可，但同一图纸采用同一种表示方法） 地下建筑物以粗虚线表示其轮廓 建筑上部（±0.00m以上）外挑建筑用细实线表示 建筑物上部轮廓用细虚线表示并标注位置
原有建筑物		用细实线表示
计划扩建的预留地或建筑物		用中粗虚线表示
拆除的建筑物		用细实线表示
建筑物下面的通道		—
铺砌场地		—
围墙及大门		—
坐标	(1) X=104.00 Y=425.00 (2) A=105.00 B=425.00	(1) 表示地形测量坐标系 (2) 表示自设坐标系 坐标数字平行于建筑标注
填挖边坡		—
室内地坪标高	151.00 (±0.00)	数字平行于建筑物书写

续表

名　称	图　例	备　注
室外地坪标高	143.00	室外标高也可采用等高线
地下车库入口		机动车停车场

(3) 确定新建、改建或扩建工程的具体位置，一般根据原有房屋或道路来定位，并以m为单位标出定位尺寸。当新建成片的建筑物和构筑物或较大的公共建筑或厂房时，往往用坐标来确定每一建筑物及道路转折点的位置；地形起伏较大的地区，还应画出地形等高线。

(4) 注明新建房屋底层室内地面和屋外整平地面的绝对标高和层数（常用黑小圆点数表示层数）。

(5) 画上带有指北针的风向频率玫瑰图（即风玫瑰图）或指北针，表示该地区的常年风向频率和建筑物朝向。

(6) 规划红线。在城市建设的规划地形图上划分建筑用地和道路用地的界线，一般都以红色线条表示，它是建造沿街房屋和地下管线时决定位置的标准线，不能超越。

2. 坐标标注法

建筑总平面图中的坐标网有两种形式：测量坐标网和建筑坐标网。

(1) 测量坐标网：与地形图同比例的 50m×50m 或 100m×100m 的方格网；*X* 为南北方向轴线，*X* 的增量在 *X* 轴线上；*Y* 为东西方向轴线，*Y* 的增量在 *Y* 轴线上；测量坐标网交叉处画成十字线。如图 6－5 所示。

(2) 建筑坐标网：当建筑物、构筑物平面两方向与测量坐标网不平行时常用；*A* 轴相当于测量坐标中的 *X* 轴，*B* 轴相当于测量坐标中的 *Y* 轴，选适当位置作为坐标原点，画互相垂直的细实线，如图 6－5 所示。

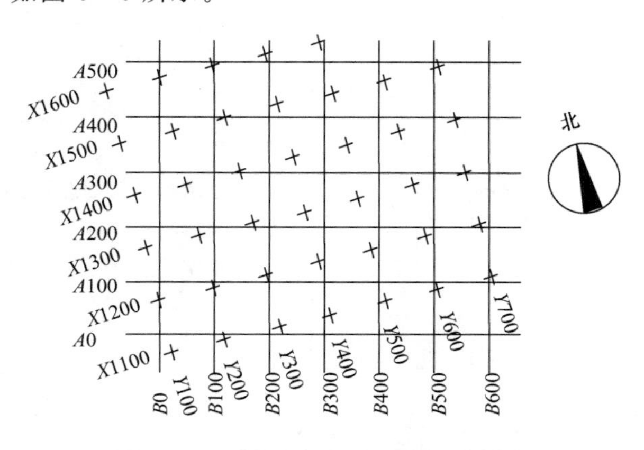

图 6－5　测量坐标和建筑坐标的标注

3. 等高线和标高

（1）等高线。

建筑总平面图中通常用一组高程相等的封闭线来表示地形高低起伏，称为等高线。在等高线上标注的数字是绝对标高，单位为“m”。

等高线可以看作不同海拔的水平面与实际地面的交线，也可以看作把地面上海拔相同的点连成曲线垂直投影到一个水平面上，如图 6－6 所示。

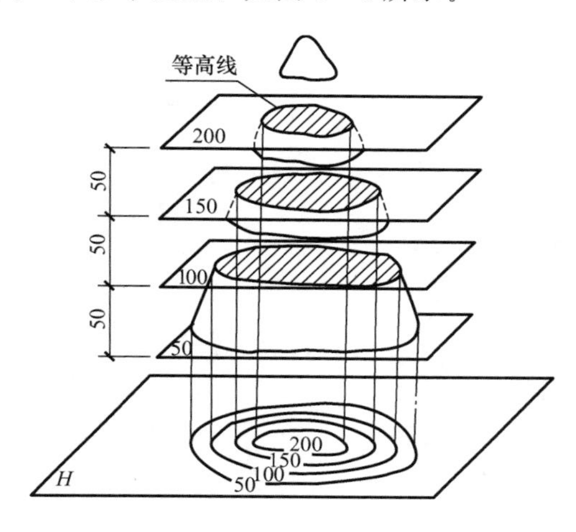

图 6－6　等高线的形成

建筑总平面图中通常采用按比例缩绘的等高线。

（2）标高。

标高是指一个位置或地点的高度，按选取的零点位置不同，分为绝对标高和相对标高。所谓绝对标高是指以我国青岛市外的黄海平均海平面作为零点而测定的高度尺寸。该高程系统起初以青岛验潮站 1950—1956 年验潮资料算得的平均海平面为零点，称为“1956 年黄海高程系”，如图 6－7 所示。后经复查，发现该高程系验潮周期资料过短，准确性较差，遂改用青岛验潮站 1950—1979 年的观测资料重新推算，并命名为“1985 年国家高程基准”。

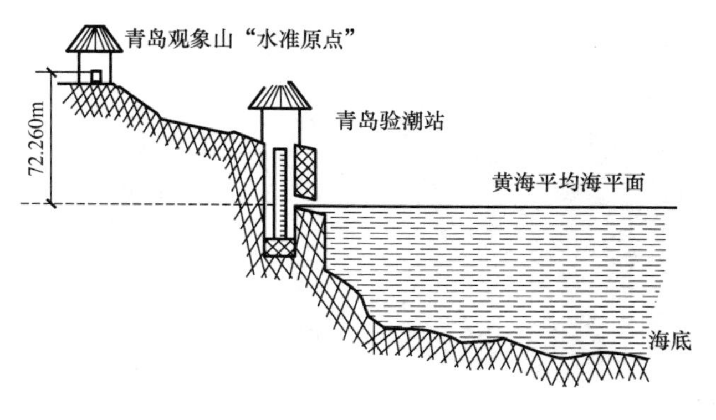

图 6－7　黄海高程系

相对标高是以新建建筑物首层室内地坪作为零点而确定的建筑物各部位高度。建筑总平面图中表达建筑物高度和层高的标高为相对标高。

4. 指北针和风玫瑰图

建筑总平面图中的指北针用于给出准确的朝北方位，确定图纸中的建筑朝向。指北针在图纸中并没有完全固定的位置，一般出现在图纸右上角或专门的特殊位置。指北针规定画法：圆的直径宜为24mm，用细实线绘制；指针尾端的宽度一般为3mm，当需要用较大直径绘制指北针时，指针尾部宽度为圆直径的1/8；指针需要涂成黑色，针尖指向北方，并标注“北”或“N”字，如图6－8（a）所示。

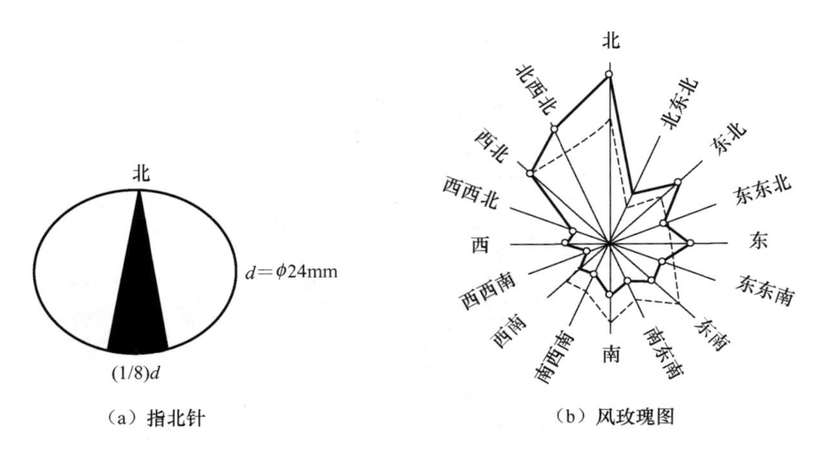

（a）指北针　　（b）风玫瑰图

图6－8　指北针和风玫瑰图

风玫瑰图又称风向频率玫瑰图，是根据某一地区多年平均统计的各个风向出现频率的百分数值，按一定比例绘制。一般选择8个或16个罗盘方位，将各个方位风向的出现频率，以相应的比例长度从风向中心起算描在坐标纸上，再将各相邻方向的端点用直线连接起来，绘成一个宛如玫瑰的闭合折线，故称风玫瑰图，如图6－8（b）所示。这8个或16个方位线上从端点到中心的距离，就代表当地这一风向在一年中发生的频率，距离越大，表明频率越高。风玫瑰图中一般绘有两条闭合线，粗实线表示全年风向，细虚线表示夏季风向。风向为由各方位吹向中心，其中风向线最长者为主导风向。图6－9所示为我国主要城市的风玫瑰图。

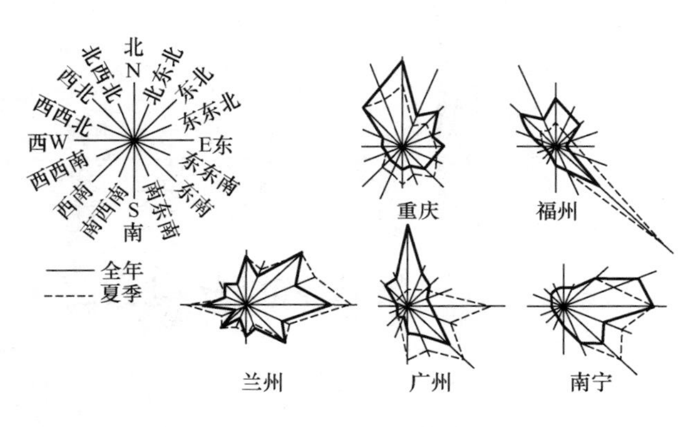

图6－9　我国主要城市的风玫瑰图

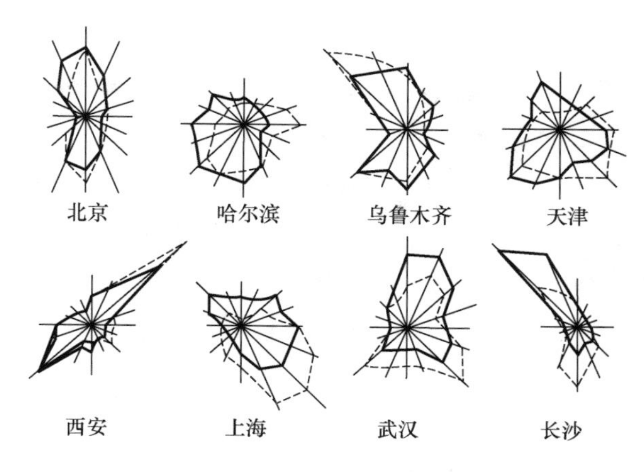

图 6－9　我国主要城市的风玫瑰图（续）

任务 6. 3　建筑平面图

6. 3. 1　建筑平面图的形成和用途

【建筑平面图】

建筑平面图实际上是建筑物的水平剖面图，是假想用一水平剖切面在窗台之上某一适当部位剖切整幢建筑物，对剖切平面以下的部分所作的水平投影图，也就是移去处于剖切平面上方的部分，将留下的部分按俯视方向在水平投影面上作正投影所得的图样，如图 6－10 所示。建筑平面图虽然是房屋的水平剖面图，但按习惯不必标注其剖切位置，也不称为剖面图。

建筑平面图用来表示房屋的平面布置情况，反映房屋的平面形状、大小和房间的布置，墙（或柱）的位置、厚度、材料，门窗的位置与尺寸、开启方向等情况，在施工过程中作为放线、砌墙、门窗安装和编制工程造价资料的依据。

6. 3. 2　建筑平面图的图示内容及表示方法

对多层楼房，原则上每一楼层均要绘制一个建筑平面图，并在建筑平面图下方标注图名（如底层平面图、二层平面图、顶层平面图等）；若房屋某几层平面布置相同，可将其作为标准层，并在图样下方标注适用的楼层图名（如三～五层平面图）；若房屋对称，则可利用其对称性，在对称符号的两侧各画半个不同楼层的平面图。建筑平面图通常分为底层平面图、标准层平面图（楼层平面图）和屋顶平面图。

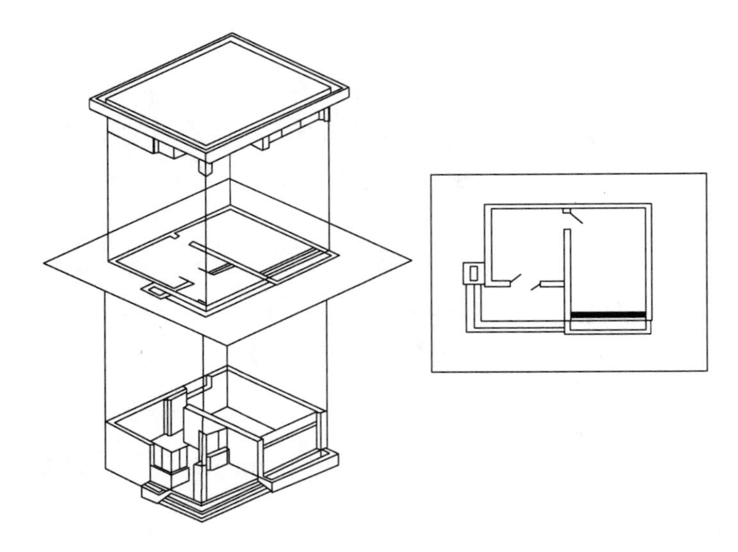

图 6-10　建筑平面图的形成

1. 底层平面图

底层平面图的实例如图 6-11 所示。

(1) 底层平面图的尺寸标注和定位轴线。

尺寸标注主要标注长、宽尺寸，分为外部尺寸和内部尺寸，并可进一步细分，如图 6-12 所示。

外部尺寸包括外墙三道尺寸（总尺寸、定位尺寸、细部尺寸）和局部尺寸。

总尺寸：最外一道尺寸，即两端外墙外侧之间的距离，又称外包尺寸。

定位尺寸：中间一道尺寸，是两相邻轴线间的距离，又称轴线尺寸。

细部尺寸：外墙上门窗洞口、墙段等的位置大小尺寸。

局部尺寸：建筑外的台阶、花台、散水等的位置大小尺寸。

内部尺寸包括室内净空、内墙上的门窗洞口及墙垛位置大小、内墙厚度、柱位置大小、室内固定设备位置大小等尺寸。

承重的墙、柱必须标注定位轴线，并按规定编号，如图 6-13 所示。

(2) 图例和门窗代号。

门：代号 M1、M2 或 M-1、M-2 等。

窗：代号 C1、C2 或 C-1、C-2 等。

墙体：1∶100 比例图中用粗实线绘制。

构造柱：1∶100 比例图中涂黑。

洞口：看不见，为虚线。

(3) 底层平面图的符号和比例。

指北针：通过底层平面图的指北针可看出房屋朝向。

剖切符号：表示剖面图的剖切位置和投射方向。

索引符号：表示套用图集、放大的详图等。

标高符号：表示室内外的相对标高。

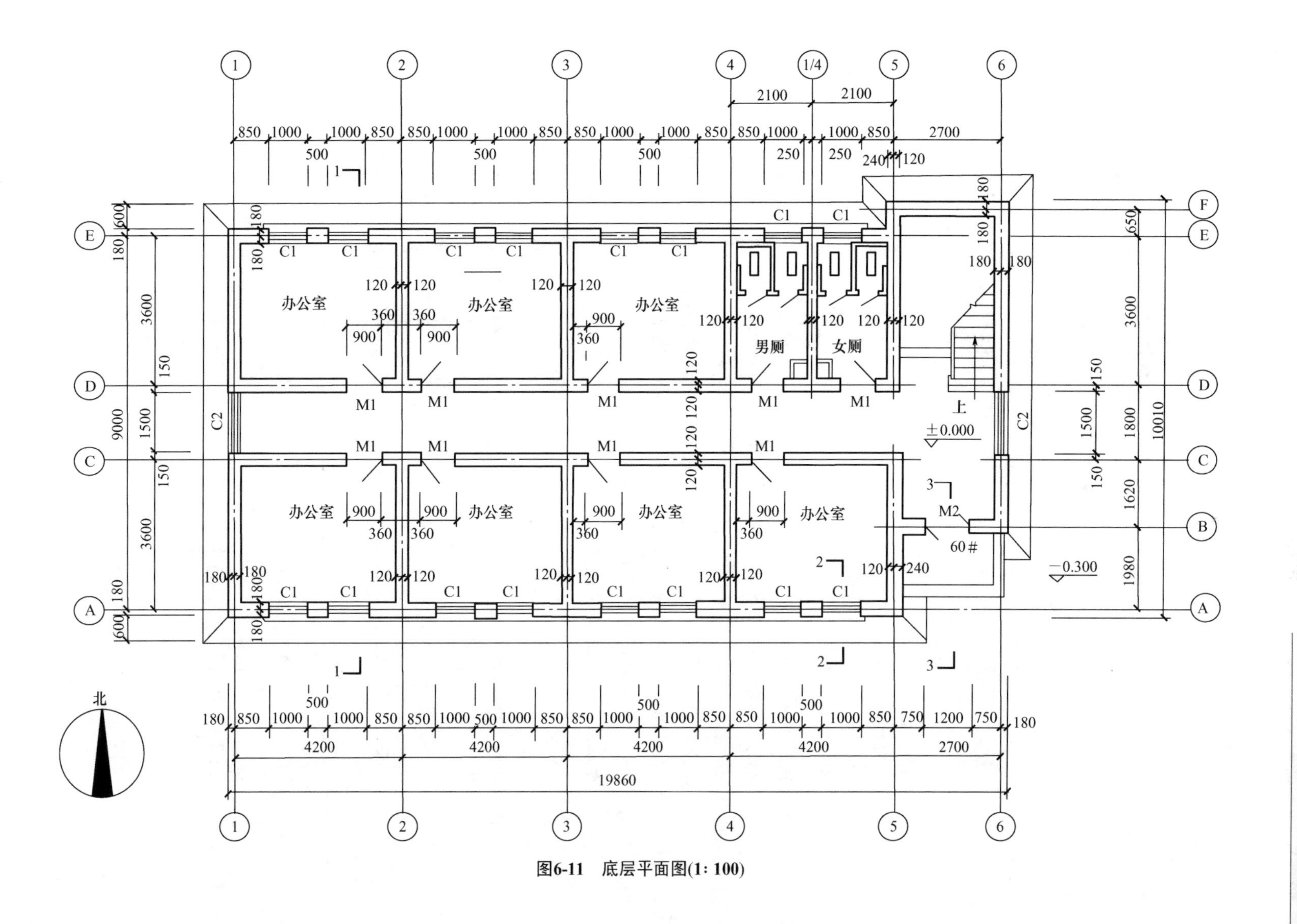

图6-11 底层平面图(1: 100)

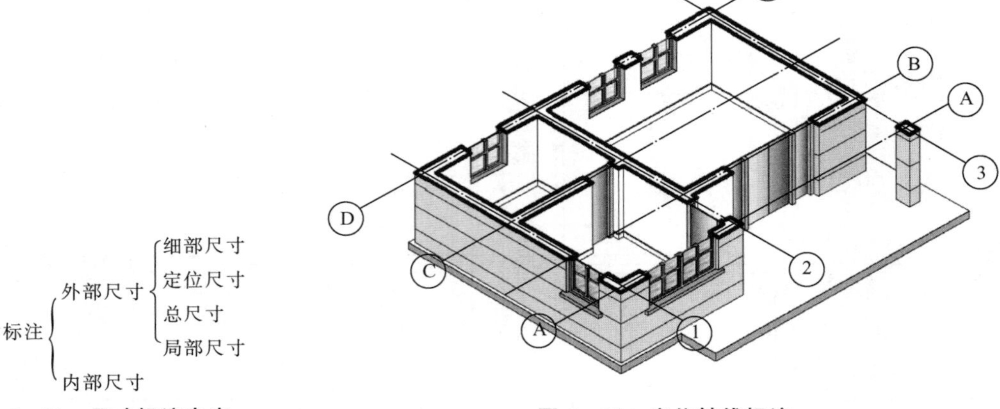

图 6－12 尺寸标注内容　　　　图 6－13 定位轴线标注

比例：表明图纸大小。

2. 标准层平面图

由于房屋内部平面布置的差异，对于多层建筑而言，应该有一层就画一个平面图，并用相应层数来命名，如“二层平面图”“四层平面图”等。

但在实际建筑设计过程中，多层建筑往往存在许多有相同或相近平面布置形式的楼层，因此在实际绘图时，可将这些楼层合用一张平面图来表示，称为“标准层平面图”，如图 6－14 所示。有时也可用其对应的楼层命名，如“二～六层平面图”。在图中除表示本层室内形状外，还需要画出室外的雨篷、阳台等。

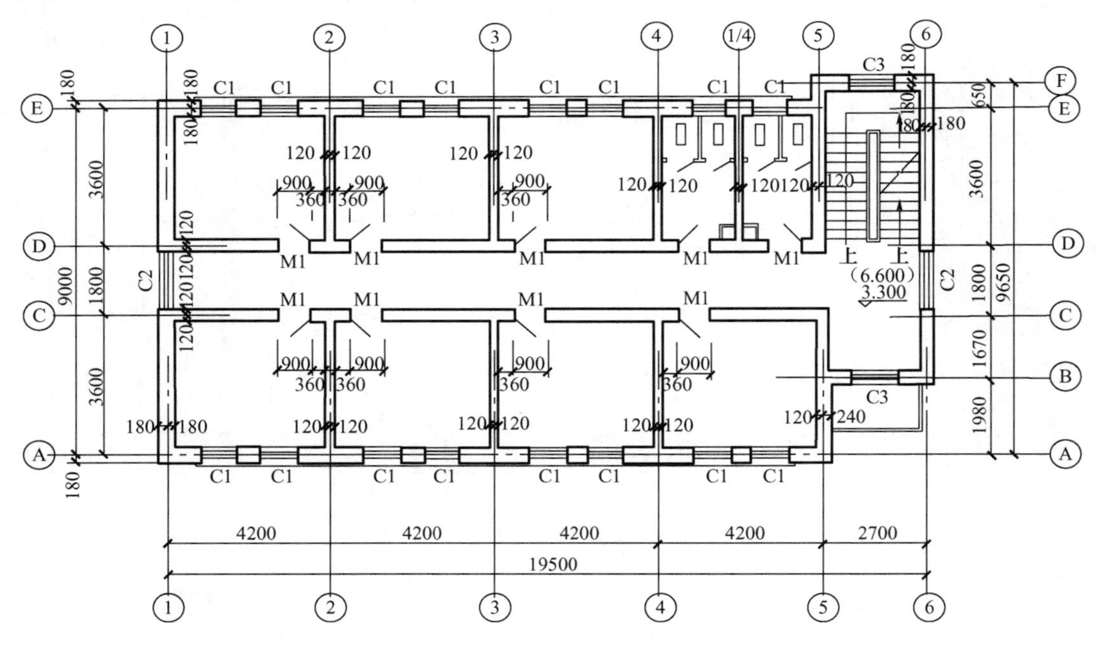

图 6－14 标准层平面图（1∶100）

3. 屋顶平面图

屋顶平面图用于表明屋面排水情况和突出屋面构造的位置，如图 6－15 所示。

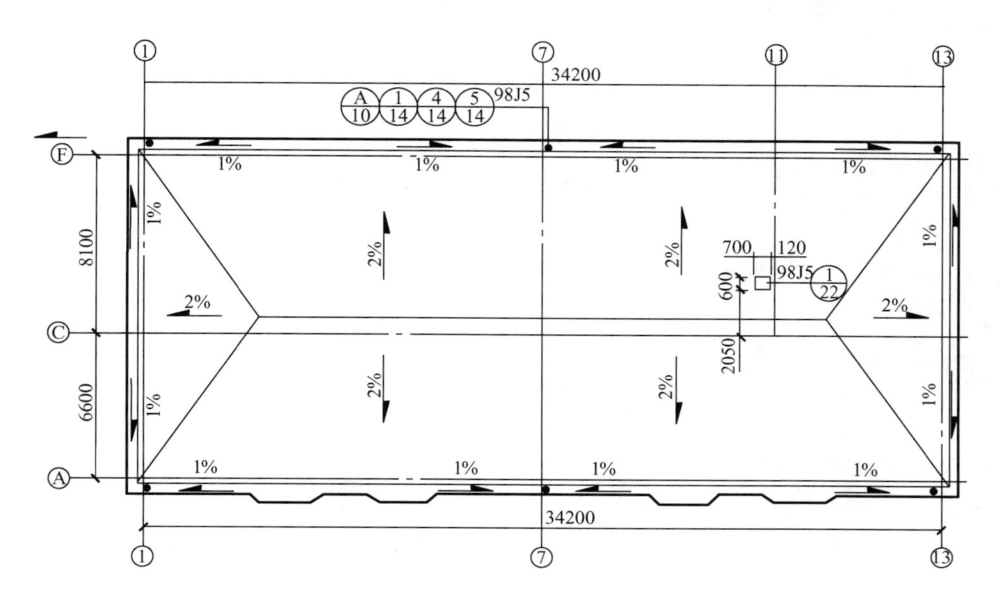

图 6－15　屋顶平面图（1∶100）

其图示内容具体包括如下。

（1）屋顶的形状和尺寸，屋檐的挑出尺寸，女儿墙的位置和厚度，突出屋面的楼梯间、水箱间、烟囱、通风道等。

（2）屋面排水情况，如排水分区、排水方向、屋面坡度和雨水管等。

（3）屋顶、屋面的细部做法和有关索引，包括高出屋面墙体的泛水及压顶、雨水口、烟道等。

6.3.3 建筑平面图的读图注意事项

（1）看清图名和绘图比例，了解该平面图属于哪一层。

（2）应由低向高逐层阅读建筑平面图。首先从定位轴线开始，根据所注尺寸看房间的开间和进深，再看墙的厚度或柱的尺寸，看清定位轴线是处于墙体的中央还是偏心位置，看清门窗的位置和尺寸。尤其应注意各层平面图变化之处。

（3）在平面图中，被剖切到的砖墙断面上按规定应绘制砖墙材料图例，若绘图比例不超出 1∶50，则可不绘制材料图例，读图时应了解这种规定。

（4）建筑平面图中的剖切位置与详图索引标志也需注意，它涉及朝向与细节构造等详尽内容。

（5）房屋的朝向可通过底层平面图中的指北针来了解。

任务 6.4 建筑立面图

6.4.1 建筑立面图的形成和用途

【建筑立面图】

建筑立面图是建筑物在与其立面相平行的投影面上所作的正投影图，主要用来表达建筑物的体型和外貌、建筑层数、外墙装修、门窗位置与形式，以及其他建筑构配件（空调台板、遮阳板、屋顶水箱、檐口、阳台、雨篷、雨水管、勒脚、平台、台阶等）的标高和尺寸。建筑立面图是建筑物外部装修施工的重要依据。

建筑立面图的表达应主次分明、图面美观，对建筑物的不同部位通常采用不同粗细的线型来表示。有定位轴线的建筑物，宜根据两端定位轴线号编注建筑立面图名称；无定位轴线的建筑物，可按建筑平面图各面的朝向来确定名称，如图 6－16 所示。

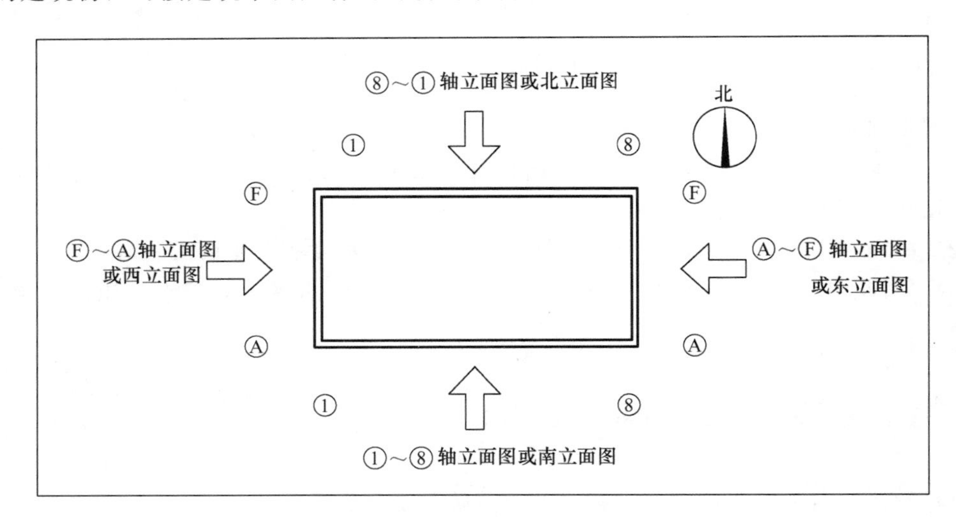

图 6－16　建筑立面图名称的形成

6.4.2 建筑立面图的图示内容及表示方法

建筑立面图的图示内容和表示方法如图 6－17 所示，具体包括以下几方面。

（1）表明建筑物外部形状，主要有门窗、台阶、雨篷、阳台、烟囱、雨水管等的位置。

（2）用标高表示各主要部位的相对高度，如室内外地面标高、各层楼面标高及檐口标高。

（3）建筑立面图中的尺寸是表示建筑物高度方向的尺寸，一般包括三道尺寸线。最外面一道为建筑物的总高，即从室外地面到檐口女儿墙的高度；中间一道为层高，即下一层楼地面到上一层楼面的高度；最里面一道为门窗洞口的高度及其与楼地面的相对位置。

（4）外墙面的分格线以横线条为主，竖线条为辅。一般利用通长的窗台、窗檐进行横向分格，利用入口处两边的墙垛进行竖向分格。

（5）外墙面的装修一般用索引符号来写明具体做法。

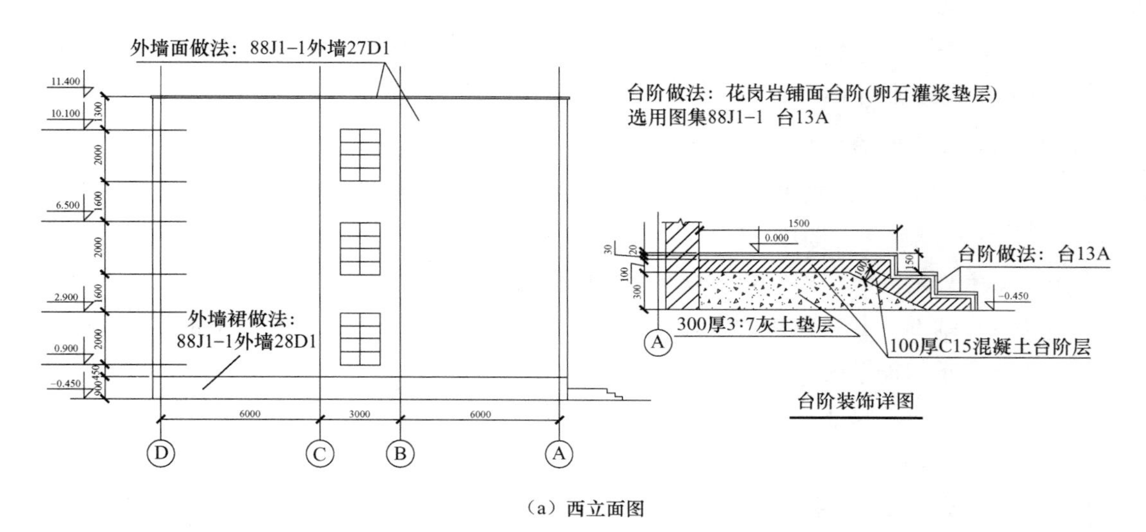

（a）西立面图

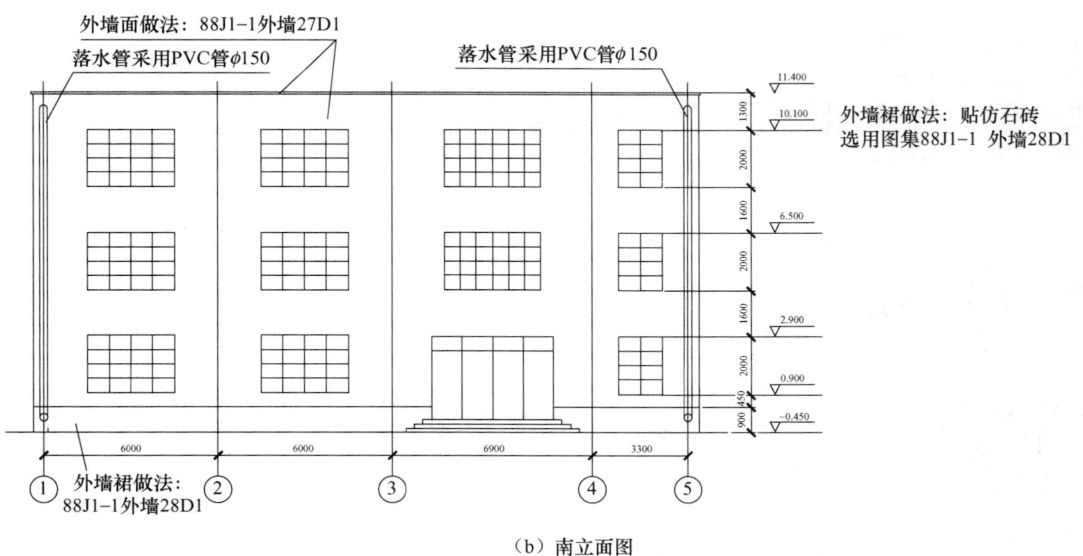

（b）南立面图

图6-17 建筑立面图

6.4.3 建筑立面图的读图注意事项和绘制步骤

1. 建筑立面图的阅读

(1) 对应建筑平面图进行阅读，查阅建筑立面图与建筑平面图的关系，这样才能建立起立体感，加深对建筑平面图、建筑立面图的理解。

(2) 了解建筑物的外部形状。

(3) 查阅建筑物各部位的标高及相应的尺寸。

(4) 查阅外墙面各细部的装修做法，如门廊、窗台、窗檐、雨篷、勒脚等。

(5) 了解其他细节。

2. 建筑立面图的绘制步骤

(1) 选比例、定图幅进行图面布置。比例、图幅一般与建筑平面图一致。

(2) 画铅笔线图，顺序如下。

① 画室外地坪线、外墙轮廓线和屋顶或檐口线，并画出首尾轴线和墙面分格。

② 确定细部位置，包括门窗洞口位置、窗台、窗檐、屋檐、雨篷、雨水管等。

③ 按要求加深图线。

④ 标注标高、尺寸，注明各部位的装修做法。

⑤ 认真校核。

(3) 上墨（描图加深）。

任务 6.5 建筑剖面图

6.5.1 建筑剖面图的形成和用途

【建筑剖面图】

建筑剖面图是建筑物的垂直剖面图，是假想用一个铅垂剖切面将建筑物剖切开后，移去剖切平面与观察者之间的部分，将留下的部分按剖面方向作正投影所得到的图样，如图 6－18 所示。

建筑剖面图主要用来表示建筑物内部的结构或构造方式，如楼层分层、结构形式、构造、材料、垂直方向的高度等内容，与建筑平面图、建筑立面图相互配合，共同展示了建筑物的全局，用于指导各层楼板和屋面施工、门窗安装和内部装修以及工程造价资料的编制等。

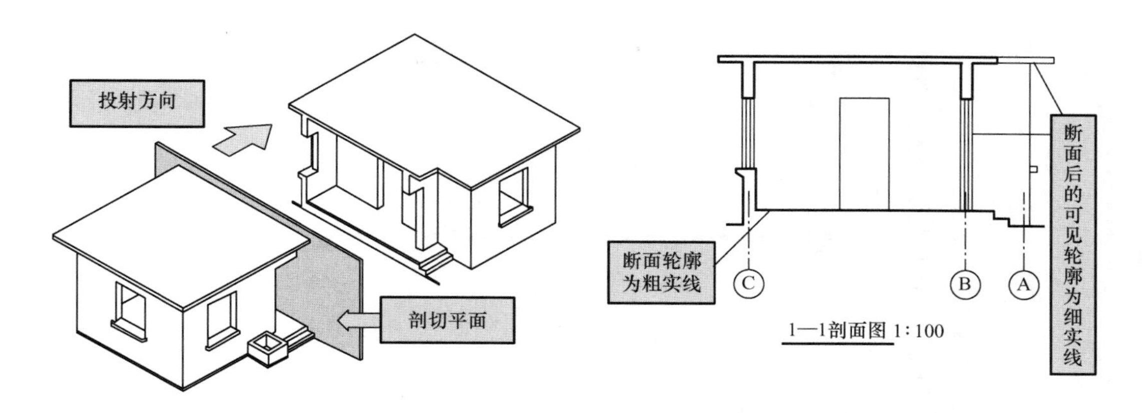

图 6-18　建筑剖面图的形成

6.5.2 建筑剖面图的图示内容及表示方法

建筑剖面图上的主要内容可概括如下（可按顺序识读）。

（1）图名、比例。

（2）定位轴线及其尺寸。在剖面图中，一般只标出图两端的轴线及编号，且编号应与建筑平面图一致。

（3）剖切到的屋面（包括隔热层及吊顶）、楼面、室内外地面（包括台阶、明沟及散水等），剖切到的内外墙身及其门、窗（包括过梁、圈梁、防潮层、女儿墙及压顶），剖切到的各种承重梁及联系梁、楼梯梯段及楼梯平台、雨篷及雨篷梁、阳台、走廊等。

（4）未剖切到的可见部分，如可见的楼梯梯段、栏杆扶手、走廊端头的窗，可见的梁、柱，可见的水斗和雨水管，可见的踢脚和室内的各种装饰等。

（5）垂直方向的尺寸及标高。在建筑剖面图中，必须标注垂直尺寸和标高。

外墙的高度尺寸一般也标注三道：最外侧一道为室外地面以上的总高尺寸；中间一道为层高尺寸，即底层地面到二层楼面、各层楼面到上一层楼面、顶层楼面到檐口处的屋面等的高度，同时还应注明室内外地面的高差尺寸；里面一道为门、窗洞及洞间墙的高度尺寸。此外还应标注某些尺寸，如室内门窗洞、窗台的高度及有些不另画详图的构配件尺寸等。剖面图上两轴线间的尺寸也必须注出。

室内外地面、楼面、楼梯平台面、屋顶檐口顶面都应注明建筑标高。某些梁的底面、雨篷底面等应注明结构标高。

（6）详图索引符号。

（7）施工说明等。

建筑剖面图的实例如图 6-19 所示。

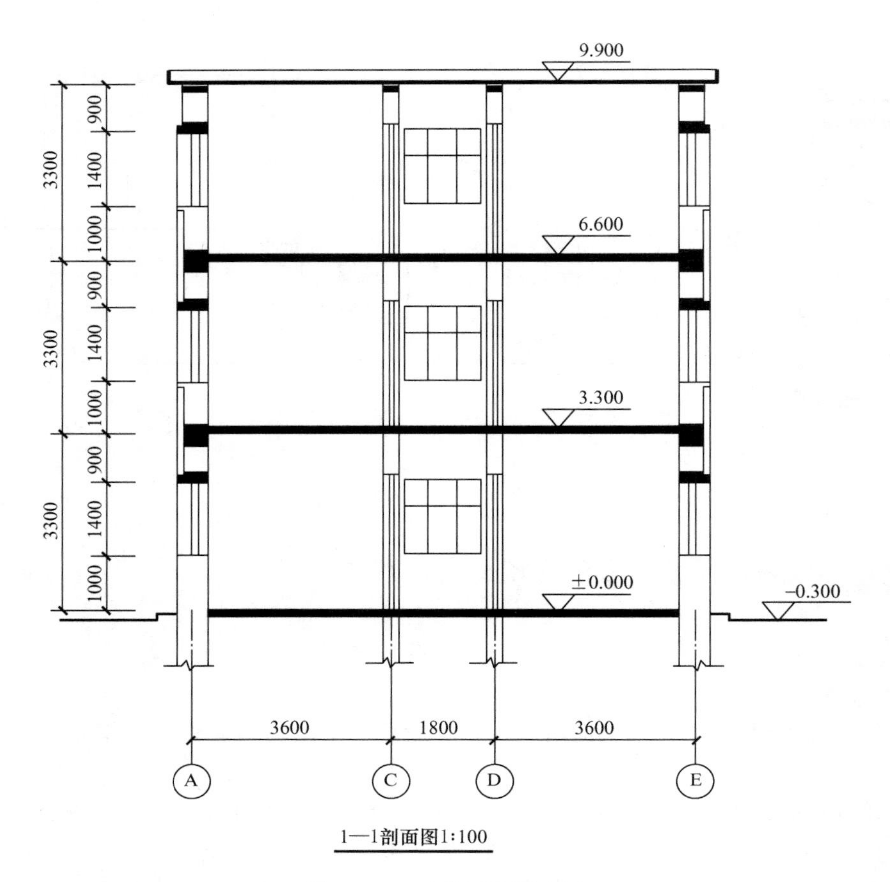

图 6-19 建筑剖面图实例

6.5.3 建筑剖面图的读图和绘制注意事项

（1）结合底层平面图进行阅读，对应建筑平面图和建筑剖面图的相互关系，建立起房屋内部的空间概念。

（2）结合建筑设计和材料做法表阅读，查阅地面、楼面、墙面、顶棚的装修做法。

（3）查阅各部位的高度。

（4）结合屋顶建筑平面图进行阅读，了解屋面坡度、屋面防水、女儿墙泛水以及屋面保温、隔热等的做法。

建筑剖面图的剖切位置应在内部结构和构造比较复杂或有代表性的部位。

建筑剖面图的数量根据房屋的复杂程度和施工实际需要而定。两层以上的楼房，一般至少要有一个楼梯间的建筑剖面图。

建筑剖面图的剖切位置和剖视方向，可以从底层平面图上找到。

在建筑剖面图中一般不画材料图例符号，被剖切平面剖切到的墙、梁、板等轮廓线用粗实线表示，没有被剖切到但可见的部分用细实线表示，被剖切断的钢筋混凝土梁、板涂黑，且宜画出楼地面、屋面的面层线。

任务6.6 建筑详图

6.6.1 建筑详图的形成和用途

建筑详图简称详图，也称大样图或节点图。由于建筑平面图、建筑立面图、建筑剖面图一般采用1∶100、1∶200等较小的比例绘制，对建筑物的一些细部（或称节点）构造如形状、层次、尺寸、材料和做法等，无法完全表达清楚，因此，在施工图设计过程中，常按实际需要在建筑平面图、建筑立面图、建筑剖面图中另绘图样来表示建筑构造和构配件的详情，并给出索引符号。要选用适当的比例（如1∶20、1∶10等），在索引符号所指出的图纸上画出建筑详图。

6.6.2 建筑详图的图示内容及表示方法

建筑详图的图示内容和图示方法如下。

详图的主要特点是：用能清晰表达所绘节点或构配件的较大比例绘制，尺寸标注齐全，文字说明详尽。

（1）建筑详图一般表达构配件的详细构造，如材料、规格、相互连接方法、相对位置、详细尺寸、标高、施工要求和做法的说明等。

（2）建筑详图必须画出详图符号，应与被索引的图样上的索引符号相对应，在详图符号的右下侧注写比例。

（3）对于套用标准图或通用详图的建筑构配件和建筑节点，只要注明所套用图集的名称、编号或页，就不必再画详图。

（4）详图的平面图、剖视图，一般都应画出抹灰层与楼面层的面层线，并画出材料图例。

（5）详图中的标高应平面图、立面图、剖面图中的位置一致。在详图中如再需另画详图时，则在其相应部位画上索引符号。

6.6.3 外墙详图

1. 外墙详图的作用

外墙详图也称墙身大样图，实际上是建筑剖面图的墙身部位的局部放大图，如图6-20所示。它表明了墙身与地面、楼面、屋面的构造连接情况以及檐口、门窗顶、窗台、勒脚、防潮层、明沟的尺寸、材料、做法等构造情况。外墙详图与建筑平面图配合使用，是砌墙、室内外装修、门窗安装、编制施工图预算以及材料估算等的重要依据。

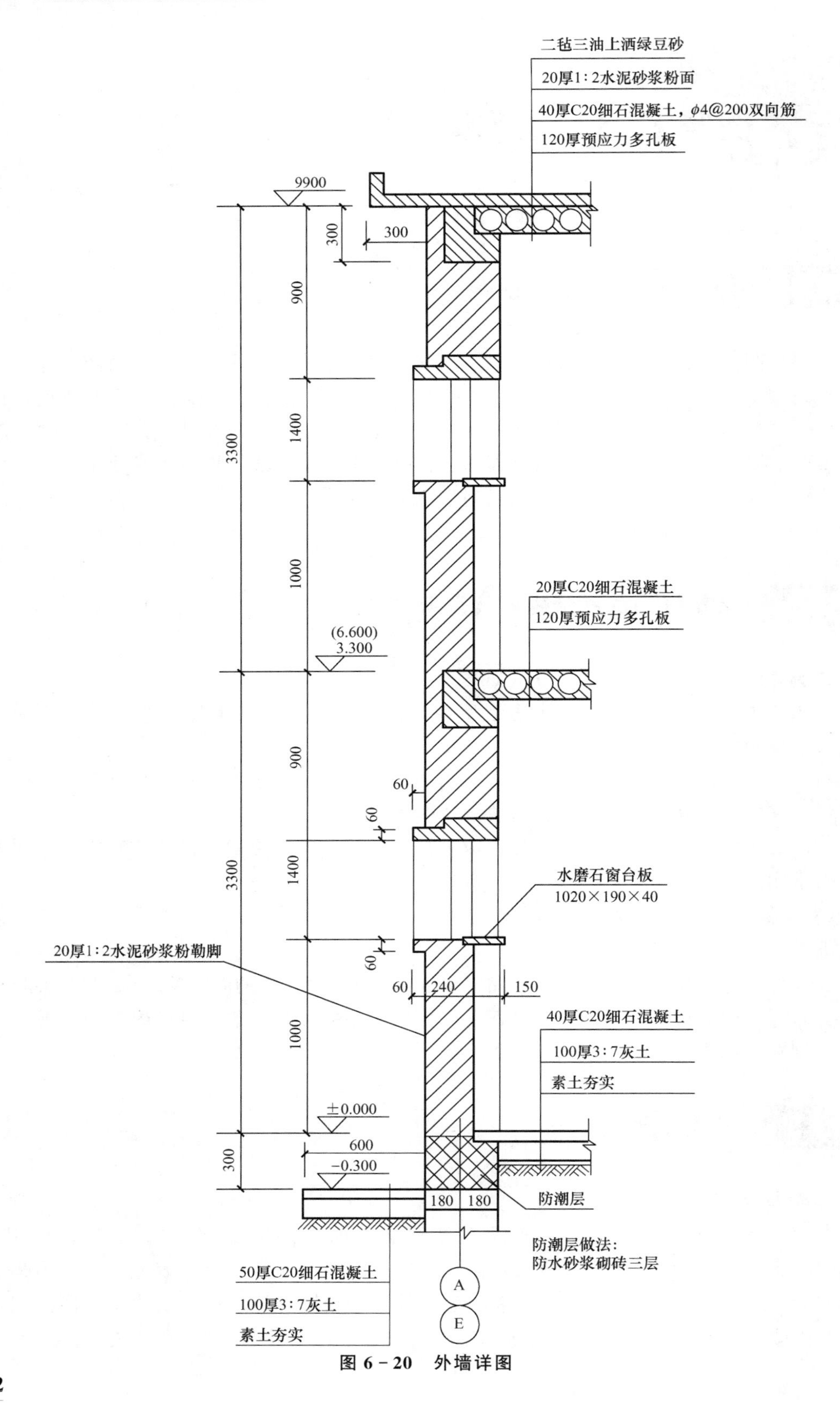
二毡三油上洒绿豆砂
20厚1∶2水泥砂浆粉面
40厚C20细石混凝土，φ4@200双向筋
120厚预应力多孔板
9900
300
300
900
1400
3300
1000
20厚C20细石混凝土
120厚预应力多孔板
(6.600)
3.300
900
60
60
3300
1400
水磨石窗台板
1020×190×40
20厚1∶2水泥砂浆粉勒脚
60
60
240
150
40厚C20细石混凝土
100厚3∶7灰土
素土夯实
1000
±0.000
300
600
−0.300
180
180
防潮层
防潮层做法:
防水砂浆砌砖三层
50厚C20细石混凝土
100厚3∶7灰土
素土夯实
A
E

图 6－20　外墙详图

2. 外墙详图的内容

（1）给出外墙详图的图名和比例。编制图名时，所表示的是哪部分的详图，就命名为XX详图。墙身详图是用放大比例来绘制的。

（2）给出基本图标，并与建筑平面图中的剖切符号或建筑立面图上的索引符号所在位置、剖切方向及轴线、图标等完全一致。

（3）表明墙身的定位轴线编号。外墙的厚度、材料及其与轴线的关系（如墙体是否为中轴线，还是轴线在墙中偏向一侧），墙上哪些地方有突出的变化，均应分别标注在相应位置上。

（4）表明室内外地面处的节点构造。包括基础墙厚度，室内外地面标高，室内地面、踢脚、散水（或明沟）、防潮层（或地圈梁）及首层地面的构造。

（5）表明楼层处的节点构造。如各层梁、板等构件的位置及其与墙体的联系，构件表面抹灰、装饰等内容。

（6）表明檐口部位的做法。包括封檐构造（如女儿墙或挑檐），圈梁、过梁、屋顶泛水构造，屋面保温、防水做法和屋面板等结构构件状况。

（7）标注尺寸与标高。外墙详图上的尺寸与标高除与建筑立、剖面图的标注方法及内容相同外，还应标注挑出构件挑出长度的细部尺寸和挑出构件的下皮标高。

（8）对不易表示的、更为详细的细部做法，可标注文字或索引符号，表示另有建筑详图。

3. 外墙详图识读要点

（1）外墙底部节点，看基础墙、防潮层、室内地面与外墙脚各种配件构造做法及技术要求。

（2）中间节点（或标准层节点），看墙厚及其轴线位于墙身的位置，内外窗台构造，变形截面的雨篷、圈梁、过梁标高与高度，楼板结构类型、与墙搭接方式及结构尺寸。

（3）檐口节点（或标准层节点），看屋顶承重层结构组成与做法、屋面组成与坡度做法。也要注意各节点的引用图集代号与页码，以便相互核对和查找。

（4）除明确上面三点外，还应注意以下几方面。

① 除读懂详图本身的全部内容外，还应仔细与建筑平、立、剖面图和其他专业的图联系阅读。如勒脚下边的基础墙做法，要与结构施工图的基础平面图和建筑剖面图联系阅读；楼层与檐口、阳台等的做法，也应和结构施工图的各层楼板平面布置图和剖面节点图联系阅读。

② 要反复核对图内尺寸标高是否一致，并与本项目其他专业的图纸反复校核。

③ 因每条可见轮廓线可能代表一种材料的做法，所以不能忽视每一条可见轮廓线。

6.6.4 楼梯详图

1. 楼梯详图的作用

楼梯详图是楼梯间局部平面及建筑剖面图的放大图，主要表示楼梯的结构形式，构造做法，各部分的详细尺寸、材料，是楼梯施工放样的主要依据。楼梯的立体视图如图6-21所示。

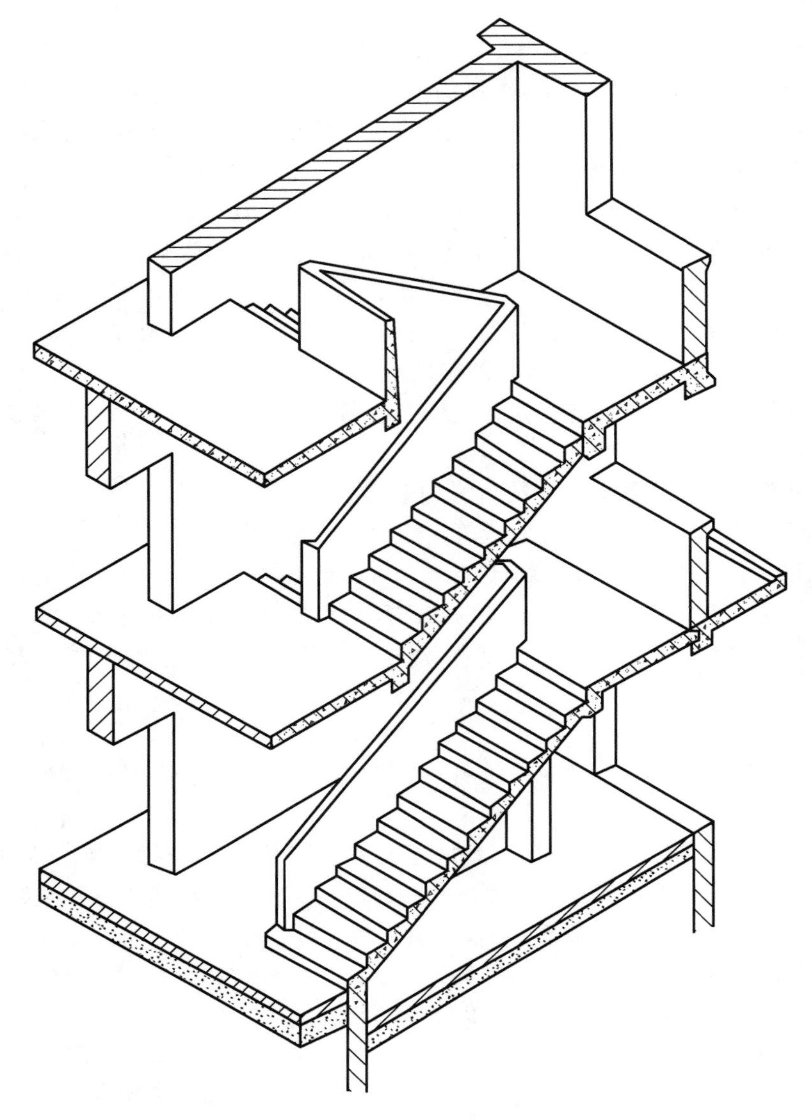

图 6-21　楼梯立体视图

2. 楼梯详图的基本内容

楼梯需要画出楼梯间的建筑平面图、建筑剖面图和建筑详图，包括楼梯平面图、楼梯剖面图和踏步、栏杆、扶手详图。这些详图应尽可能画在同一张图纸内。平面、剖面的详图比例要一致（如 1∶20、1∶30、1∶50），以便更详细、清楚地表达该部分构造情况。

3. 楼梯视图及详图识读方法

（1）楼梯平面图。

楼梯平面图是运用水平剖视方法绘制的，是楼梯某位置上的一个水平剖面图，如图 6-22 所示。剖切位置与建筑平面图的剖切位置相同（设在休息平台略低一点处），是剖切后向下所作的投影。

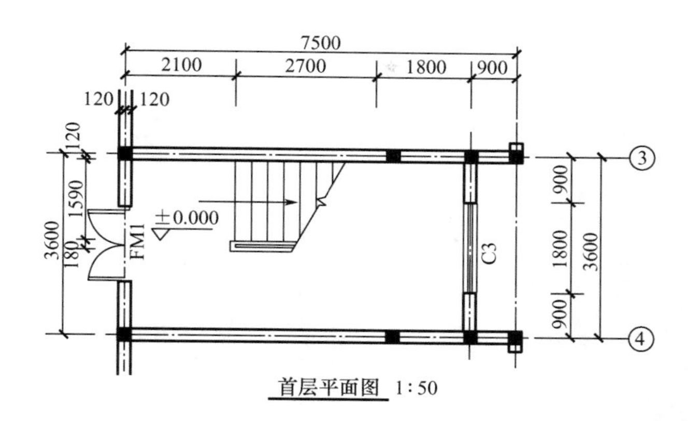

首层平面图 1∶50

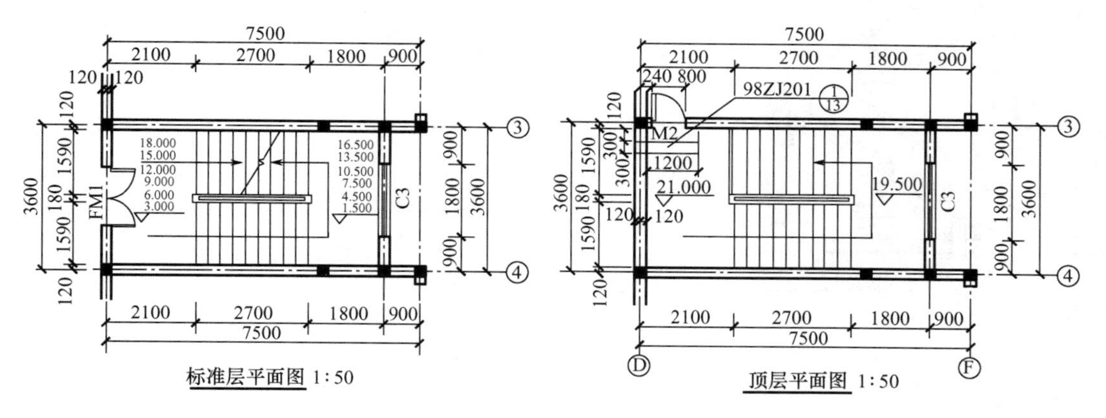

标准层平面图 1∶50　　　　顶层平面图 1∶50

图 6－22　楼梯平面图

楼梯平面图及其详图主要反映楼梯的外观、结构形式、细节做法、楼梯中的平面尺寸、楼层和休息平台的标高等。原则上有几层，就需绘制几层平面图，除首层和顶层平面图外，若中间各层楼梯做法完全相同，可作出标准层平面图。一般情况下，楼梯平面图包括楼梯底层平面图、标准层平面图和顶层平面图三张。对楼梯平面图的识读要求如下。

① 核查楼梯间在建筑中的位置与定位轴线的关系，应与建筑平面图上所示一致。

② 查看楼梯段、休息平台的平面形式和尺寸，楼梯踏面的宽度和踏步级数，以及栏杆扶手的设置情况。

③ 看上下行方向，用细实箭头线表示上下方向，箭头标注“上”或“下”字样和级数。

④ 查看楼梯间开间、进深情况，以及墙、窗的平面位置和尺寸。

⑤ 查看室内外地面、楼面、休息平台的标高。

⑥ 底层楼梯平面图应标明剖切位置。

（2）楼梯剖面图。

假想用一铅垂面，通过各层的一个梯段和门窗洞将楼梯剖开，向另一未剖到的梯段方向投影，所作的剖面图即为楼梯剖面图，如图 6－23 所示。剖面图应完整、清晰地表示出各梯段、平台、栏杆等的构造及它们的相互关系。

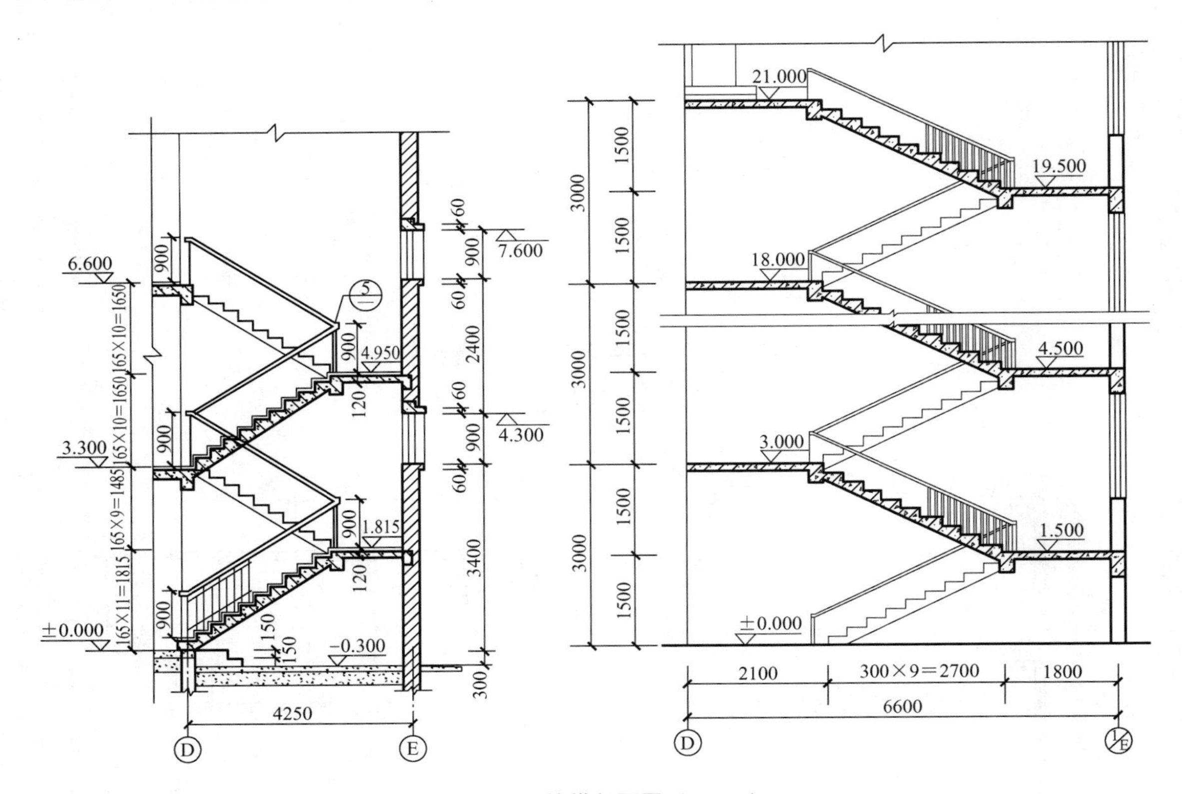

图 6-23 楼梯剖面图（1∶30）

在楼梯剖面图中，应注明各层楼梯地面、平台、楼梯间窗洞的标高；与建施平面图对照，核查楼梯间墙身定位轴线标号和轴间尺寸；给出每个梯段踢面的高度、踏步的数量及栏杆的高度；确定楼梯竖向尺寸、进深方向尺寸和有关标高，并与建施图核实；确定踏步、栏杆、扶手等细部详图的索引符号等。如果各层楼梯都为等跑楼梯，中间各层楼梯构造尺寸又相同，则剖面图可只画出底层、顶层剖面，中间部分可用折断线省略。

（3）楼梯节点详图。

楼梯节点详图主要表示楼梯栏杆、扶手的形状、大小和具体做法，栏杆与扶手、踏步的连接方式，楼梯的装修做法以及防滑条的位置和做法，如图 6-24 所示，应仔细阅读。

楼梯节点详图识读要点如下。

① 明确楼梯详图在建筑平面图中的位置、轴线编号与平面尺寸。

② 掌握楼梯平面布置形式，明确楼梯宽度、梯井宽度、踏步宽度等平面尺寸；查对标准图集代号和页码。

③ 从建筑剖面图及其详图中可明确掌握楼梯的结构形式，各层梯段板、梯梁、平台板的连接位置与方法，踏步高度与踏步级数，栏杆扶手高度、材料等信息。

④ 无论楼梯建筑平面图、建筑剖面图及其详图，都要注意底层和顶层的阅读，底层楼梯往往应照顾进出门入口的净高而设计成长短跑楼梯段，顶层尽端安全栏杆的高度与底中层也不同。

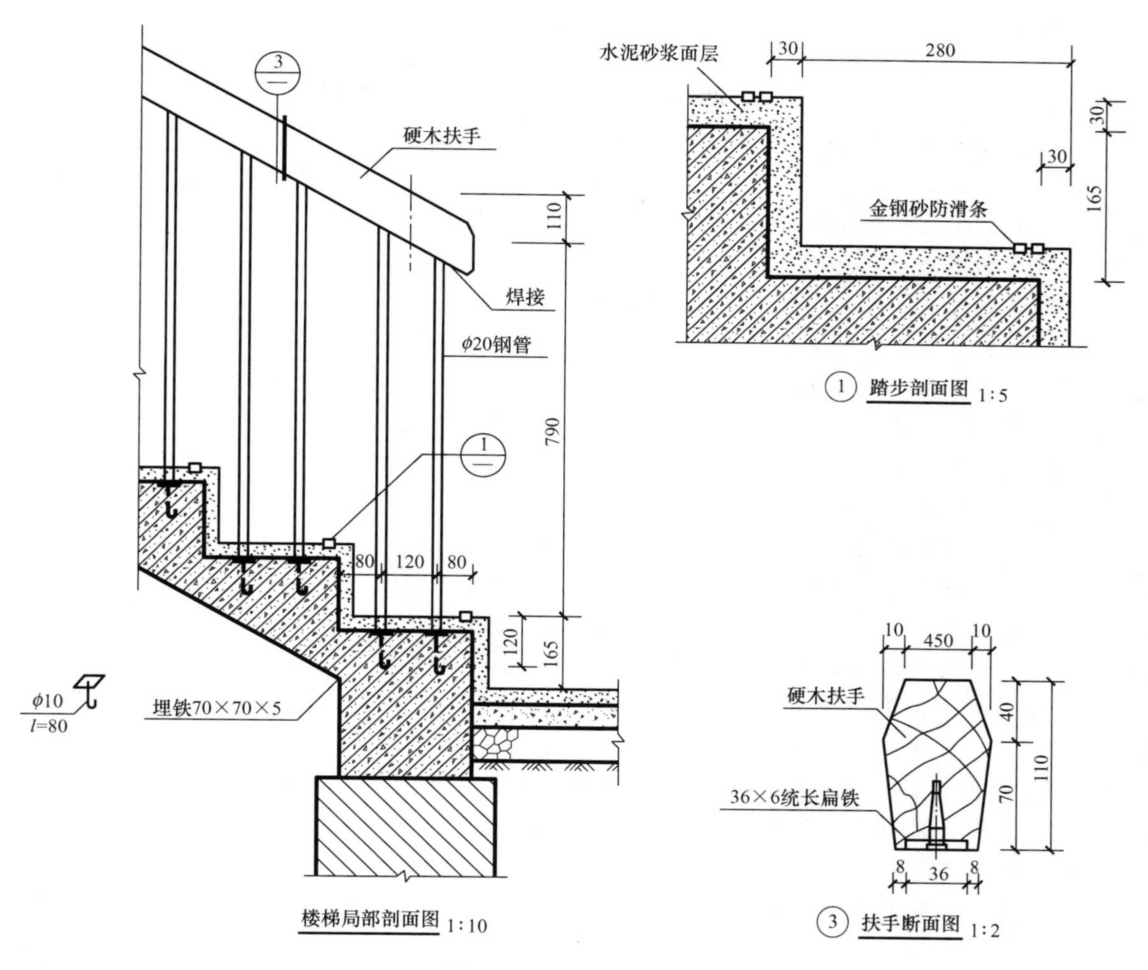

图 6－24 楼梯节点详图

4. 楼梯详图识读要点

楼梯间门窗洞口及圈梁的位置和标高，应与建筑平、立剖面图和结构功能图对照阅读，并根据轴线编号查清楼梯详图和建筑平、立、剖面图的关系。当楼梯详图对建筑、结构两个专业分别绘制时，阅读建筑详图时应对照结构图，校核楼梯梁、板的尺寸和标高等是否与建筑装修吻合。

工作能力测评

一、选择题

1. 详图索引符号中的圆圈直径是（　　）。

A. 14mm　　B. 12mm　　C. 10mm　　D. 8mm

2. 指北针的针尖指向北方，并标注“北”或“（　　）”字。

A. S　　B. N　　C. E　　D. W

3. 定位轴线一般用（　　）表示。

A. 细实线　B. 粗实线　C. 细点画线　D. 双点画线

4. 不能用于定位轴线编号的拉丁字母是（　　）。

A. O　B. I　C. Z　D. 以上全部

5. 相对标高的零点正确的标注方式为（　　）。

A. ＋0.000　B. －0.000　C. ±0.000　D. 无规定

6. 关于建筑平面图的图示内容，说法错误的是（　　）。

A. 其能够表示内外门窗位置及编号

B. 其能够表示楼板与梁柱的位置及尺寸

C. 其能够注出室内楼地面的标高

D. 其能够画出室内设备和形状

7. 建筑施工图首页没有（　　）。

A. 图纸目录　B. 设计总说明　C. 建筑总平面图　D. 构造做法表

8. 建筑剖面图一般不需要标注（　　）等内容。

A. 门窗洞口高度　B. 层间高度

C. 楼板与梁的断面高度　D. 建筑总高度

9. 下列（　　）必定属于建筑总平面表达的内容。

A. 相邻建筑的位置　B. 墙体轴线　C. 柱子轴线　D. 建筑物总高

10. 建筑平面图不包括（　　）。

A. 基础平面图　B. 首层平面图　C. 标准层平面图　D. 屋顶平面图

11. 以下（　　）不属于建筑立面图的图示内容。

A. 外墙各主要部位标高　B. 详图索引符号

C. 散水构造做法　D. 建筑物两端定位轴线

12. 建筑总平面图所包括的趋于面积较大，以下比例尺是建筑总平面图会选用的比例尺（　　）。

A. 1∶0.05　B. 1∶0.5　C. 1∶5　D. 1∶500

13. 建筑立面图不能用（　　）进行命名。

A. 建筑位置　B. 建筑朝向

C. 建筑外貌特征　D. 建筑首尾定位轴线

14. 外墙装饰材料和做法一般在（　　）上表示。

A. 首页图　B. 建筑平面图　C. 建筑立面图　D. 建筑剖面图

15. 剖面图中，标注在装修后的构件表面的标高是（　　）。

A. 结构标高　B. 相对标高　C. 建筑标高　D. 绝对标高

16. 在建筑施工图的平面图中，M一般代表的是（　　）。

A. 窗　B. 门　C. 柱　D. 预埋件

17. 室外散水应在（　　）中画出。

A. 底层平面图　B. 标准层平面图　C. 顶层平面图　D. 屋顶平面图

二、填空题

1. 建筑施工图包括______________、______________、______________三大类。

2. 定位轴线用__________线表示，末端圆的直径大小为________，水平方向编号采用________，按从左到右顺序编写，竖直方向编号采用__________，按自下而上顺序编写。字母中的_________不得作为轴线编号。

3. 附加定位轴线编号(1/2)表示______________________________，编号(2/02)表示____________________________。

4. 标高有绝对标高和相对标高两种，建筑总平面图上一般用__________，其他平面图上一般用__________。

5. 建筑图纸一般把______________定为相对标高的零点，写为______。

6. 建筑施工图首页一般由______、______设计总说明、______及门窗表回成。

7. 总平面图上的标高符号，▼5.15表示______________________________，▽5.75表示______________________________________。

8. 建筑总平面图中通常用一组高程相等的封闭线来表示地形高低起伏，称为______。在等高线上标注的数字是______，单位为______。

9. 索引符号用______线画，圆的直径是______。索引符号(3/5)中"3"表示______，"5"表示______________；索引符号(1/—)中"1"表示______________，"—"表示______________。剖切索引符号(2/3)表示剖切后从______往______投影画详图。

10. 详图索引符号是用______线画，圆的直径是__________。详图索引符号(1/3)中"1"表示________________，"3"表示________________。

11. 指北针直径大小为________，用______绘制，尾部宽度为________。

12. 用一个假想的水平面，沿着房屋________处将房屋切开，移去切面以上部分，向下所做的水平剖视图，称为__________图。

13. 建筑平面图的尺寸标注一般分为三道，最外面是__________，中间一道是__________，最里面是______________。

14. 建筑总平面图上，新建建筑用____________线表示，原有建筑用________线表示，计划扩建建筑用________线表示，拆除建筑用__________（上面带×）表示。

三、识图题

某建筑底层平面图如图6-25所示。试据该图完成以下各题。

1. 该建筑为办公楼，从底层平面图上可以读出：建筑物的总长度为________mm，总宽度为________mm；本图比例为________；图左下角的圆圈标志为________。

2. 横向定位轴线共有________条，编号自左到右为________轴到________轴；纵向定位轴线共有________条，编号自下而上为________轴到________轴。

3. 办公室的开间为________mm，进深为________mm；楼梯间的开间为________mm，进深为________mm。

4. 室内外地坪高差为________m。

5. 窗C1的洞口宽度宽为________mm，门M1的洞口宽度宽为________mm。

6. 内墙厚度为________mm，外墙厚度为________mm。

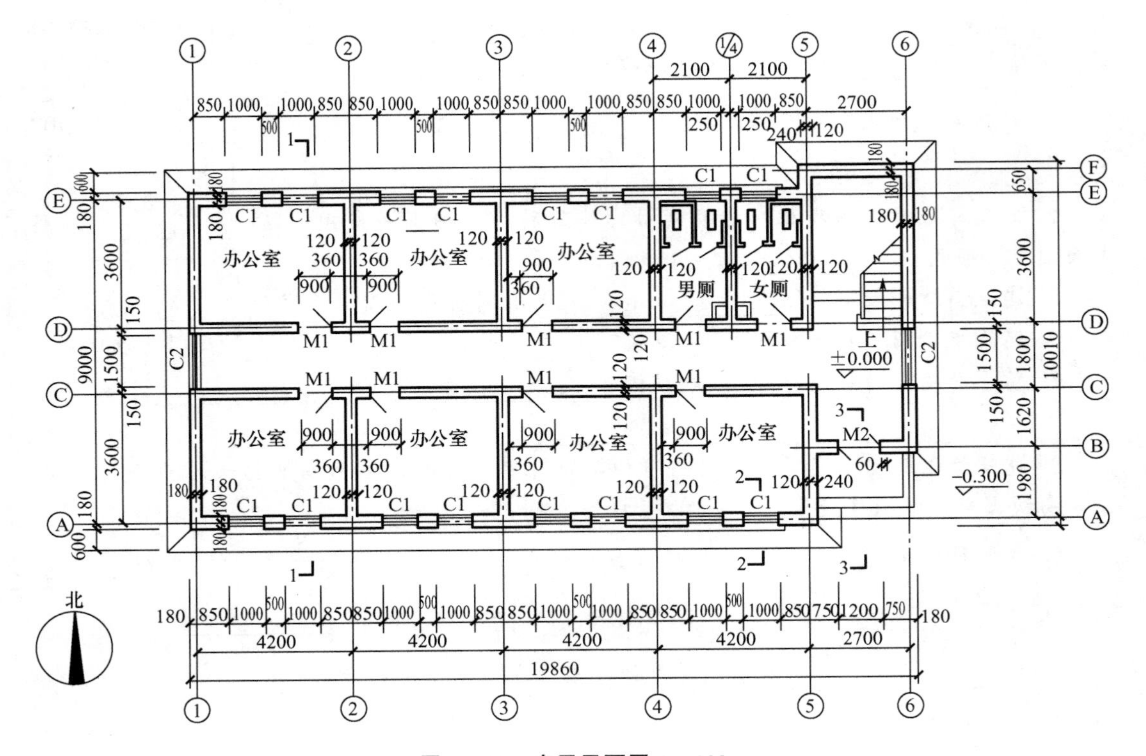

图 6-25　底层平面图 1：100

任务导入

2019 年 9 月，工程师要求小张以实习施工员的身份深入现场参与工程建设，目的是考核小张对钢筋混凝土工程的熟悉程度，尤其是对柱、梁、板的钢筋配置的掌握情况。工程师让小张对照图纸介绍建筑构件的钢筋配置，小张顿觉尴尬，并不是完全不懂，但不是很熟悉。工程师告诉他，平法图集对钢筋识图是非常重要的，要求小张认真学习一下相关内容。

知识体系

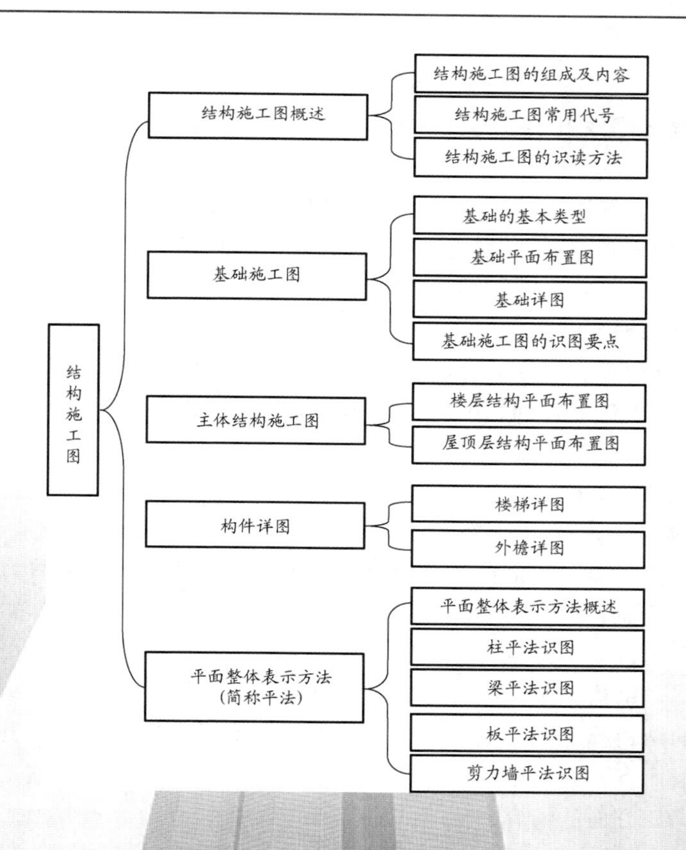

学习目标

目标类型	目标要求
知识目标	（1）了解结构施工图的组成及内容 （2）掌握结构施工图的图示内容 （3）掌握结构施工图的识读方法
技能目标	（1）能根据结构施工图的图示内容，查阅相应的规范图集，查找相应结构节点的构造做法 （2）能正确识读钢筋混凝土柱、梁、板、剪力墙的平法施工图 （3）能够将结构平面图与构件详图结合起来进行识读
学习重点、难点提示	重点为对结构施工图的正确读取。难点为对结构施工图中梁、剪力墙平法施工图的识读

任务实施

任务 7.1　结构施工图概述

7.1.1　结构施工图的组成及内容

【结构施工图概述】

结构施工图是结构工程师根据建筑设计的要求，选择结构类型并进行合理的构件布置，通过计算确定建筑物结构构件的断面形状、大小、材料以及内部构造等，反映了结构设计成果的图样。

结构施工图与建筑施工图一样，是施工的依据，主要用于放线、挖基槽、支模板、绑钢筋、浇筑混凝土等施工过程，也用于计算工程量、编制预算和施工进度计划，因此这就要求结构施工图必须完整、详细，有清晰的图纸和必要的文字说明。

由于房屋有不同的结构形式，结构施工图所反映的内容也会有差别。例如，常见的钢筋混凝土框架结构房屋，其施工图主要反映梁、板、柱、基础的位置、尺寸、配筋等信息，以及楼梯、外檐等详图信息；又如剪力墙结构施工图，主要反映剪力墙、梁、板的位置、尺寸、配筋等信息以及一些详图信息；再如，混合结构房屋的施工图，主要反映墙体、梁或圈梁、门窗过梁、混凝土柱、构造柱、楼板、基础等信息。

结构类型不同，结构施工图的具体内容也有所不同，纵使是相同的结构类型，不同的设计单位所给出的结构施工图其编排方式可能也略有不同，施工技术人员读取时应考虑到这些特点。但一般而言，结构施工图主要包括结构设计总说明、基础施工图、主体结构施工图及结构详图等四方面的内容。

1. 结构设计总说明

结构设计总说明一般放在整个结构施工图的首页，其内容是全局性的，以文字形式为主，介绍工程概括、设计依据、主体结构、地基基础、主要结构材料等。值得注意的是这里所提的地基基础为全局性内容，当基础较为复杂时，其内容还需另附基础说明，并指示详见基础施工图。结构设计总说明中还包括一些通用图，如过梁表、内墙外墙基础通用图、一些连接构造做法等。

2. 基础施工图

基础施工图是建筑物室外地面以下基础部分的图样，包括基础平面布置图、基础详图以及基础说明。当基础较为简单时，可采用一张图纸表达布置图、详图及说明内容；当基础较为复杂时，可采用多张图纸表达基础施工图，比如当采用桩基础时，平面图里还应包括桩基的平面布置图。基础施工图一般放在结构设计总说明之后、结构平面图之前。

3. 主体结构施工图

主体结构施工图表示地基基础以上各层承重构件（如梁、板、柱）的布置、大小、形状、材料、构造及其关系，分为楼层结构平面图和屋顶层结构平面图。对于前者，当各楼层的结构构件信息均相同时可作为一个标准层绘制，当各构件的大小、尺寸、位置、配筋等信息不同时应分层绘制；屋顶层有平屋顶和坡屋顶之分，平屋顶的表示方法与楼层的施工图表示方法大体一样，但应注意给出标高、防水及保温等做法。

4. 结构详图

结构详图包括单个构件的构造、尺寸、形状、材料以及与其他构件的连接关系等内容，可绘制在结构平面布置图上，也可单独绘制，比如楼梯详图、外檐详图或其他构件详图等。

7.1.2 结构施工图常用代号

1. 常用构件代号

建筑结构构件种类繁多，为了便于绘图和识读，在结构施工图中一些构件常用标准代号表示，这些代号通常为构件名称汉语拼音的第一个大写字母，比如梁用字母 L 表示，柱用字母 Z 表示。常用构件代号见表 7－1。识图时可结合现行平法图集 16G101－1、16G101－2、16G101－3 进行读取。

表 7－1 常用构件代号

柱类型	代号	柱类型	代号	梁类型	代号	梁类型	代号
框架柱	KZ	约束边缘构件	YBZ	楼层框架梁	KL	非框架梁	L
转换柱	ZHZ	构造边缘构件	GBZ	楼层框架扁梁	KBL	悬挑梁	XL
芯柱	XZ	非边缘暗柱	AZ	屋面框架梁	WKL	井字梁	JZL
梁上柱	LZ	扶壁柱	FBZ	框支梁	KZL	连系梁	LL
剪力墙上柱	QZ			托柱转换梁	TZL	基础梁	JL

续表

板类型	代号	基础类型	代号	其他类型	代号	其他类型	代号
楼面板	LB	基础	J	楼梯梁	TL	阳台	YT
屋面板	WB	承台	CT	楼梯板	TB	柱间支撑	ZC
悬挑板	XB	设备基础	SJ	构造柱	GZ	垂直支撑	CC
		桩	ZH	圈梁	QL	水平支撑	SC
		挡土墙	DQ	过梁	GL		
		地沟	DG	雨蓬	YP		

2. 常用钢筋等级符号

钢筋按其强度和种类分成不同的等级，常用钢筋等级符号见表 7－2。

表 7－2　常用钢筋等级符号

钢筋种类	符号	钢筋种类	符号
HPB300	Φ	HPB500	Φ̿
HRB335	Φ̲	HRB400	Φ̶

3. 一般钢筋的表示方法

在结构施工图中，钢筋的构造是识图的主要内容之一，表 7－3 中给出了一般钢筋的表示方法。

表 7－3　一般钢筋的表示方法

序号	名称	图例	说明
1	钢筋横断面	●	
2	无弯钩的钢筋端部		下图表示长、短投影重叠时，短钢筋的端部用 45°斜画线表示
3	带半圆形弯钩的钢筋端部		
4	带直钩的钢筋端部		
5	带丝扣的钢筋端部		
6	无弯钩的钢筋搭接		

续表

序　号	名　称	图　例	说　明
7	带半圆弯钩的钢筋搭接		
8	带直钩的钢筋搭接		

4. 钢筋的编号及标注

为了便于识读及施工，构件中的各种钢筋应按其等级、形状、直径、尺寸的不同进行编号，相应标注形式如图 7－1 所示。

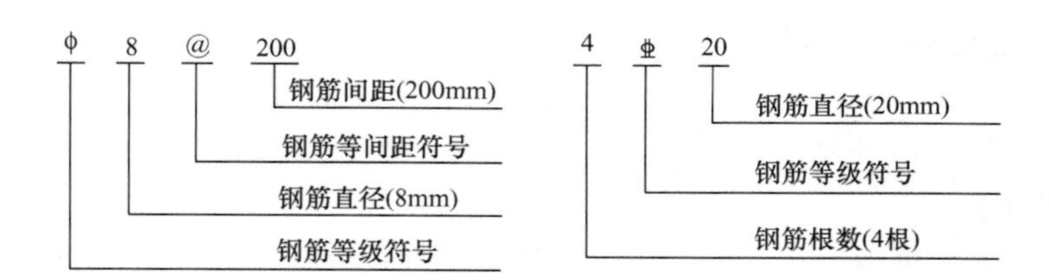

图 7－1　钢筋的标注形式

7.1.3　结构施工图的识读方法

在识读结构施工图之前，必须先读懂建筑施工图，同时在读取结构施工图期间还要反复对照建筑施工图，查看与结构施工图对应位置的信息，只有这样才能真正读懂结构施工图所表达的内容。结构施工图的识图步骤如图 7－2 所示。

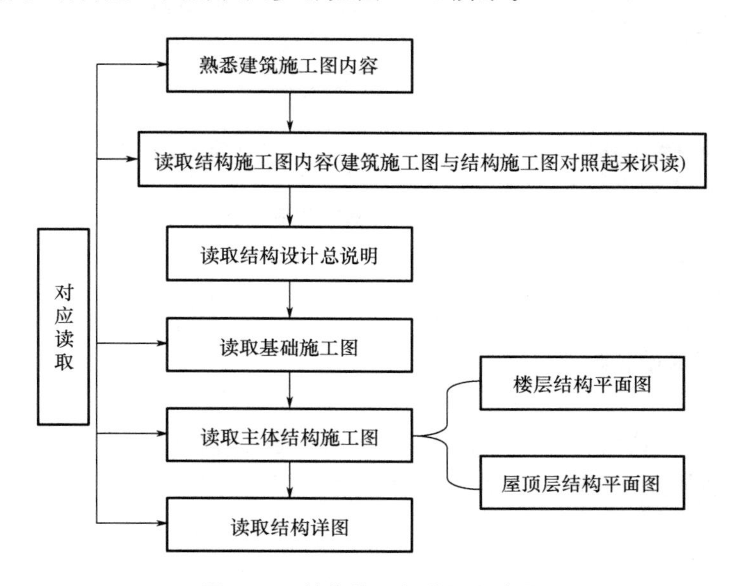

图 7－2　结构施工图的识图步骤

任务 7.2 基础施工图

【基础施工图】

基础施工图是建筑物室外地面以下基础部分的图样，包括基础平面布置图、基础详图以及基础说明，是施工放线、开挖基槽、砌筑基础和计算基础工程量的重要依据。

7.2.1 基础的基本类型

基础按构造形式，可分为独立基础、条形基础、满堂基础和桩基础。

1. 独立基础

建筑物上部采用框架结构或单层排架结构承重时，基础常采用圆柱形和多边形等的独立样式的基础，称为独立基础或单独基础，常用的有柱下独立基础和墙下独立基础，如图 7－3 所示。

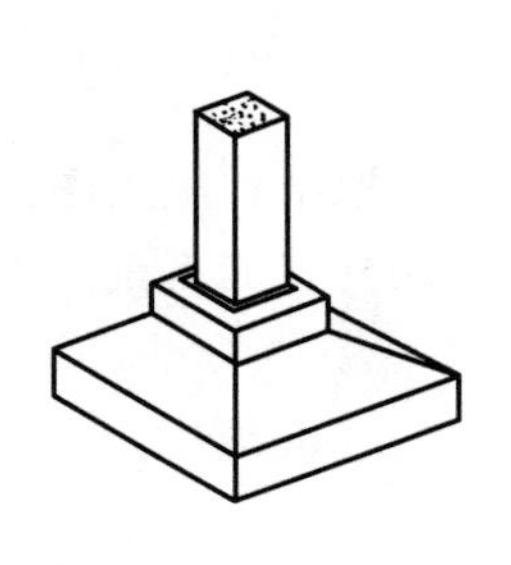

（a）柱下独立基础

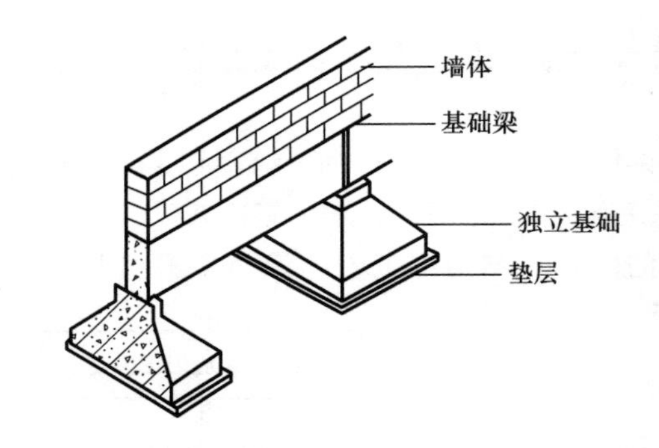

（b）墙下独立基础

图 7－3　独立基础

2. 条形基础

条形基础是基础长度远远大于宽度的一种基础形式，按上部结构不同，又分为柱下条形基础和墙下条形基础，如图 7－4 和图 7－5 所示。

3. 满堂基础

满堂基础是指建筑物的下部做成整块钢筋混凝土的基础，分为筏形基础和箱形基础，如图 7－6 和图 7－7 所示。其中筏形基础又分为梁板式筏形基础和平板式筏形基础。

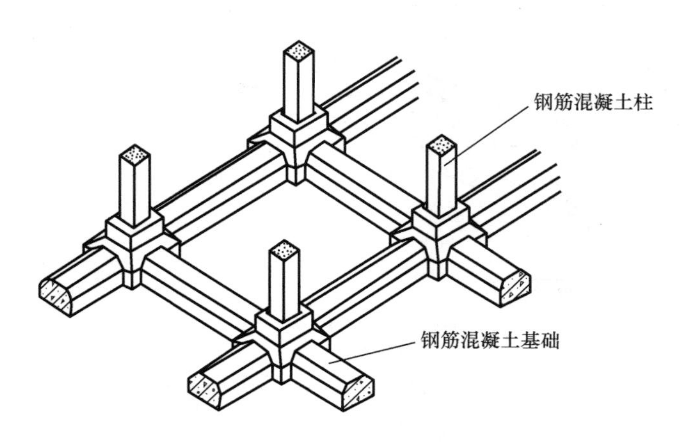

（a）井格式柱下条形基础

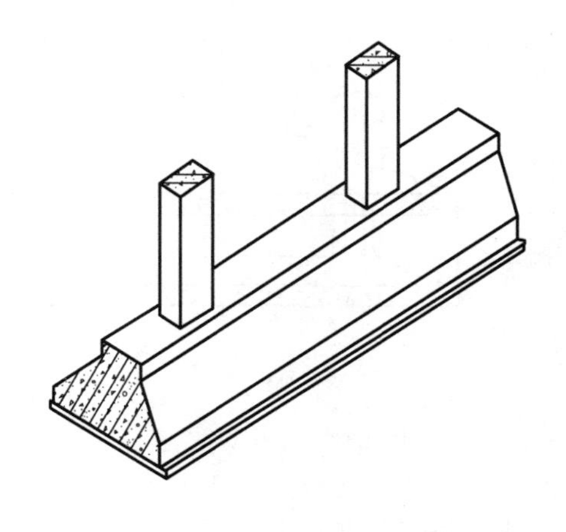

（b）常见柱下条形基础

图 7－4　柱下条形基础

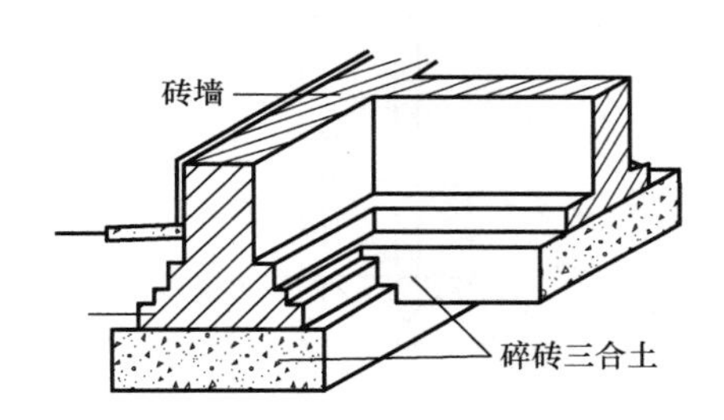

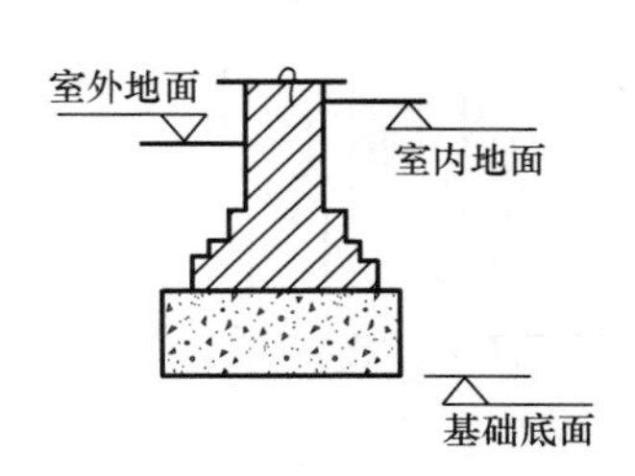

图 7－5　墙下条形基础

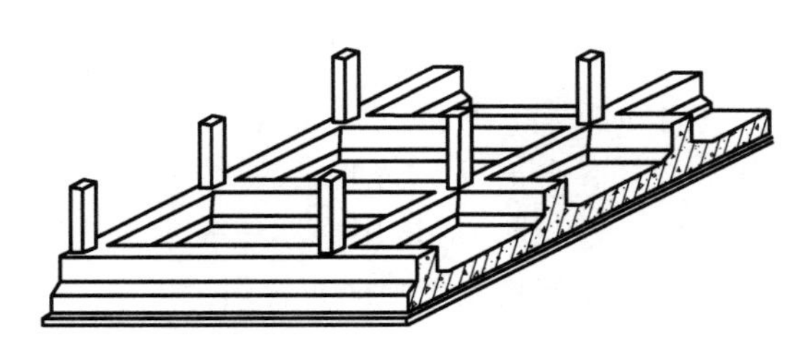

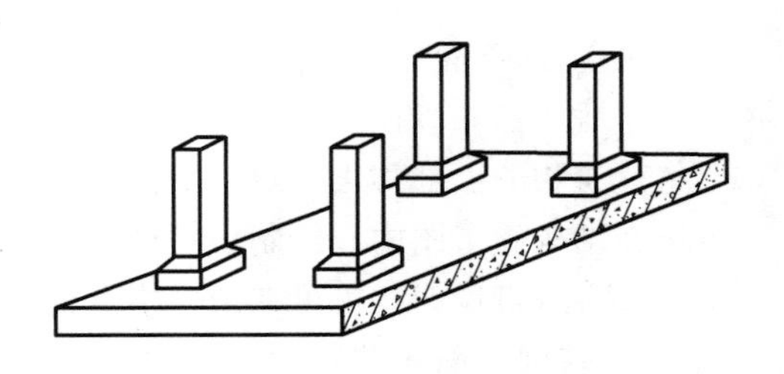

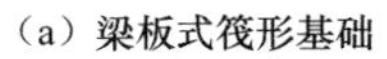

（a）梁板式筏形基础

（b）平板式筏形基础

图 7－6　筏形基础

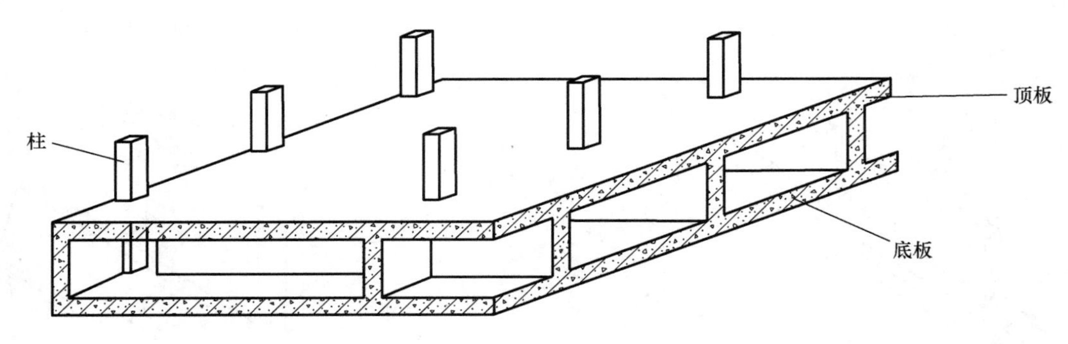

图 7－7　箱形基础

4. 桩基础

当建造比较大的工业与民用建筑时，若地基的软弱土层较厚，采用浅埋基础不能满足地基强度和变形要求时，常采用桩基础，如图 7－8 所示。桩基础由基桩和连接于桩顶的承台共同组成。

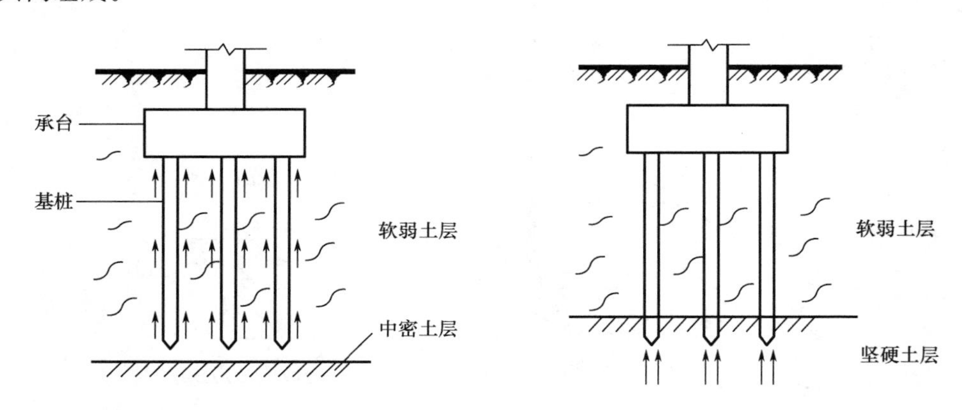

图 7－8　桩基础

7.2.2 基础平面布置图

1. 基础平面布置图

基础平面布置图是用一个假想的水平剖切面在室内地面以下的位置将建筑物全部切开，并将建筑物的上部移去，对该平面以下的建筑结构部分向下作正投影而形成的水平投影图。由于在结构施工图中只绘制承重构件，基础的全部轮廓为可见线，应该用中实线表示。垫层可用文字进行说明，也可在图样中画出。图 7－9 所示为某建筑物基础平面布置图。

2. 基础平面布置图的图示内容

基础平面布置图主要表示基础、基础梁的平面尺寸、编号、布置和配筋情况，也表示基础、基础梁与墙（柱）和定位轴线的位置关系。

（1）图名和比例。

（2）轴线及轴号。应与结构施工图一致。

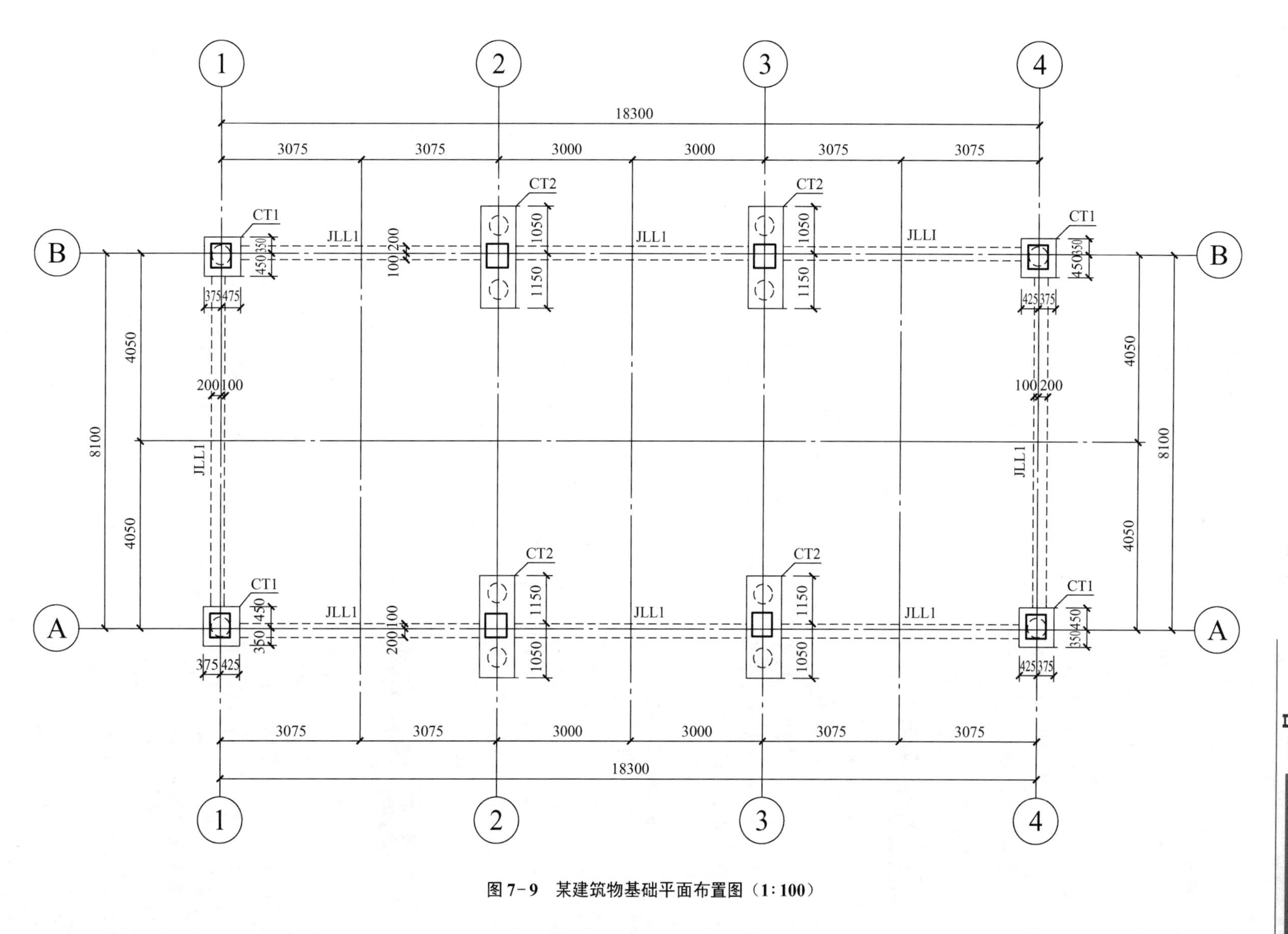

图7-9 某建筑物基础平面布置图（1:100）

（3）尺寸及定位。表明基础墙（柱）、基础梁、基础底面的形状、大小或尺寸以及与轴线之间的定位关系。

（4）编号及配筋。表明基础梁、筏板等的编号及配筋。

（5）基础详图剖切位置及编号。

（6）上部结构的水平投影。表明生根于基础的柱、构造柱等竖向构件，根据需要在基础图上绘制其水平投影，一般涂黑表示。

（7）预留孔洞。结合建筑及设备专业的需要，表明在结构构件中设置的穿墙孔洞、管沟等的位置、洞口大小及标高。

（8）基础施工说明。

7.2.3 基础详图

1. 基础详图

基础平面布置图只表达了建筑物基础的整体布局、构件搭接关系和整体配筋，施工时要想清楚知道细部构造和具体尺寸，必须进一步阅读基础详图。

基础详图是假想用一铅垂平面在指定部位垂直剖切基础所得到的断面图，详细地表达了基础断面形状、大小及所用材料，框架柱或地圈梁的位置和做法，基础埋置深度以及施工所需尺寸。

2. 基础详图的图示内容

（1）图名和比例。

（2）轴线及轴号。表明基础详图所在基础平面图中的位置。

（3）尺寸及标高。表明基础详图的尺寸、形状、大小及标高。

（4）编号及配筋。表明独立基础、条形基础、桩基础及承台的编号、配筋及所用材料。

（5）防潮层做法及标高。

（6）基础施工说明。

7.2.4 基础施工图的识图要点

以图 7-10 所示某建筑物基础施工图为例，基础施工图识图时应注意以下几点。

（1）查看基础类型及其平面布置，对照建筑施工图的首层平面图进行识读。例如图 7-10 所示基础结构平面图中，既包括柱下独立基础又包括条形基础；同时在对照首层建筑平面图时，可发现部分建筑内墙并没有完全落在独立基础或条形基础上，这时就需要参见内墙基础做法详图，即遵照基础设计说明中的第 3 条："图中未注明的内墙基础做法见内墙基础做法详图"。

（2）识读基础平面图，掌握平面图中表达的内容。例如，图 7-10 表达了基础的编号、尺寸和定位，特别注意的是要仔细查看基础与轴线的关系，基础定位并非均为轴线居中。

（3）基础平面图与基础详图以及基础剖面图需结合识读。图 7-10 中独立基础仅给出了基本信息，其配筋情况以及断面形状需参考详图及剖面图。

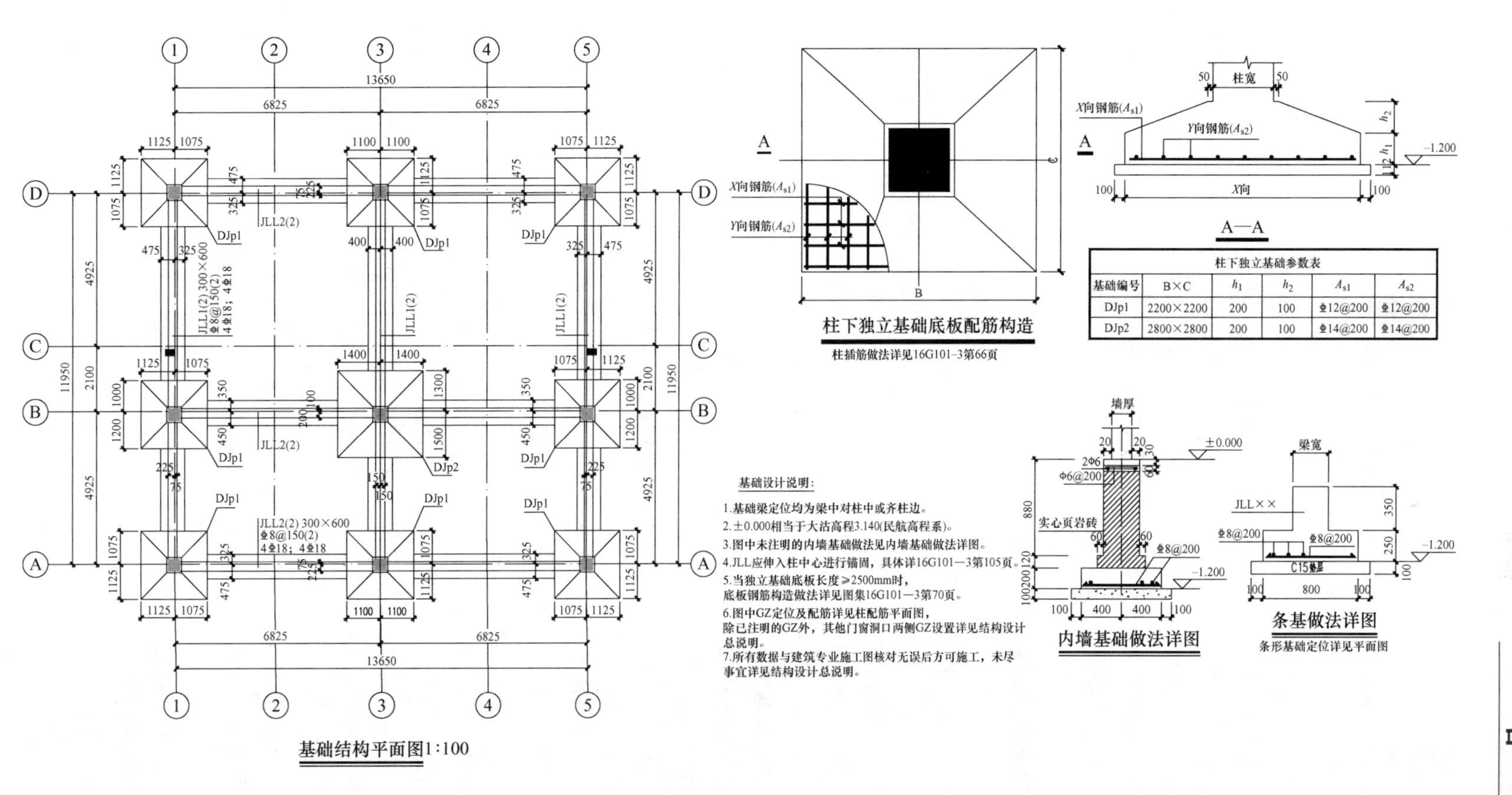

柱下独立基础参数表

基础编号	B×C	h_1	h_2	A_{s1}	A_{s2}
DJp1	2200×2200	200	100	⌀12@200	⌀12@200
DJp2	2800×2800	200	100	⌀14@200	⌀14@200

图7-10 某建筑物基础施工图

任务 7.3　主体结构施工图

主体结构施工图是表示地基基础以上各层承重构件布置、大小、形状、材料、构造及其关系的图样，对不同的结构形式，其所表达的内容略有不同。比如钢筋混凝土框架结构，主要表示楼层（屋顶层）的柱平面布置图、梁平面配筋图、板平面配筋图（也称结构平面布置图）等；再如剪力墙结构，主要表示楼层（屋顶层）的剪力墙平面布置图、梁及板平面配筋图以及剪力墙身、剪力墙梁表等信息。

7.3.1　楼层结构平面布置图

【结构平面布置图】

1. 柱平面布置图

对于框架结构而言，柱平面布置图（柱配筋平面图）尤为重要，它的定位尺寸正确与否甚至将影响梁的施工。当楼层柱与屋顶层柱配筋平面图相同时，可绘制在同一张施工图上，但施工时应注意柱的标高。图 7-11 所示为某建筑物的柱平面布置图。

2. 楼层梁平面配筋图

无论是钢筋混凝土框架结构还是剪力墙结构，楼层梁的平面配筋图都十分重要。

楼层梁平面配筋图主要包括以下内容。

（1）图名和比例。楼层梁平面配筋图的图名可按照楼层平面命名，比如首层梁平面配筋图、二～五层梁平面配筋图。

（2）轴线和轴号。应与建筑施工图一致。

（3）定位。为便于施工以及确定与其他构件的位置关系，应明确标出梁的定位，一般用与轴线的位置关系或与已知柱的位置关系进行定位。

（4）结构构件。梁用代号表示，尺寸及配筋信息采用梁平法施工图的表示方法，具体识图方法详见后文。值得注意的是在楼层梁结构平面布置图中，为了反映梁与其他承重构件的位置关系，仍需绘制柱、剪力墙等承重构件的轮廓图，同时可见的钢筋混凝土楼板的轮廓线也应用细实线表示，被楼板遮挡的墙、柱、梁等不可见构件用中虚线表示，剖切到的柱一般涂黑表示。

（5）详图的剖切位置及编号。简单的构件详图内容可在楼层梁配筋平面图中表示，像外檐等较为复杂的内容也可单独绘制，此内容应与楼层板配筋平面图结合起来识读。

（6）梁施工说明。以文字为主，必要时配以辅助图样。

3. 楼层板平面配筋图

楼层板平面配筋图常称结构平面布置图，其图示内容如下。

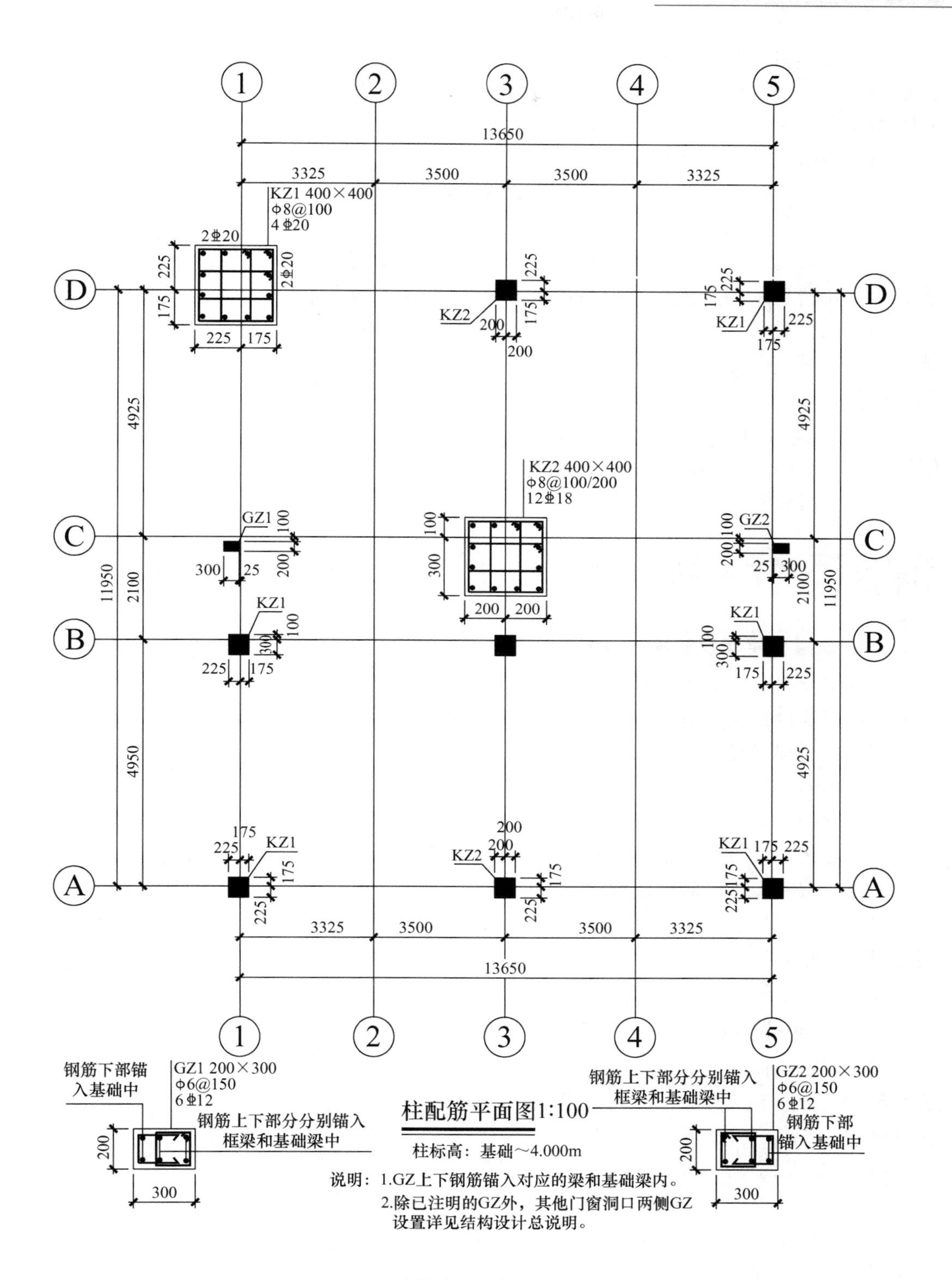

图7-11　某建筑物的柱平面布置图

（1）图名和比例。图名可按楼层命名，一般与梁平面配筋图相同，例如，首层板平面配筋图、二～五层板平面配筋图（也可称为首层结构平面布置图、二～五层结构平面布置图）。

（2）轴线和轴号。与梁平面配筋图相同。

（3）定位。板的定位一般标出与轴线的位置关系，也可标出与已知柱、梁的位置关系，识图时应相互比照。

（4）结构构件。板可用代号表示，尺寸及配筋信息可采用板平法施工图的表示方法，也可用传统的表示方法。值得注意的是在楼层板平面配筋图中，为了反映板与其他承重构件的位置关系，仍需绘制柱、剪力墙等承重构件的轮廓图，同时被楼板遮挡的墙、柱、梁等不可见构件用中虚线表示，剖切到的柱一般涂黑表示，这些与梁平面配筋图相同。

（5）洞口。洞口应标明尺寸大小，其两侧的加筋做法应参见图中的说明或结构设计总说明。若为楼梯洞口，其楼梯的做法应参见楼梯详图。

（6）板图说明。以文字为主，必要时配以辅助图样。

7.3.2 屋顶层结构平面布置图

1. 屋顶层梁平面配筋图与楼层梁平面配筋图的区别

屋顶层梁平面配筋图与楼层梁平面配筋图大体相同，图示方法一致，但结构的布置、尺寸、配筋等信息通常不同，因此需要单独绘制屋顶层梁平面配筋图。其主要区别如下。

（1）图名和标高。

（2）梁的代号。楼层框架梁用字母 KL 表示，屋顶层框架梁用字母 WKL 表示。

（3）梁的布置。一般楼层和屋顶层的使用功能等不同，因此梁的布置也不同。

（4）截面高度和配筋。楼层和屋顶层的荷载等不同，因此梁的截面高度和配筋存在差别，同时楼层和屋顶层的外檐梁高一般也不同。

（5）结构构件。钢筋混凝土楼板与屋面板的轮廓线不同，同时屋顶层可能存在天沟、雨篷以及水箱等。

图 7-12 所示为某建筑物的二层和屋顶层梁平面配筋图（局部），可以对比学习。

2. 屋顶层板与楼层板平面配筋图的区别

屋顶层板平面配筋图与楼层板平面配筋图大体相同，图示方法一致，但结构的布置形式、尺寸、配筋等信息通常不同，因此需要单独绘制屋顶层板平面配筋图。其主要内容和相关区别如下。

（1）图名和标高。

（2）板厚及配筋。

（3）结构构件。钢筋混凝土楼板与屋面板的轮廓线不同，即楼板的形状位置等不同，同时屋顶层可能存在天沟、雨篷以及水箱等。

图 7-13 所示为某建筑物二层和屋顶层板平面配筋图（局部），可以对比学习。

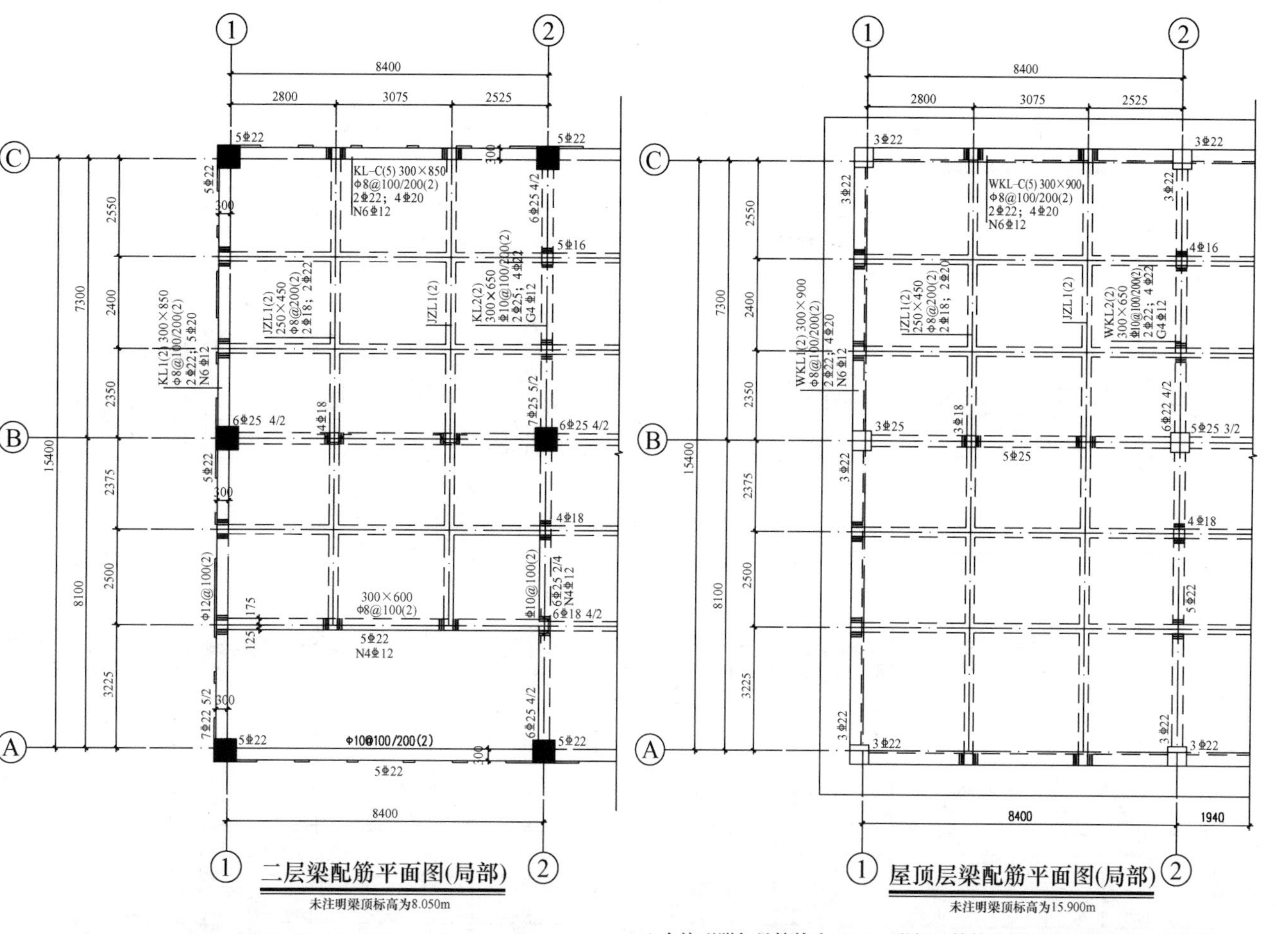

说明：1.未注明梁定位为轴线居中或齐柱边。

2.梁与梁相交，支撑梁在相交处设附加箍筋，附加箍筋的直径及肢数同支撑梁箍筋，每侧3个，间距50mm。

3.未注明附加吊筋均为2⌀12，附加吊筋构造做法详见16G101-1图集第88页。

4.所有尺寸与建筑核对无误后方可施工。

图 7-12　某建筑物梁平面配筋图

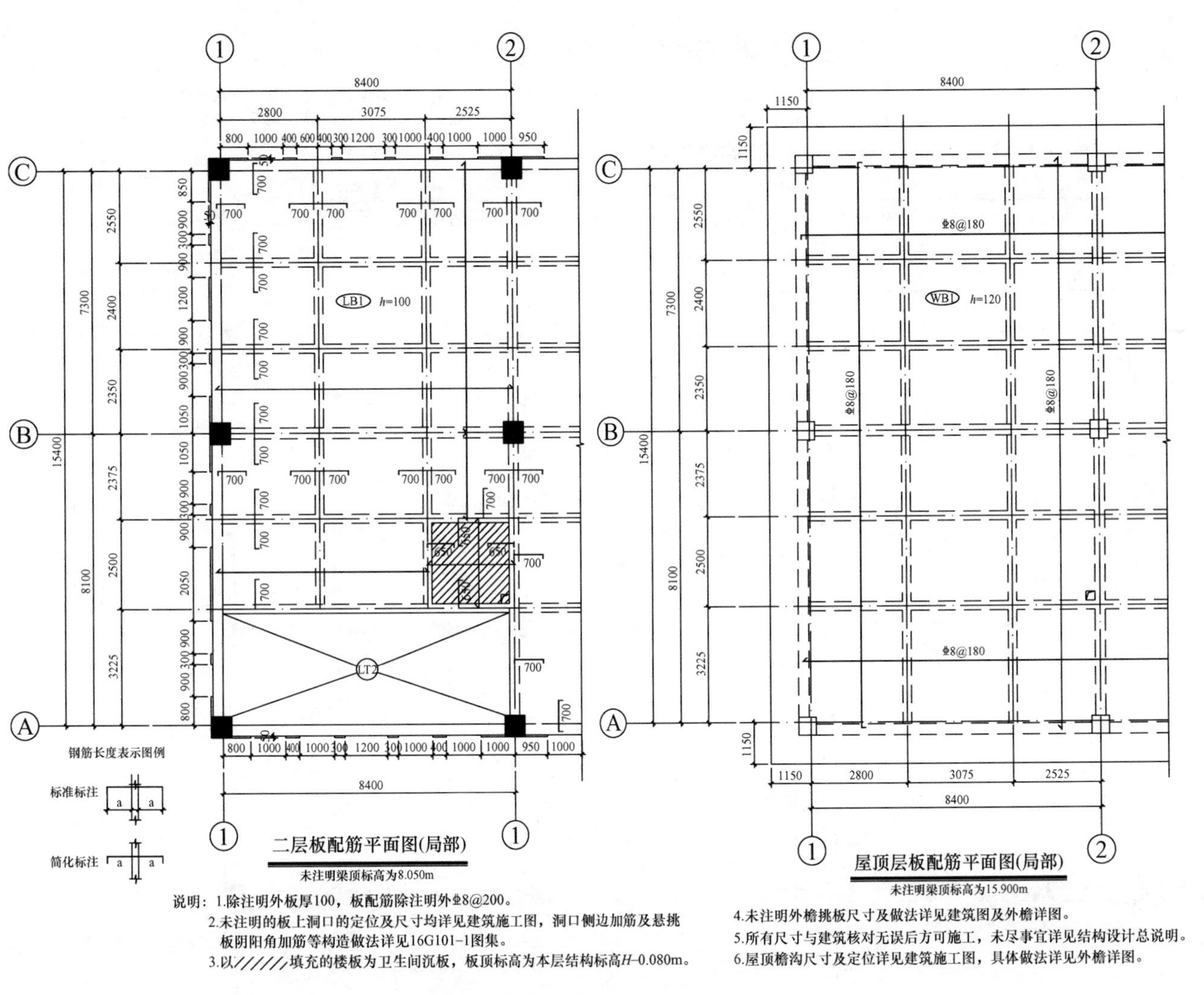

说明：1.除注明外板厚100，板配筋除注明外⌀8@200。
2.未注明的板上洞口的定位及尺寸均详见建筑施工图，洞口侧边加筋及悬挑板阴阳角加筋等构造做法详见16G101-1图集。
3.以//////填充的楼板为卫生间沉板，板顶标高为本层结构标高H-0.080m。
4.未注明外檐挑板尺寸及做法详见建筑图及外檐详图。
5.所有尺寸与建筑核对无误后方可施工，未尽事宜详见结构设计总说明。
6.屋顶檐沟尺寸及定位详见建筑施工图，具体做法详见外檐详图。

图7-13　某建筑物层板平面配筋图

任务 7.4 构件详图

现浇钢筋混凝土结构除平面配筋图之外，为了更清晰地表达结构构件信息，还需配以辅助图样，这些辅助图样称为构件详图，主要给在结构设计总说明及平面图中。常见的构件详图还包括楼梯详图、外檐详图，这些图常常单独绘制在一张图纸上。

7.4.1 楼梯详图

楼梯的结构形式很多，常见的为现浇混凝土板式楼梯。新平法图集中楼梯包含 12 种类型，见表 7 - 4。

【楼梯详图】

表 7 - 4 楼梯类型

<table>
<tr><th>楼板代号</th><th>适用范围</th></tr>
<tr><td>AT</td><td rowspan="7">剪力墙、砌体结构</td></tr>
<tr><td>BT</td></tr>
<tr><td>CT</td></tr>
<tr><td>DT</td></tr>
<tr><td>ET</td></tr>
<tr><td>FT</td></tr>
<tr><td>GT</td></tr>
<tr><td>ATa</td><td rowspan="5">框架结构、框剪结构中框架部分</td></tr>
<tr><td>ATb</td></tr>
<tr><td>ATc</td></tr>
<tr><td>CTa</td></tr>
<tr><td>CTb</td></tr>
</table>

板式楼梯通常由梯段板、平台板和平台梁组成，整个梯段板相当于一块斜放的现浇板，梯段板承受该梯段上的全部荷载，并将荷载传至两端的平台梁上。图 7 - 14 为 AT 型和 BT 型板式楼梯示意图。

楼梯结构施工图包括楼梯结构平面图、剖面图以及构件详图，常采用平面整体表示方法。这些内容常常单独绘制在一张图纸上，合称楼梯详图。

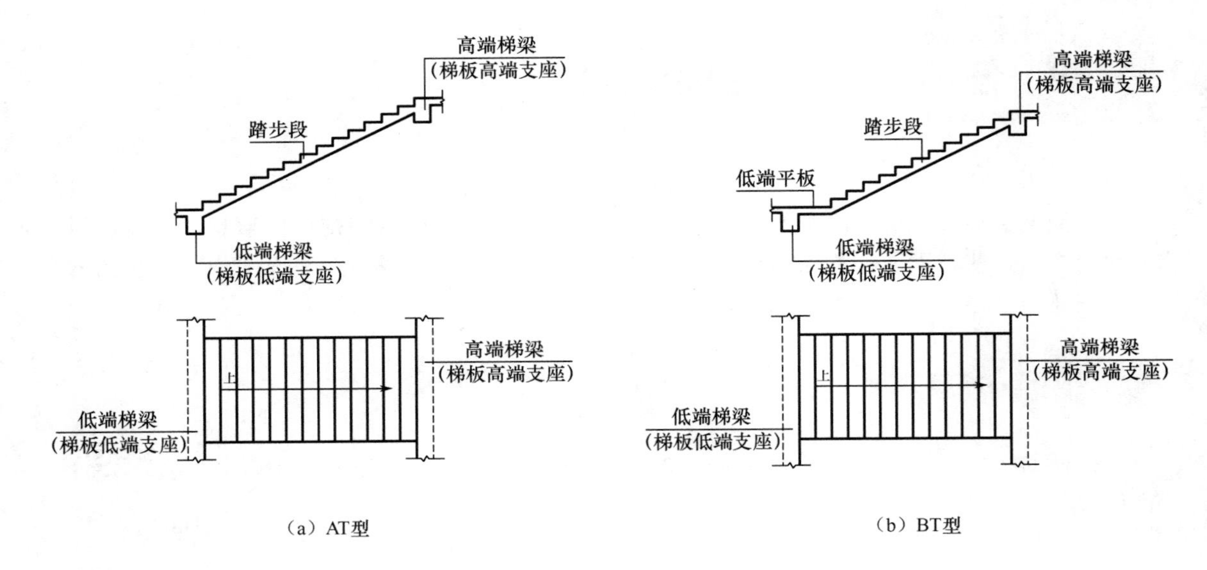

(a) AT型　　(b) BT型

图 7-14　AT 型和 BT 型板式楼梯示意图

1. 楼梯结构平面图

楼梯结构平面图和楼层结构平面图一样，主要反映梯段板、楼梯梁和楼梯平台等构件的平面位置。识读楼梯平面布置图时，一是要将楼梯图中的定位轴线与楼层图中的定位轴线一一对应，从而确定楼梯所处楼层的位置情况；二是要确定楼梯板的代号、配筋信息、尺寸及定位信息，楼梯梁的截面尺寸、配筋及定位信息，平台的配筋、标高及定位信息。图 7-15 所示为 AT 型楼梯平面标注方式。

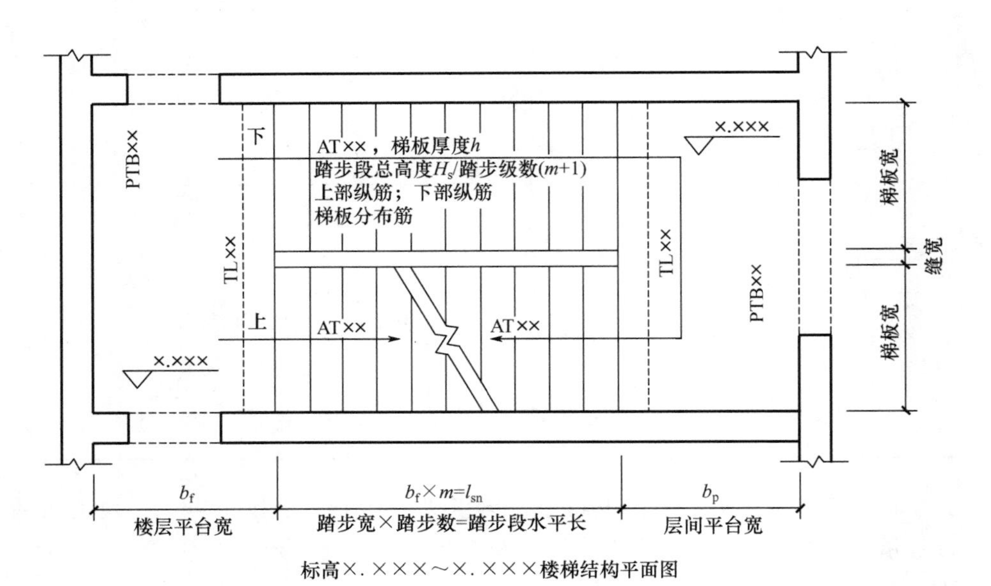

标高×.×××～×.×××楼梯结构平面图

图 7-15　AT 型楼梯平面标注方式

2. 楼梯结构剖面图

楼梯结构剖面图主要表示楼梯梁、梯段板、平台的竖向位置、编号、构造和连接情况以及各部分标高。阅读楼梯结构剖面图时，应与楼梯结构平面图反复对照，确认各构件的具体位置（水平方向和垂直方向）。在楼梯结构剖面图的一侧，应标注每个梯段的高度和标高。

3. 楼梯详图识读的说明

楼梯结构构件详图主要表达梯段板、楼梯梁、楼梯平台等配筋情况。由于现在多采取平法施工图的形式，因此楼梯梯段配筋详图可不单独绘制。图 7－16 所示为某建筑物的楼梯详图，初学者可以参考 16G101－2《混凝土结构施工图平面整体表示方法制图规则和构造详图（现浇混凝土板式楼梯）》进行识读。

7.4.2 外檐详图

外檐详图是假想用一个剖切面将房屋外墙从上到下剖开，并用较大比例画出的受力构件剖切图，实际上就是给出房屋结构在平面图中不便于表达的配筋信息。结构外檐详图应该与建筑外檐详图一一对应地进行识读。图 7－17 所示为某建筑物结构外檐详图。

1. 比例和线型

外檐详图比例一般采用 1∶20，受力构件外轮廓以中实线表示，内部钢筋以粗实线表示。

2. 主要内容

（1）与墙身相关受力构件的轴号编号、尺寸及其与轴线之间的位置关系。

（2）各层楼板及屋面板等构件的位置及其与墙身相关受力构件的关系。

（3）楼板、屋面板的高度。

（4）与墙身相关受力构件的钢筋示意及配筋信息，这也是结构外檐详图中最重要的内容。

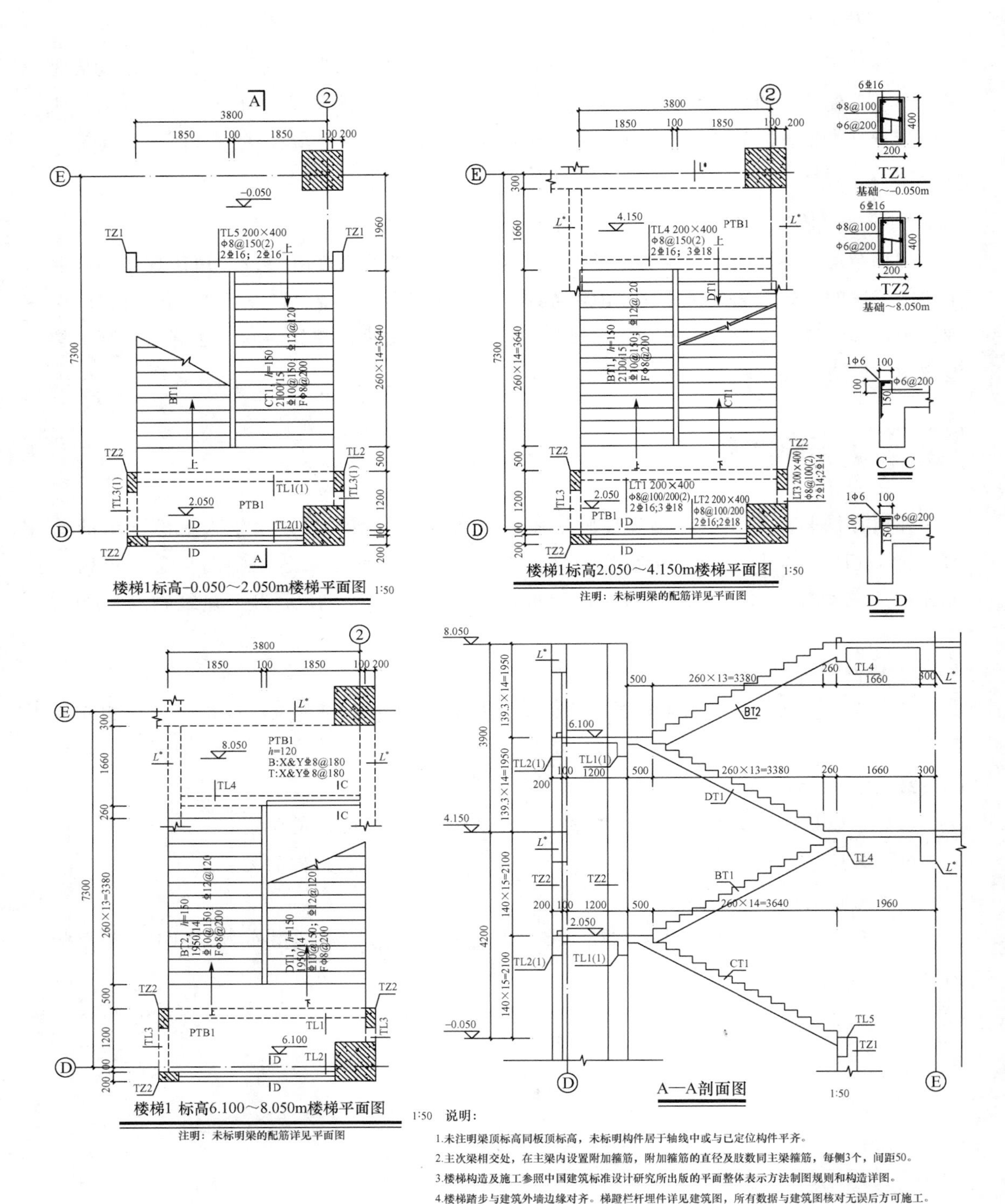

说明：

1.未注明梁顶标高同板顶标高，未标明构件居于轴线中或与已定位构件平齐。

2.主次梁相交处，在主梁内设置附加箍筋，附加箍筋的直径及肢数同主梁箍筋，每侧3个，间距50。

3.楼梯构造及施工参照中国建筑标准设计研究所出版的平面整体表示方法制图规则和构造详图。

4.楼梯踏步与建筑外墙边缘对齐。梯蹬栏杆埋件详见建筑图，所有数据与建筑图核对无误后方可施工。

5.栏杆预埋件详见建筑专业。

图 7－16　某建筑物的楼梯详图

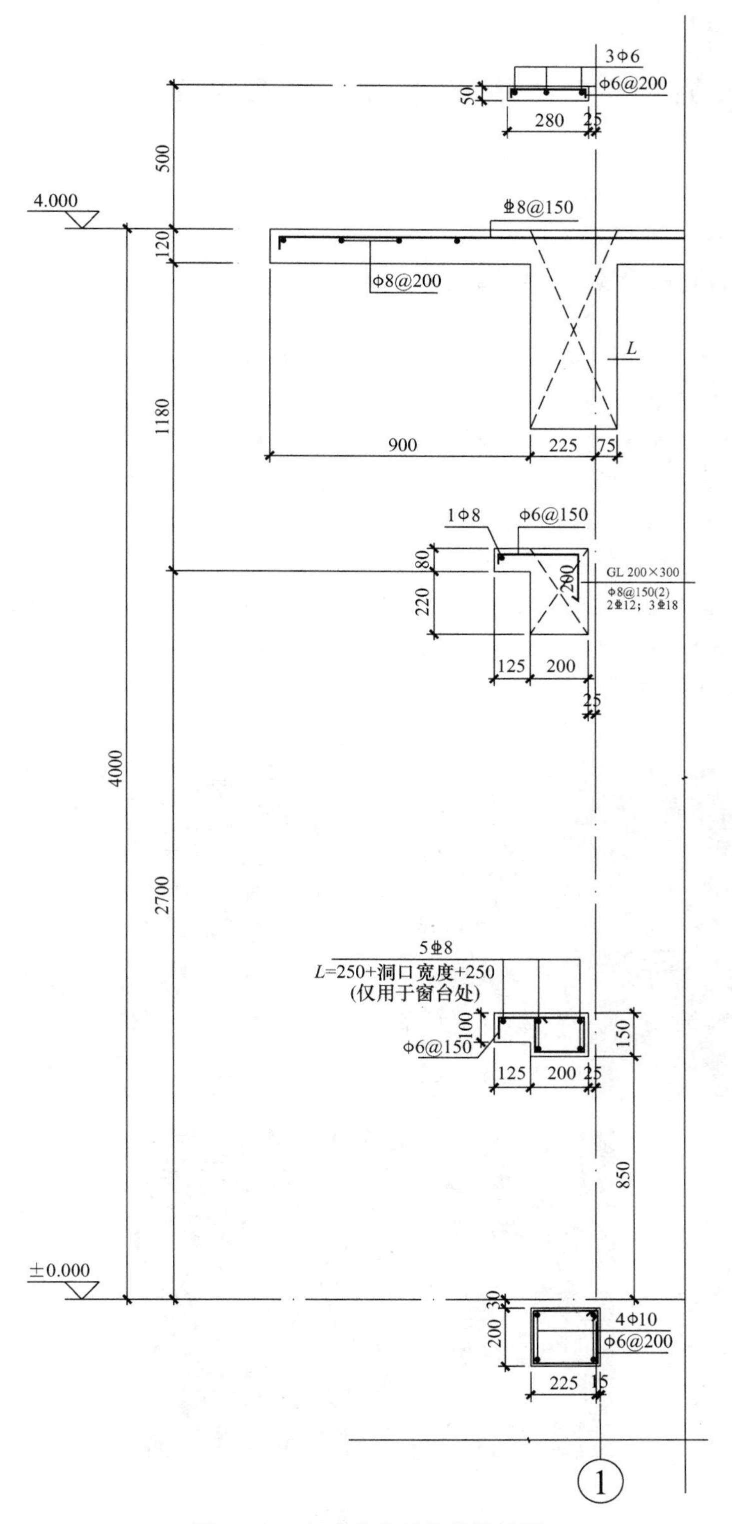

图 7－17 某建筑物结构外檐详图

任务 7.5　平面整体表示方法

7.5.1　平面整体表示方法概述

【平法】

把结构构件的尺寸和配筋等按照平面整体表示方法制图规则，整体直接表达在各类构件的结构平面布置图上，再与标准构造详图相配合，即构成一套新型而完整的结构设计表达形式，称为平面整体表示方法，简称“平面表示法”或“平法”。

16G101 系列平法图集包括：16G101－1《混凝土结构施工图平面整体表示方法制图规则和构造详图（现浇混凝土框架、剪力墙、梁、板）》，16G101－2《混凝土结构施工图平面整体表示方法制图规则和构造详图（现浇混凝土板式楼梯）》，16G101－3《混凝土结构施工图平面整体表示方法制图规则和构造详图（独立基础、条形基础、筏形基础、桩基础）》，如图 7－18 所示。

图 7－18　平法系列图集

这些图集既是设计者完成平法施工图的依据，也是施工、监理、预算人员准确理解和实施平法施工图的依据。其中主要制图规则如下。

(1) 平法图纸适用于基础顶面以上各种现浇混凝土结构的框架、剪力墙、梁、板等构件的结构施工图设计。

(2) 按平法设计绘制的施工图，一般由各类结构构件的平法施工图和标准构造详图两大部分组成，但对于复杂的工业与民用建筑，尚需增加模板、开洞和预埋件等平面图。只有在特殊情况下才需要增加剖面配筋图。

(3) 按平法设计绘制结构施工图时，必须根据具体工程，按照各类构件的平法制图规则，在按结构（标准）层绘制的平面布置图上直接表示各构件的尺寸和配筋。出图时，宜按基础、柱、剪力墙、梁、板、楼梯及其他构件的顺序来排列。

(4) 在平面布置图上表示各构件尺寸和配筋的方式，分为平面标注方式、列表标注方式和截面标注方式三种。

(5) 按平法设计绘制结构施工图时，应将所有柱、剪力墙、梁和板等构件进行编号，编号中含有类型代号和序号等。

(6) 对钢筋的混凝土保护层厚度、钢筋搭接和锚固长度的确定和标注，除在结构施工图中另有注明者外，均需按 16G101 系列图集标准构造详图中的有关构造规定执行。

7.5.2 柱平法识图

柱平法施工图系在柱平面布置图上采用列表标注方式或截面标注方式表达。

1. 列表标注方式

列表标注方式是在柱平面布置图上标出柱的编号和定位尺寸，并体现柱段的起止标高、柱的截面形式以及柱的配筋信息等。柱平面布置图既可采用适当比例单独绘制，也可与剪力墙平面布置图合并绘制。

(1) 柱的基本信息：柱号（与柱平面布置图中的编号一致）、柱段的起止标高、柱的截面尺寸。

(2) 柱的配筋信息：纵筋中角筋信息、两侧中部钢筋信息，箍筋类型、箍筋直径及间距信息。

图集 16G101－1 中柱平法施工图的列表标注方法示例，如图 7－19 所示。从图中可以清楚了解柱的平面布置情况，包括柱的编号及其与轴线的定位尺寸，同时可以清楚得到每一编号柱的配筋等信息。

2. 柱表规定的标注内容

(1) 标注柱编号，包括类型代号和序号。图 7－19 中共有三种类型的柱，分别为框架柱（KZ)、芯柱（XZ)、梁上柱（LZ)；其序号均为 1，如 KZ1。

(2) 标注各段柱的起止标高，自柱根部以上变截面位置或截面未变但配筋改变处为界分段标写。图 7－19 中⑤交Ⓓ的 KZ1，因截面未变但配筋改变，以－0.030m 为界进行分段；又由于截面和配筋均改变，在 19.470m 处进行分段。

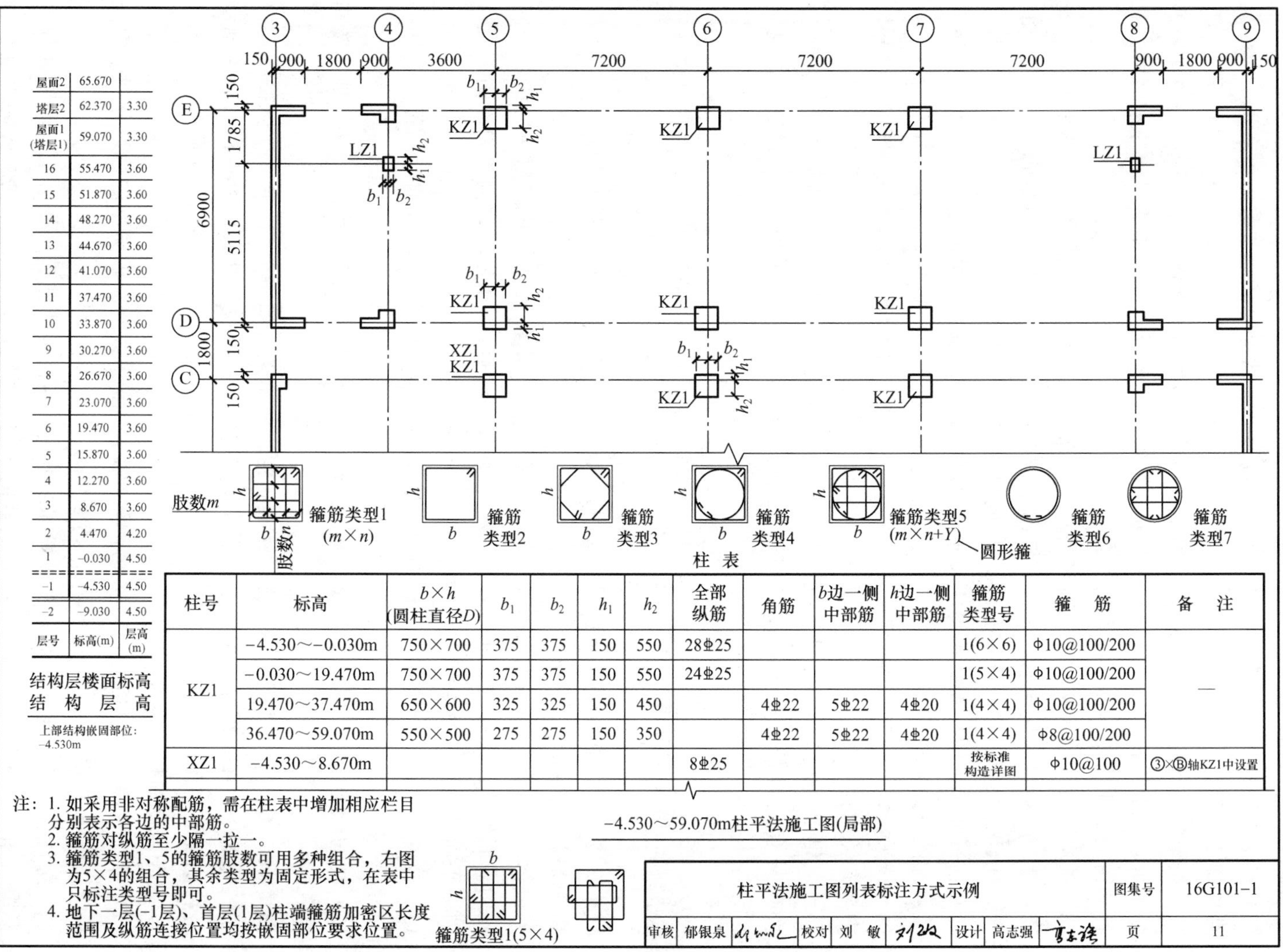

层号	标高(m)	层高(m)
屋面2	65.670	
塔层2	62.370	3.30
屋面1(塔层1)	59.070	3.30
16	55.470	3.60
15	51.870	3.60
14	48.270	3.60
13	44.670	3.60
12	41.070	3.60
11	37.470	3.60
10	33.870	3.60
9	30.270	3.60
8	26.670	3.60
7	23.070	3.60
6	19.470	3.60
5	15.870	3.60
4	12.270	3.60
3	8.670	3.60
2	4.470	4.20
1	-0.030	4.50
-1	-4.530	4.50
-2	-9.030	4.50

结构层楼面标高
结构层高

上部结构嵌固部位：-4.530m

柱表

柱号	标高	$b\times h$（圆柱直径D）	b_1	b_2	h_1	h_2	全部纵筋	角筋	b边一侧中部筋	h边一侧中部筋	箍筋类型号	箍筋	备注
KZ1	−4.530～−0.030m	750×700	375	375	150	550	28⌀25				1(6×6)	Φ10@100/200	—
	−0.030～19.470m	750×700	375	375	150	550	24⌀25				1(5×4)	Φ10@100/200	
	19.470～37.470m	650×600	325	325	150	450		4⌀22	5⌀22	4⌀20	1(4×4)	Φ10@100/200	
	36.470～59.070m	550×500	275	275	150	350		4⌀22	5⌀22	4⌀20	1(4×4)	Φ8@100/200	
XZ1	−4.530～8.670m						8⌀25				按标准构造详图	Φ10@100	③×Ⓑ轴KZ1中设置

−4.530～59.070m柱平法施工图(局部)

注：1. 如采用非对称配筋，需在柱表中增加相应栏目分别表示各边的中部筋。
2. 箍筋对纵筋至少隔一拉一。
3. 箍筋类型1、5的箍筋肢数可用多种组合，右图为5×4的组合，其余类型为固定形式，在表中只标注类型号即可。
4. 地下一层(-1层)、首层(1层)柱端箍筋加密区长度范围及纵筋连接位置均按嵌固部位要求设置。

图7-19 柱平法施工图列表标注方式示例

(3) 对于矩形柱，标注柱截面尺寸 $b\times h$ 及与轴线关系的参数 b_1、b_2 和 h_1、h_2 的具体数值，需对应于各段柱分别标注，其中 $b=b_1+b_2$，$h=h_1+h_2$。图7-19中⑤交Ⓓ的KZ1，在-4.530～-0.030m标高内尺寸 $b\times h=750mm\times700mm$，$b=b_1+b_2=375mm+375mm$，$h=h_1+h_2=150mm+550mm$。

(4) 标注柱纵筋。当柱纵筋直径相同，各边根数也相同时，将纵筋标注在"全部纵筋"一栏中；除此之外，柱纵筋应分为角筋、截面 b 边中部筋和 h 边中部筋三项分别标注（对于采用对称配筋的矩形截面柱，可仅标注一侧中部筋，对称边省略不注；对于采用非对称配筋的矩形截面柱，必须每侧均标注中部筋）。图7-19中⑤交Ⓓ的KZ1，在-4.530～-0.030m标高内柱纵筋直径相同，各边根数也相同，全部纵筋为28根直径为25mm HRB400级钢筋；在19.470～37.470m标高内角筋为4根直径22mm HRB400级钢筋，b 边一侧中部筋为5根直径22mm HRB400级钢筋，h 边一侧中部筋为4根直径20mm HRB400级钢筋，特别提醒这里的 b 或 h 边一侧中部筋不包括角筋。

(5) 标注箍筋类型号及箍筋肢数。图7-19⑤交Ⓓ的KZ1，在-4.530～-0.030m标高内柱箍筋类型号为1，箍筋肢数为6×6肢箍。

(6) 标注柱箍筋，包括钢筋级别、直径与间距。图7-19⑤交Ⓓ的KZ1，在-4.530～-0.030m标高内柱箍筋为HPB300级钢筋，直径10mm，加密区间距为100mm，非加密区间距为200mm。特别提醒当框架节点核心区内箍筋与柱端箍筋设置不同时，应在括号中注明核心区箍筋直径及间距。

3. 截面标注方式

截面标注方式是在柱平面布置图的柱截面上，分别在同一编号的柱中选择一个截面，以直接标注截面尺寸和配筋具体数值的方式来表达柱平法施工图。

对除芯柱之外的所有柱截面按柱平法施工图列表标注方式的规定进行编号，从相同编号的柱中选择一个截面，按另一种比例原位放大绘制柱截面配筋图，并在各配筋图上继其编号后再标注截面尺寸 $b\times h$、角筋或全部纵筋（当纵筋采用一种直径且能够图示清楚时）、箍筋的具体数值，以及标注柱截面与轴线关系的参数 b_1、b_2、h_1、h_2 的具体数值。

当纵筋采用两种直径时，需要标注截面各边中部筋的具体数值（对于采用对称配筋的矩形截面柱，可仅在一侧标注中部筋，对称边省略不注）。

在截面标注方式中，当柱的分段截面尺寸和配筋均相同，仅截面与轴线的关系不同时，可将其编为同一柱号。但此时需在未画配筋的柱截面上标注该柱截面与轴线的具体尺寸。

图7-20所示为某建筑柱平法施工图截面标注方式示例，其中以⑤交Ⓓ的KZ1为例进行标注，图中其他KZ1的配筋信息均与其相同。KZ1在19.470～37.470m标高内尺寸（$b\times h$）为650mm×600mm，角筋为4根直径22mm HRB400级钢筋，b 边一侧中部筋为5根直径22mm HRB400级钢筋，h 边一侧中部筋为4根直径20mm HRB400级钢筋（特别提醒这里的 b 或 h 边一侧中部筋不包括角筋）；箍筋为直径10mm HPB300级钢筋，加密区间距为100m，非加密区间距为200mm；KZ1截面与⑤轴和Ⓓ轴的关系参数（b_1、b_2、h_1、h_2）分别为325mm、325mm、150mm、450mm。

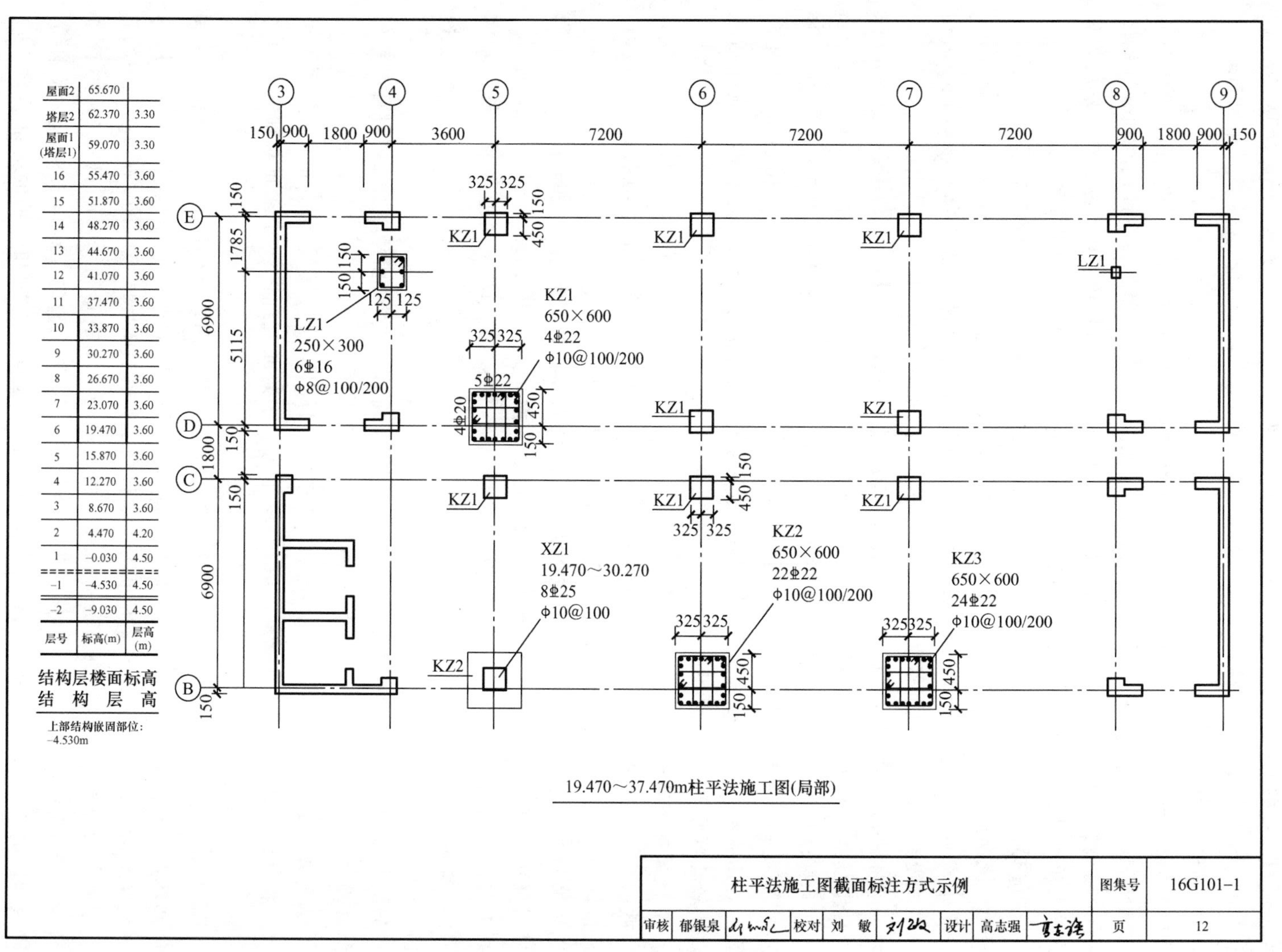

层号	标高(m)	层高(m)
屋面2	65.670	
塔层2	62.370	3.30
屋面1(塔层1)	59.070	3.30
16	55.470	3.60
15	51.870	3.60
14	48.270	3.60
13	44.670	3.60
12	41.070	3.60
11	37.470	3.60
10	33.870	3.60
9	30.270	3.60
8	26.670	3.60
7	23.070	3.60
6	19.470	3.60
5	15.870	3.60
4	12.270	3.60
3	8.670	3.60
2	4.470	4.20
1	-0.030	4.50
-1	-4.530	4.50
-2	-9.030	4.50

图7-20 柱平法施工图截面标注方式示例

7.5.3 梁平法识图

1. 梁平法施工图的表示方法

（1）梁平法施工图是在梁平面布置上采用平面标注方式或截面标注方式表达。

（2）梁平面布置图应分别按梁的不同结构层（标准层），将全部梁和与其相关联的柱、墙、板一起采用适当比例绘制。

（3）识读梁平法施工图时，还应注意各结构层的顶面标高及相应结构层高。

（4）对于轴线未居中的梁，应标注其偏心定位尺寸（贴柱边的梁可不注）。

2. 平面标注方式

（1）平面标注方式是在梁平面布置图上，分别在不同编号的梁中各选一根梁，在其上标注截面尺寸和配筋具体数值，以此表达梁平法施工图。

（2）平面标注包括集中标注与原位标注，集中标注表达梁的通用数值；原位标注表达梁的特殊数值。当集中标注中的某项数值不适用于梁的某部位时，就将该项数值原位标注，施工时，原位标注取值优先。图 7－21 中所示的四个梁截面是采用传统表示方法绘制的，用于对比在图上部按平面标注方式表达的同样内容。实际采用平面标注方式表达时，不需要绘制梁截面配筋图和图 7－21 中的相应截面号。

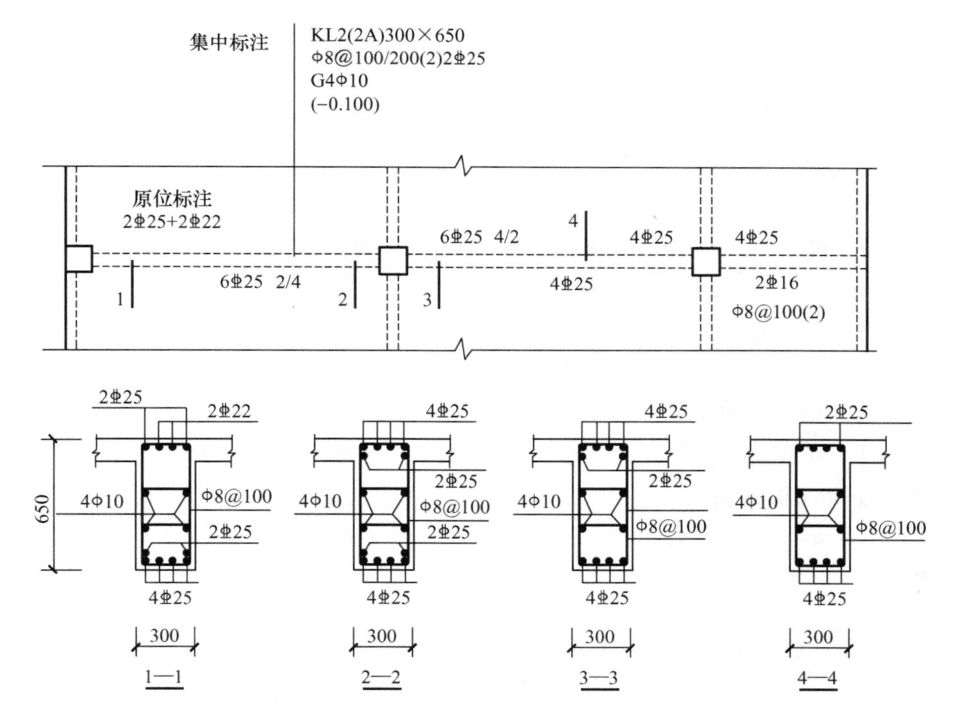

图 7－21 梁平面标注方式示例

（3）梁集中标注的内容，有五项必注值和一项选注值。集中标注可以从梁的任意一跨引出。具体标注内容如下。

① 梁编号。此项为必注值，编号方法见表 7－5。表中××A 为一端悬挑，××B 为两端悬挑，悬挑不计入跨数。图 7－21 中 KL2(2A) 表示其为框架梁，编号为 2，共 2 跨，一端悬挑。

表 7－5 梁编号

梁类型	代号	序号	跨数及是否悬挑
楼层框架梁	KL	××	(××)、(××A) 或 (××B)
屋面框架梁	WKL	××	(××)、(××A) 或 (××B)
框支梁	KZL	××	(××)、(××A) 或 (××B)
非框架梁	L	××	(××)、(××A) 或 (××B)
悬挑梁	XL	××	—
井字梁	JZL	××	(××)、(××A) 或 (××B)

② 梁截面尺寸。此项为必注值，用 $b \times h$ 分别表示梁宽和梁高。例如图 7－21 中 300×650 表示梁宽为 300mm，梁高为 650mm。

③ 梁箍筋。此项为必注值，包括钢筋级别、直径、加密区与非加密区间距及肢数。箍筋加密区与非加密区的不同间距及肢数，用“/”分隔，箍筋肢数写在括号内。例如图 7－21 中Φ 8@100/200(2)，表示箍筋为 HPB300 级钢筋，直径 8mm，加密区间距 100mm，非加密区为 200mm，两肢箍。

④ 梁上部通长筋和架立筋配置。此项为必注值，所注规格与根数应根据结构受力要求及箍筋肢数等构造要求而定。当同排纵筋中既有通长筋又有架立筋时，应用加号“＋”将通长筋和架立筋相连，标注时须将角部纵筋写在加号的前面，架立筋写在加号后面的括号内，以示不同直径及与通长筋的区别。当全部采用架立筋时，则将其写入括号内。当梁的上部纵筋和下部纵筋均为通长筋时，可同时将梁上部、下部的贯通筋用“;”隔开。

例如 2 ⌽ 22＋(4 Φ 12)，表示梁中有 2 根直径为 22mm 的 HRB400 级通长钢筋，4 根直径为 12mm 的 HPB300 级架立钢筋；又如 3 ⌽ 22；3 ⌽ 25，表示梁的上部配置 3 根直径为 22mm 的 HRB400 级通长钢筋，下部配置 3 根直径为 25mm 的 HRB400 级通长钢筋。

⑤ 梁侧面纵向构造钢筋或受扭钢筋配置。此项为必注值，当梁腹板高度 $h_w \geqslant 450$mm 时，需配置纵向构造钢筋，所注规格与根数应符合规范的规定。此项标注值以大写字母 G 打头，接续标注设置在梁两个侧面的总配筋值，且对称配置。例如 G4 Φ 12，表示梁的两个侧面共配置 4 根直径 12mm 的 HPB300 级纵向构造钢筋，每侧各配置 2 根。

当梁侧面需配置受扭纵向钢筋时，此项标注值以大写字母 N 打头，接续标注配置在梁两个侧面的总配筋值，且对称配置。受扭纵向钢筋应满足梁侧面纵向构造钢筋的间距要求，且不再重复配置纵向构造筋。例如 N4 Φ 12，表示梁的两个侧面共配置 4 根直径 12mm 的 HPB300 级纵向受扭钢筋，每侧各配置 2 根。

⑥ 梁顶面标高高差。此项为选注值，是指相对于结构层楼面标高的高差值；对于位于结构夹层的梁，则指相对于结构夹层楼面标高的高差。有高差时，须将其写入括号内，

无高差时不标注。当某梁的顶面高于所在结构层楼面时，其标高高差为正值，反之为负值。

例如某结构标准层的楼面标高为 44.950m 和 48.250m，当某梁的梁顶面标高高差标注为（－0.050）时，即表明该梁顶面标高分别相对于 44.950m 和 48.250m 低 0.050m，即为 44.900m 和 48.200mm。

（4）梁原位标注的内容规定如下。

① 梁支座上部纵筋，该部位含通长筋在内的所有纵筋。

当上部纵筋多于一排时，用斜线“/”将各排的纵筋自上而下分开。例如梁支座上部纵筋标注为 6⌀25 4/2，表示上一排纵筋为 4⌀25，下一排纵筋为 2⌀25。

当同排纵筋有两种直径时，用加号“＋”将两种直径的纵筋相连，标注时将角部纵筋写在前面。例如梁支座上部有 4 根纵筋，2⌀25 放在角部，2⌀22 放在中部，则在梁的支座上部标注成 2⌀25＋2⌀22。

当梁中间支座两边的上部纵筋不同时，须在支座两边分别标注；当梁中间支座两边的上部纵筋相同时，可仅在支座的一边标注配筋值，另一边省去不注。

② 梁下部纵筋。

当下部纵筋多于一排时，用斜线“/”将各排纵筋自上而下分开。例如梁下部纵筋标注为 6⌀25 2/4，表示上一排纵筋为 2⌀25，下一排纵筋为 4⌀25，全部伸入支座。

当同排纵筋有两种直径时，用加号“＋”将两种直径的纵筋相连，标注时角筋写在前面。

当梁下部纵筋不全部伸入支座时，将梁支座下部纵筋减少的数量写在括号内。例如梁下部纵筋标注为 6⌀25 2(－2)/4，表示上排纵筋为 2⌀25，且不伸入支座，下一排纵筋为 4⌀25，全部伸入支座。

③ 当梁上集中标注的内容（即梁截面尺寸、箍筋、上部通长筋或架立筋，梁侧面纵向构造钢筋或受扭纵向钢筋，以及梁顶面标高高差中的某一项或几项数值）不适合某跨或某悬挑部分时，则将其不同数值原位标注在该跨或该悬挑部分，施工时应按原位标注数值取用。

④ 附加箍筋或吊筋直接画在平面图中的主梁上，用线引注总配筋值（附加箍筋的肢数注在括号内）。当多数附加箍筋或吊筋相同时，可在梁平法施工图中统一注明，少数与统一注明值不同时，再原位引注。

施工时应注意：附加箍筋或吊筋的几何尺寸应按照标准构造详图，结合其所在位置的主梁和次梁的截面尺寸而定。

3. 截面标注方式

截面标注方式是在标准层绘制的梁平面布置图上分别在不同编号的梁中各选择一根梁用剖面号（单边截面号）引出配筋面，并在其上标注截面尺寸和配筋具体数值，以此表达梁平法施工图。

在截面配筋图上标注截面尺寸 $b \times h$、上部筋、下部筋、侧面构造或受扭筋以及箍筋的具体数值时，其表达方式与平面标注方式相同。

7.5.4 板平法识图

板平法制图规则包括有梁楼盖和无梁楼盖两种，本书以有梁楼盖为例进行讲解。

有梁楼盖的制图规则适用于以梁为支座的楼面与屋面板平法施工图设计。有梁楼盖平法施工图，系在楼面板和屋面板布置图上，采用平面标注的表达方式。板平面标注，主要包括板块集中标注和板支座原位标注。

1. 板块集中标注

板块集中标注的内容，分为板块编号、板厚、上部贯通纵筋以及当板面标高不同时的标高高差。对于普通楼面，两向均以一跨为一板块；对于密肋楼盖，两向主梁（框架梁）均以一跨为一板块（非主梁密肋不计）。

(1) 板块编号。所有板块应逐一编号，相同编号的板块可择其一做集中标注，其他仅标注置于圆圈内的板编号，以及当板面标高不同时的标高高差。板块编号见表 7-6。

表 7-6　板块编号

板　类　型	代　　号	序　　号
楼面板	LB	××
屋面板	WB	××
悬挑板	XB	××

(2) 板厚标注。板厚标注为 $h=\times\times\times$（为垂直于板面的厚度），当设计师已在施工图说明中统一标注板厚时，此项可以不注。

(3) 纵筋。纵筋按板块的下部钢筋和上部贯通纵筋分别标注（当板块上部不设贯通纵筋时则不注），并以 B 代表下筋，以 T 代表上部贯通纵筋，B&T 代表下部与上部；*X* 向纵筋以 X 打头，*Y* 向纵筋以 Y 打头，两向纵筋配置相同时则以 X&Y 打头（当两向轴网正交布置时，图面从左至右为 *X* 向，从下至上为 *Y* 向）。

(4) 板面标高高差。板面标高高差系指相对于结构层楼面标高的高差，应将其标注在括号内，且有高差则注，无高差不注。

图 7-22 为有梁楼盖平法施工图示例。

2. 板支座原位标注

板支座原位标注的内容，为板支座上部非贯通纵筋和悬挑板上部受力钢筋，且应在配置相同跨的第一跨表达。在配置相同跨的第一跨，垂直于板支座绘制一段适宜长度的中粗实线，以该线段代表支座上部非贯通纵筋，并在线段上方标注钢筋编号（如①、②等）、配筋值、横向连续布置的跨数（标注在括号内，且当为一跨时可不注），以及是否横向布置到梁的悬挑端。

板支座上部非贯通筋自支座中线向跨内的伸出长度，标注在线段的下方位置。当中间支座上部非贯通纵筋向支座两侧对称伸出时，可仅在支座一侧线段下方标注伸出长度，另一侧不注；当向支座两侧非对称伸出时，应分别在支座两侧线段下方标注伸出长度，如图 7-23 所示。

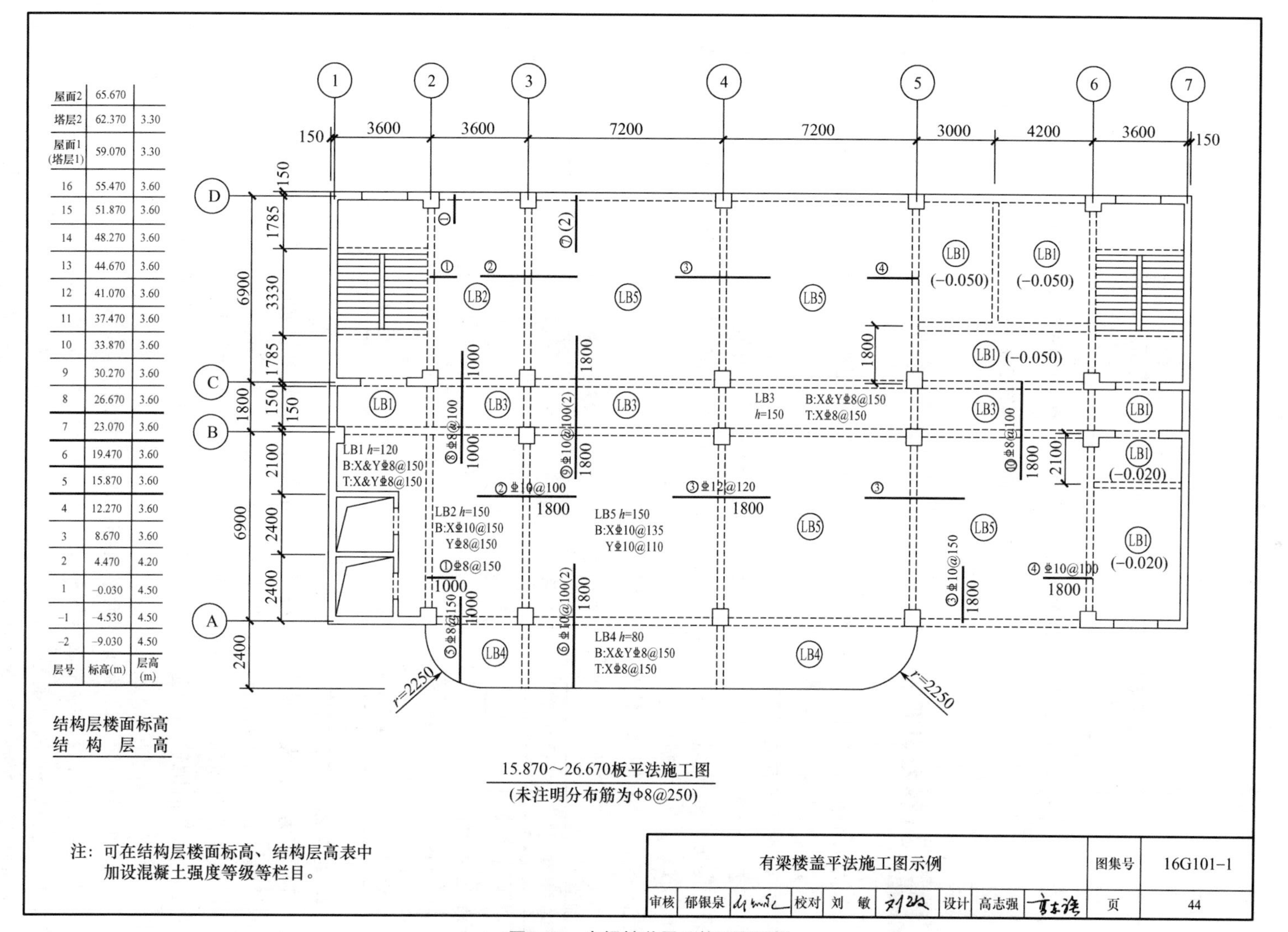

层号	标高(m)	层高(m)
屋面2	65.670	
塔层2	62.370	3.30
屋面1(塔层1)	59.070	3.30
16	55.470	3.60
15	51.870	3.60
14	48.270	3.60
13	44.670	3.60
12	41.070	3.60
11	37.470	3.60
10	33.870	3.60
9	30.270	3.60
8	26.670	3.60
7	23.070	3.60
6	19.470	3.60
5	15.870	3.60
4	12.270	3.60
3	8.670	3.60
2	4.470	4.20
1	-0.030	4.50
-1	-4.530	4.50
-2	-9.030	4.50

图7-22 有梁楼盖平法施工图示例

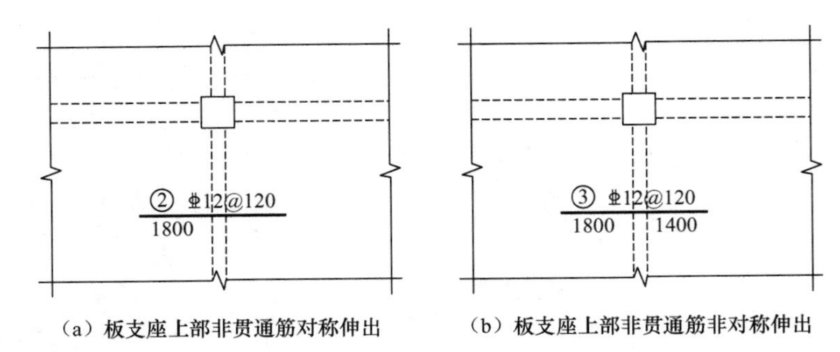

（a）板支座上部非贯通筋对称伸出　　（b）板支座上部非贯通筋非对称伸出

图 7－23　板支座上部非贯通筋标注方式

7.5.5 剪力墙平法识图

剪力墙平法施工图，系在剪力墙平面布置图上采用列表标注方式或截面标注方式表达。以下以列表标注方式为例进行讲解。

1. 列表标注方式说明

为表达清楚、简便，剪力墙可视为由剪力墙柱、剪力墙身和剪力墙梁三类构件构成。列表标注方式是分别在剪力墙柱表、剪力墙身表和剪力墙梁表中，对应于剪力墙平面布置图上的编号，用绘制截面配筋图并标注几何尺寸与配筋具体数值的方式，来表达剪力墙平法施工图。其中墙柱、墙梁、墙身编号汇总表见表 7－7。

表 7－7　墙柱、墙梁、墙身编号汇总表

墙柱类型	代　号	序　号	墙梁类型	代　号	序　号
约束边缘构件	YBZ	××	连梁	LL	××
构造边缘构件	GBZ	××	暗梁	AL	××
非边缘暗柱	AZ	××	边框梁	BKL	××
扶壁柱	FBZ	××	墙身编号	Q	××（××排）

2. 列表标注方式规定的表达内容

（1）剪力墙柱表。标注墙柱编号，绘制该墙柱的截面配筋图，标注墙柱几何尺寸。标注各段墙柱的起止标高，自墙柱根部往上以变截面位置或截面未变但配筋改变处为界分段标注；墙柱根部标高一般指基础顶面标高。标注各段墙柱的纵向钢筋和箍筋，标注值应与表中绘制的截面配筋图对应一致；纵向钢筋注总配筋值；墙柱箍筋的标注方式与柱箍筋相同。

图 7－24 和图 7－25 为剪力墙平法施工图列表标注方式示例。

（2）剪力墙身表。标注墙身编号（含水平与竖向分布钢筋的排数），其中排数标注在括号内，见表 7－7 墙身编号所示。标注各段墙身起止标高，自墙身根部往上以变截面位置或截面未变但配筋改变处为界分段标注；墙身根部标高一般指基础顶面标高。标注水平分布钢筋、竖向分布钢筋和拉结筋的具体数值。

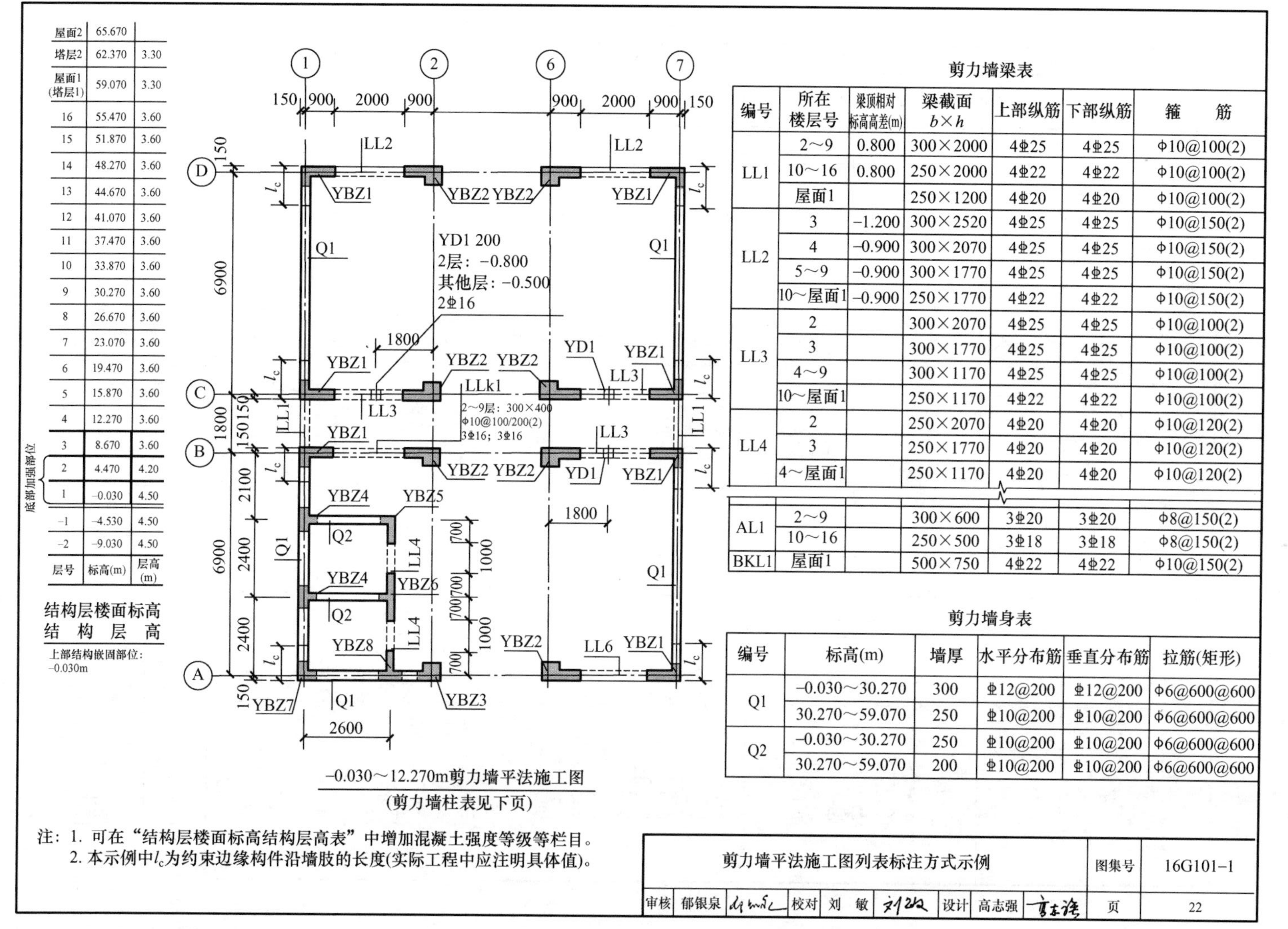

层号	标高(m)	层高(m)
屋面2	65.670	
塔层2	62.370	3.30
屋面1(塔层1)	59.070	3.30
16	55.470	3.60
15	51.870	3.60
14	48.270	3.60
13	44.670	3.60
12	41.070	3.60
11	37.470	3.60
10	33.870	3.60
9	30.270	3.60
8	26.670	3.60
7	23.070	3.60
6	19.470	3.60
5	15.870	3.60
4	12.270	3.60
3	8.670	3.60
2	4.470	4.20
1	−0.030	4.50
−1	−4.530	4.50
−2	−9.030	4.50

结构层楼面标高
结构层高

剪力墙梁表

编号	所在楼层号	梁顶相对标高高差(m)	梁截面 $b \times h$	上部纵筋	下部纵筋	箍筋
LL1	2~9	0.800	300×2000	4⌀25	4⌀25	Φ10@100(2)
	10~16	0.800	250×2000	4⌀22	4⌀22	Φ10@100(2)
	屋面1		250×1200	4⌀20	4⌀20	Φ10@100(2)
LL2	3	−1.200	300×2520	4⌀25	4⌀25	Φ10@150(2)
	4	−0.900	300×2070	4⌀25	4⌀25	Φ10@150(2)
	5~9	−0.900	300×1770	4⌀25	4⌀25	Φ10@150(2)
	10~屋面1	−0.900	250×1770	4⌀22	4⌀22	Φ10@150(2)
LL3	2		300×2070	4⌀25	4⌀25	Φ10@100(2)
	3		300×1770	4⌀25	4⌀25	Φ10@100(2)
	4~9		300×1170	4⌀25	4⌀25	Φ10@100(2)
	10~屋面1		250×1170	4⌀22	4⌀22	Φ10@100(2)
LL4	2		250×2070	4⌀20	4⌀20	Φ10@120(2)
	3		250×1770	4⌀20	4⌀20	Φ10@120(2)
	4~屋面1		250×1170	4⌀20	4⌀20	Φ10@120(2)
AL1	2~9		300×600	3⌀20	3⌀20	Φ8@150(2)
	10~16		250×500	3⌀18	3⌀18	Φ8@150(2)
BKL1	屋面1		500×750	4⌀22	4⌀22	Φ10@150(2)

剪力墙身表

编号	标高(m)	墙厚	水平分布筋	垂直分布筋	拉筋(矩形)
Q1	−0.030~30.270	300	⌀12@200	⌀12@200	Φ6@600@600
	30.270~59.070	250	⌀10@200	⌀10@200	Φ6@600@600
Q2	−0.030~30.270	250	⌀10@200	⌀10@200	Φ6@600@600
	30.270~59.070	200	⌀10@200	⌀10@200	Φ6@600@600

注：1. 可在“结构层楼面标高结构层高表”中增加混凝土强度等级等栏目。
2. 本示例中l_c为约束边缘构件沿墙肢的长度(实际工程中应注明具体值)。

剪力墙平法施工图列表标注方式示例							图集号	16G101-1
审核	郁银泉	校对	刘 敏	设计	高志强		页	22

图7-24 剪力墙平法施工图列表标注方式示例一

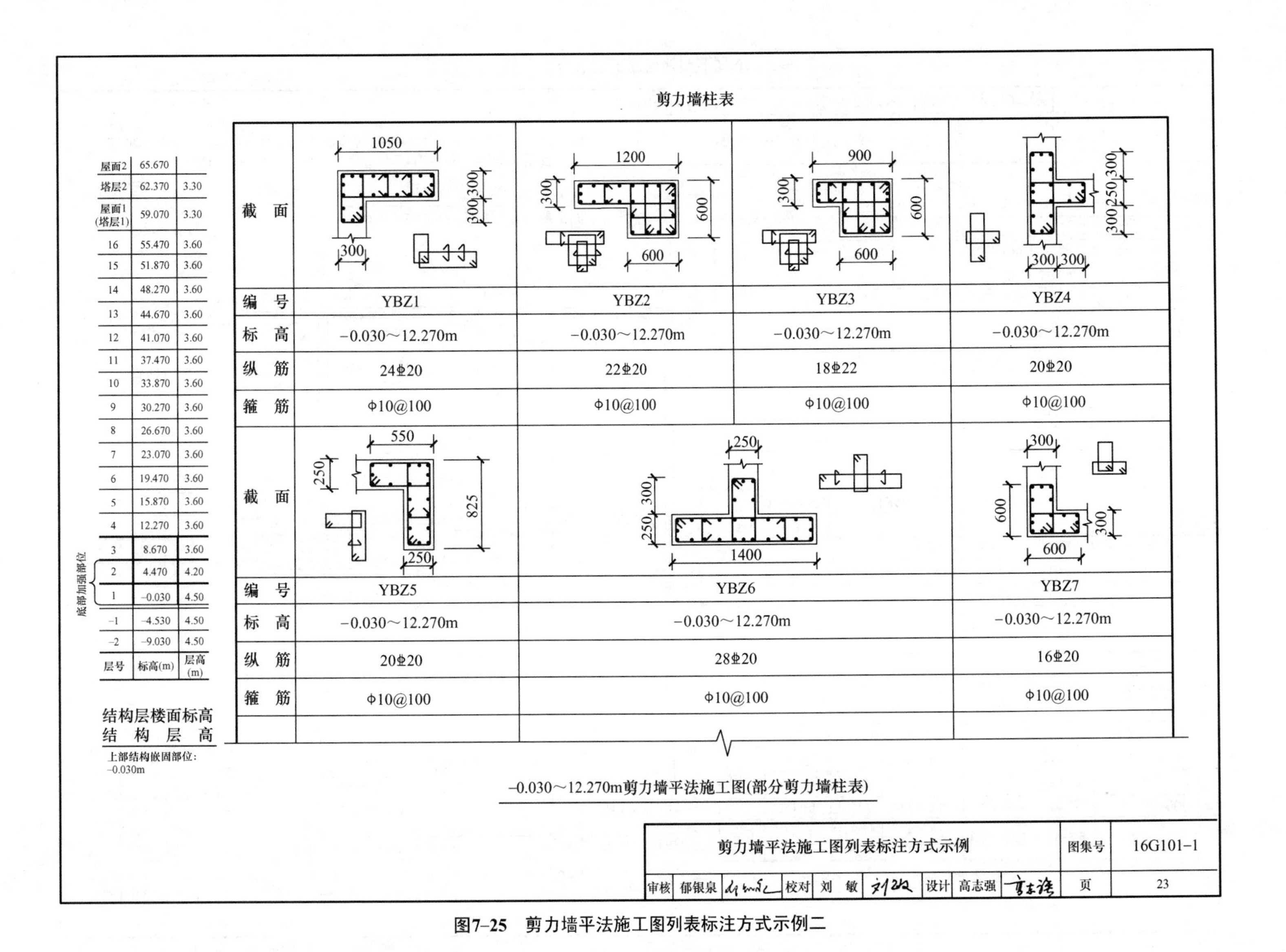

图7-25 剪力墙平法施工图列表标注方式示例二

图 7－8 为剪力墙身表。

表 7－8　剪力墙身表

编号	标高/m	墙厚/mm	水平分布筋 mm	垂直分布筋/mm	拉筋（矩形）/mm
Q1	－0.030～30.270	300	$\underline{\Phi}$ 12@200	$\underline{\Phi}$ 12@200	Φ 6@600@600
	30.270～59.070	250	$\underline{\Phi}$ 10@200	$\underline{\Phi}$ 10@200	Φ 6@600@600
Q2	－0.030～30.270	250	$\underline{\Phi}$ 10@200	$\underline{\Phi}$ 10@200	Φ 6@600@600
	30.270～59.070	200	$\underline{\Phi}$ 10@200	$\underline{\Phi}$ 10@200	Φ 6@600@600

（3）剪力墙梁表。标注墙梁的基本信息，如编号、所在楼层号、顶面标高高差（同框架梁）、截面尺寸、配筋信息（上部钢筋、下部钢筋、箍筋的具体数值）。对墙梁侧面纵筋的配置，当墙身水平分布钢筋满足连梁、暗梁及边框梁的梁侧面纵向构造钢筋的要求时，该筋配置同墙身水平分布钢筋在表中不注，施工按标准构造详图的要求即可；当墙身水平分布钢筋不满足连梁、暗梁及边框梁的梁侧面纵向构造钢筋的要求时，应在表中补充注明梁侧面纵筋的具体数值。

表 7－9 为剪力墙梁表。

表 7－9　剪力墙梁表

编号	所在楼层号	梁顶相对标高高差/m	梁截面 $b \times h$ /(mm×mm)	上部纵筋/mm	下部纵筋/mm	箍筋/mm
LL1	2～9	0.800	300×2000	4 $\underline{\Phi}$ 25	4 $\underline{\Phi}$ 25	Φ 10@100（2）
	10～16	0.800	250×2000	4 $\underline{\Phi}$ 22	4 $\underline{\Phi}$ 22	Φ 10@100（2）
	屋面 1		250×1200	4 $\underline{\Phi}$ 20	4 $\underline{\Phi}$ 20	Φ 10@100（2）
LL2	3	－1.200	300×2520	4 $\underline{\Phi}$ 25	4 $\underline{\Phi}$ 25	Φ 10@150（2）
	4	－0.900	300×2070	4 $\underline{\Phi}$ 25	4 $\underline{\Phi}$ 25	Φ 10@150（2）
	5～9	－0.900	300×1770	4 $\underline{\Phi}$ 25	4 $\underline{\Phi}$ 25	Φ 10@150（2）
	10～屋面 1	－0.900	250×1770	4 $\underline{\Phi}$ 22	4 $\underline{\Phi}$ 22	Φ 10@150（2）
LL3	2		300×2070	4 $\underline{\Phi}$ 25	4 $\underline{\Phi}$ 25	Φ 10@100（2）
	3		300×1770	4 $\underline{\Phi}$ 25	4 $\underline{\Phi}$ 25	Φ 10@100（2）
	4～9		300×1170	4 $\underline{\Phi}$ 25	4 $\underline{\Phi}$ 25	$\underline{\Phi}$ 10@100（2）
	10～屋面 1		250×1170	4 $\underline{\Phi}$ 22	4 $\underline{\Phi}$ 22	Φ 10@100（2）
LL4	2		250×2070	4 $\underline{\Phi}$ 20	4 $\underline{\Phi}$ 20	Φ 10@120（2）
	3		250×1770	4 $\underline{\Phi}$ 20	4 $\underline{\Phi}$ 20	Φ 10@120（2）
	4～屋面 1		250×1170	4 $\underline{\Phi}$ 20	4 $\underline{\Phi}$ 20	Φ 10@120（2）
AL1	2～9		300×600	3 $\underline{\Phi}$ 20	3 $\underline{\Phi}$ 20	Φ 8@150（2）
	10～16		250×500	3 $\underline{\Phi}$ 18	3 $\underline{\Phi}$ 18	Φ 8@150（2）
BKL1	屋面 1		500×750	4 $\underline{\Phi}$ 22	4 $\underline{\Phi}$ 22	Φ 10@150（2）

工作能力测评

一、单选题

1. 基础各部分形状、大小、材料、构造、埋置深度及标号都能通过（　　）反映出来。

A. 基础平面图　　B. 基础剖面图　　C. 基础详图　　D. 建筑总平面图

2. 结构施工图中的圈梁代号为（　　）。

A. GL　　B. QL　　C. JL　　D. KL

3. 钢筋的种类代号“Φ”表示的钢筋种类是（　　）。

A. HPB300 钢筋　　B. HRB335 钢筋

C. HRB400 钢筋　　D. RRB400 钢筋

4. “Φ8@200”没能表达出这种钢筋的（　　）。

A. 弯钩形状　　B. 级别　　C. 直径　　D. 间距

5. 配筋图中，2Φ8@200 所表达的内容不正确的是（　　）。

A. 2 根钢筋　　B. 直径 8mm

C. 间距 200mm 配置　　D. Ⅰ级钢筋

二、多选题

1. 梁平法施工图标注方式，包括（　　）标注方式。

A. 平面　　B. 立面　　C. 剖面　　D. 截面

E. 列表

2. 柱平法施工图标注方式，包括（　　）标注方式。

A. 平面　　B. 立面　　C. 剖面　　D. 截面

E. 列表

3. 平面标注包括（　　）标注方式。

A. 集中　　B. 个别　　C. 原位　　D. 部分

E. 分别

4. 结构平面图有（　　）。

A. 基础平面图　　B. 底层结构平面布置图

C. 楼层结构平面布置图　　D. 屋顶结构平面布置图

E. 楼梯结构平面图

5. 配筋图画法规定有（　　）等内容。

A. 构件外形尺寸由粗实线表示　　B. 用细实线绘制钢筋

C. 钢筋断面由黑圆点表示　　D. 要标注出钢筋根数、级别、直径

E. 箍筋可不标注出根数，但要标出间距

三、识图题

1. 根据图 7－26 回答问题。

(1) 该柱的编号是__________。

(2) 该柱的截面尺寸是__________。

(3) 4Φ16 表示__________。

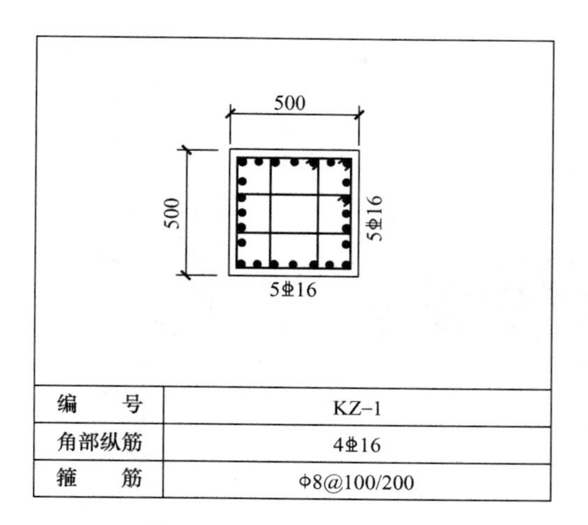

编　号	KZ-1
角部纵筋	4⌀16
箍　筋	Φ8@100/200

图 7-26　识图题 1 图

(4) 5⌀16 表示__________。

(5) Φ8@100/200 表示__________。

2. 根据图 7-27 回答问题。

(1) KL2 (2A) 表示__________。

(2) 梁截面尺寸是__________。

(3) 集中标注处 2⌀25 表示__________。

(4) Φ8@100/200 (2) 表示__________。

(5) 尝试画出 1—1、2—2、3—3、4—4 各截面详图。

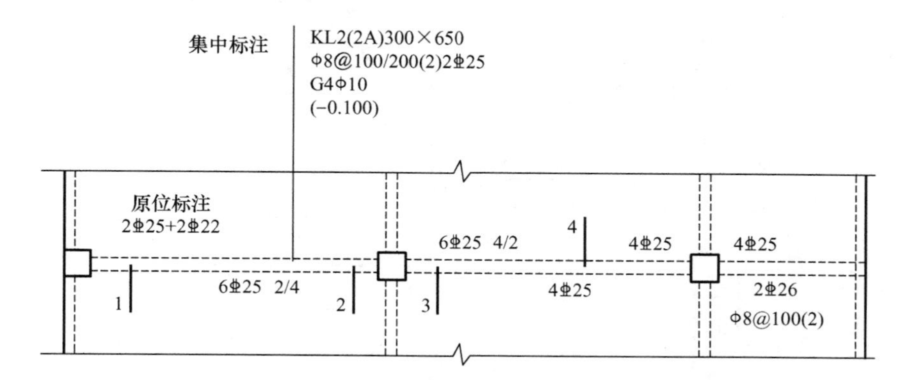

图 7-27　识图题 2 图

项目8 计算机绘图

任务导入

2019 年 10 月，××工程已经接近尾声，作为承建方，小张所在的单位需要编制竣工图。由于在施工过程中对某栋楼的基础有过较大的设计变更，相关竣工图图纸需要重新绘制。小张作为才毕业的大学生，使用制图软件的水平较高，项目经理就把这一任务交给了他。小张能顺利完成吗？

知识体系

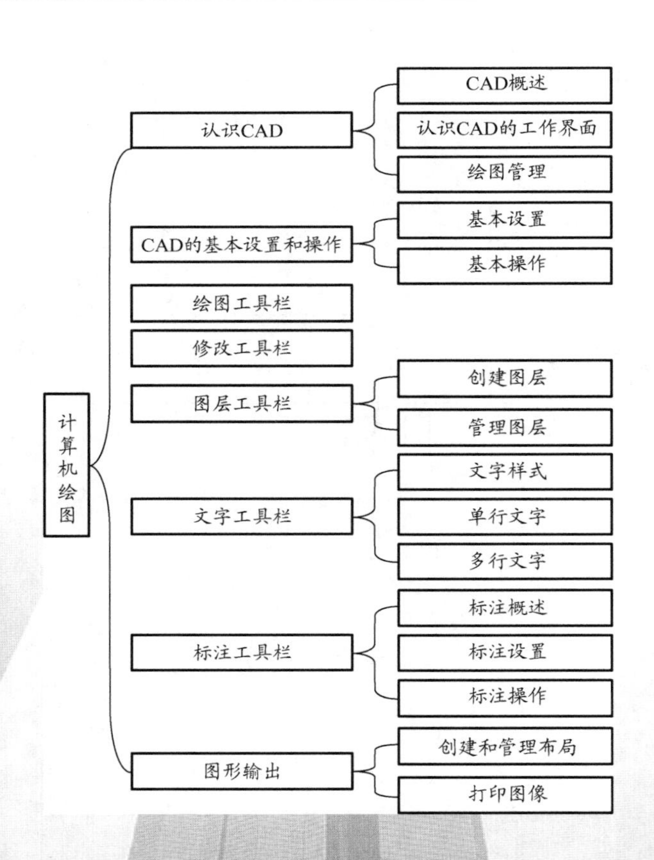

学习目标

目标类型	目标要求
知识目标	（1）掌握CAD的页面设置方法 （2）掌握CAD的常用工具栏的使用方法 （3）掌握CAD的绘图命令和绘图命令快捷键的使用方法
技能目标	（1）能够熟练地结合图纸特点完成识图 （2）能使用CAD绘制简单的二维图样 （3）能使用CAD绘制建筑图样 （4）能够进行图形输出
学习重点、难点提示	（1）CAD的设置方法和步骤 （2）CAD的绘图方法和技巧

任务实施

任务 8.1 认识 CAD

8.1.1 CAD 概述

1. 认识 CAD

CAD是计算机辅助设计（Computer Aided Design）的缩略语，它是计算机技术与工程设计相结合的产物，着重解决如何用计算机这一现代化的工具去辅助工程人员更好地进行绘图和设计。

CAD的核心技术是关于工程图形的计算机处理技术。CAD的两个成长阶段为：计算机辅助绘图和计算机辅助设计。

CAD技术一直处于不断探索之中。CAD技术的应用提高了企业设计效率、优化设计方案、减轻技术人员的劳动强度、缩短设计周期、加强设计标准化等。越来越多的人认识到CAD代表一种巨大的生产力，CAD技术已经广泛应用在机械、电子、航天、化工、建筑等行业中。诸如并行设计、协同设计、智能设计、虚拟设计、敏捷设计、全生命周期设计等设计方法，代表了现代产品设计模式的发展方向。随着人工智能、多媒体、虚拟现实、信息传输等技术的进一步升级，CAD技术必然朝着集成化、智能化、协同化的方向发展。企业CAD技术应该走一条以电子商务为目标、循序渐进的道路，从企业内部出发，实现集成化、智能化和网络化的管理，用电子商务跨越企业的边界，实现真正意义上的面向客户、在企业内部和供应商之间建立敏捷供应链。

2. 发展历程

CAD 技术诞生于 20 世纪 60 年代，起源于美国麻省理工学院提出的交互式图形学的研究计划。由于当时硬件设施昂贵，只有美国通用汽车公司和美国波音航空公司使用自行开发的交互式绘图系统。

70 年代，小型计算机费用下降，美国工业界开始广泛使用交互式绘图系统。

80 年代，由于 PC 机（Personal Computer，个人计算机）的应用，CAD 得以迅速发展，出现了专门从事 CAD 系统开发的公司。当时 VersaCAD 是专业的 CAD 制作公司，其开发的 CAD 软件功能强大，但由于价格昂贵，故得不到普遍应用。而当时的 Autodesk（美国电脑软件公司）是一个仅有员工数人的小公司，其开发的 CAD 系统虽然功能有限，但因其可免费复制，故在全社会得以广泛应用，同时由于该系统的开放性，CAD 软件升级迅速。

设计者很早就开始使用计算机进行工作。有人认为 Ivan Sutherland（伊凡·萨瑟兰）1963 年在麻省理工学院开发的 Sketchpad（画板）是一个关键点，Sketchpad 的突出特性是它允许设计者用图形方式和计算机交互，设计方案可以用一枝光笔在阴极射线管屏幕上绘制到计算机里。实际上，这就是图形化用户界面的原型，而这种界面正是现代 CAD 不可或缺的特性。

CAD 最早应用在汽车制造、航空航天以及电子工业的大公司中。随着计算机成本的下降，其应用范围也逐渐扩大。

8.1.2 认识 CAD 的工作界面

【CAD的工作界面】

CAD 的工作界面主要由标题栏、菜单栏、工具栏、绘图窗口和命令窗口、滚动条和坐标系图标、命令窗口、模板选项卡和布局选项卡、状态栏等元素组成，启动中文版 AutoCAD 2010 后界面如图 8－1 所示。

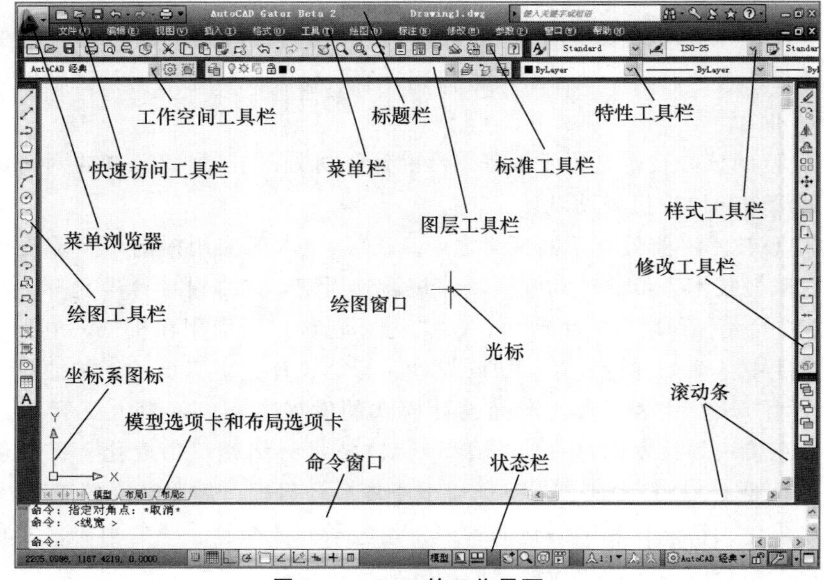

图 8－1　CAD 的工作界面

1. 标题栏

标题栏显示软件名称和当前图形文件名。与 Windows 标准窗口一致，可以利用右上角的按钮将窗口最小化、最大化或关闭。

2. 菜单栏

单击界面上方的菜单，会弹出该菜单对应的下拉列表，其中几乎包含了中文 CAD 具有的所有命令及功能选项，单击需要执行操作的选项，就会执行该项操作。

这些菜单包括：文件（File）、编辑（Edit）、视图（View）、插入（Insert）、格式（Format）、工具（Tools）、绘图（Draw）、标注（Dimension）、修改（Modify）、参数（Parameters）、窗口（Window）和帮助（Help）。

3. 工具栏

工具栏由代表 CAD 命令与功能的图标按钮组成。当鼠标指针指向工具栏中某个按钮时，该按钮下面将迅速显示其名称，并在状态栏上简单描述该按钮的功能与作用。单击工具栏右上角的图标，可关闭当前工具栏。常见的工具栏有“标准”“样式”“图层”“特性”“绘图”“修改”等类型。

4. 绘图窗口和命令窗口

绘图窗口为位于屏幕中央的空白区域，所有的绘图操作都是在该区域中完成的。在绘图区域的左下角显示了当前坐标系图标，向右为 X 轴正方向，向上为 Y 轴正方向。绘图区没有边界，无论多大的图形都可置于其中。鼠标指针移动到绘图区中，会变为十字光标，执行选择对象时，又会变成一个方形的拾取框。

命令窗口位于工作界面的下方，当命令窗口显示“命令：”提示时，表明软件等待用户输入命令。当软件处于命令执行过程中时，命令栏中会显示各种操作提示。用户在绘图的整个过程中，要密切留意命令栏中的提示内容。

5. 模板选项卡和布局选项卡

该模块提供了两种模式：模型空间和图纸空间。

模型空间进行大多数绘制和设计工作，同时完成必要的尺寸标注和文字注释等工作，绘图完成后，再以放大或者缩小的比例打印图形。

图纸空间提供了一张虚拟图纸，用户可以在该图纸上布置模型空间的图形，安排、注释和绘制图形对象的各种视图并设定好缩放比例；打印出图时，将设置好的虚拟图纸以 1∶1的比例打印。

6. 滚动条和坐标系图标

滚动条是在绘图中查看设计效果的工具，有水平和垂直两种。通过滚动条的使用，可以灵活调整绘图窗，满足用户需求。

坐标系图标显示当前所使用的坐标形式。根据设置不同，CAD 可以采用直角坐标系、极坐标系和球坐标系。

7. 状态栏

状态栏反映和控制当前的工作状态，如当前光标的坐标、命令和按钮的说明等。其中一共有 9 个开关按钮，单击按下代表打开，再单击上浮代表关闭。

这些按钮包括：捕捉（SNAP）、对象追踪（OTRACK）、栅格（GRID）、动态输入（DYN）、正交（ORTHO）、线宽（LVVT）、极轴（POLAR）、模型（MODEL）和对象捕捉（OSNAP）。

8.1.3 绘图管理

1. 创建新图

下拉菜单：文件→新建，如图 8－2 所示。

命令：NEW。

快捷键：Ctrl＋N。

图 8－2　图纸创建

2. 打开已有图形

下拉菜单：文件→打开。

命令：OPEN。

快捷键：Ctrl＋O。

3. 保存文件

默认为 .dwg 格式。

4. 关闭及退出

下拉菜单：文件→关闭。

命令：CLOSE。

任务 8.2 CAD 的基本设置和操作

8.2.1 基本设置

【CAD的基本设置】

1. CAD 经典模式

现在 CAD 版本众多，但所有的版本都可以使用经典模式。打开 CAD 后，先设置基本的工作模式，常见的有二维模式、三维模式和 CAD 经典模式。可在页面右下角工具栏处，通过单击下拉列表选择经典模式，如图 8－3 所示。

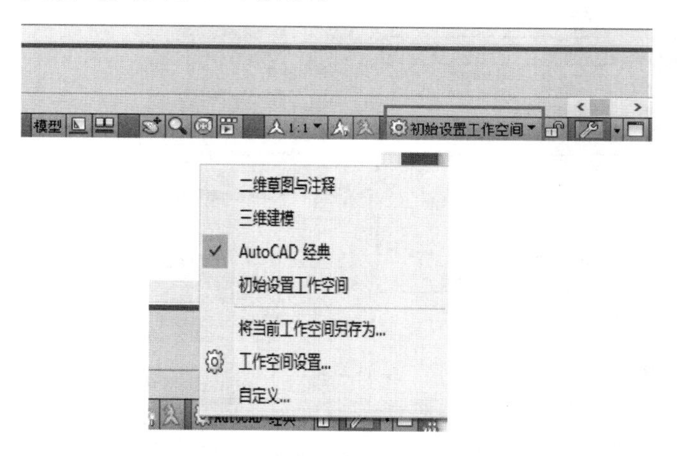

图 8－3　选择经典模式

经典模式的设置，能使操作者在任意 CAD 版本中都可以在统一的界面中完成操作。

2. 版本保存设置

在实际操作中，低版本的 CAD 软件打不开由高版本 CAD 创建的文档，所以在文件保存时应尽量保存为低版本格式。可通过“选项”→“打开和保存”进行设置，具体操作如下。单击菜单栏中的工具选择“选项（N）...”（图 8－4）；也可在画图区域右击来选择“选项（N）…”，进入设置基本信息的列表（图 8－5）。单击“打开和保存”，在“另存为（S）:”处选择保存格式版本，并设置自动保存选项；设置完成后单击“应用（A）”（图 8－6）。

3. 绘图窗口背景颜色设置

根据使用者不同的偏好，可对绘图窗口的背景颜色进行设置（图 8－7），通常设置为白色或黑色。具体操作为在“选项”菜单中单击“显示”，再单击“颜色（C）...”，进入图 8－8 所示的“图形窗口颜色”界面，通过右侧下拉菜单选择绘图窗口背景颜色。

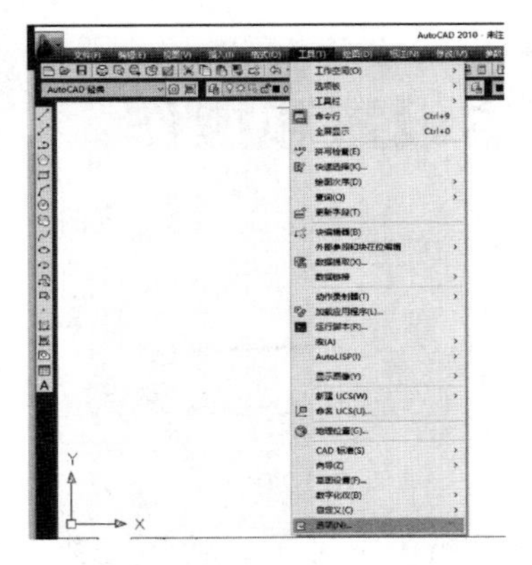

图 8-4　选项设置一

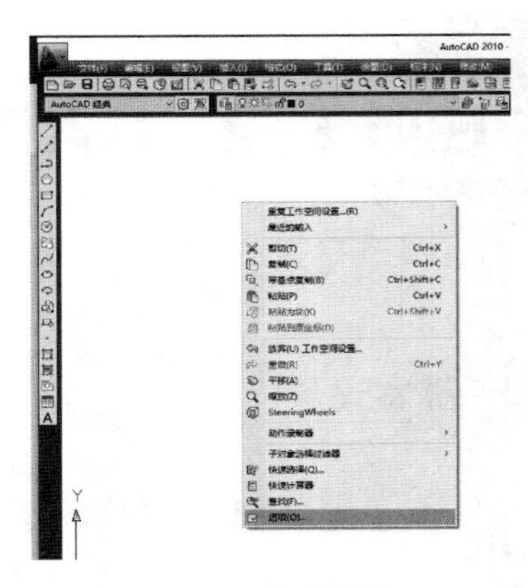

图 8-5　选项设置二

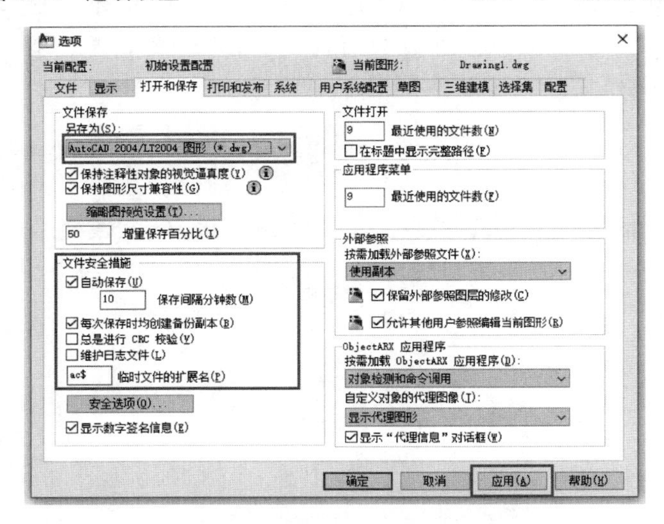

图 8-6　“打开和保存”设置

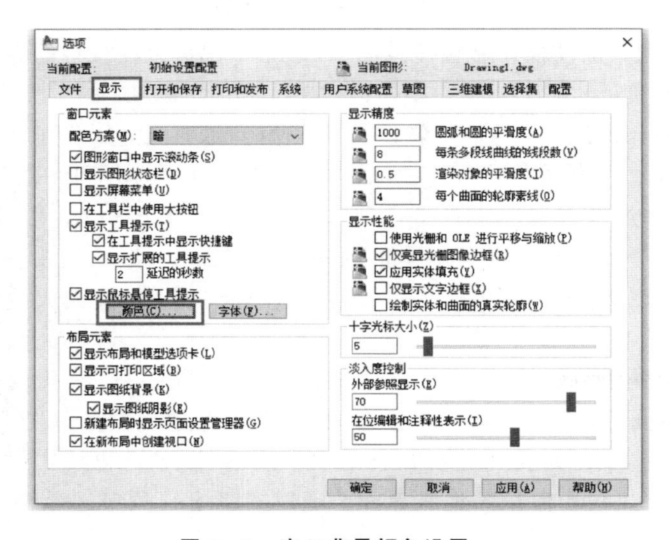

图 8-7　窗口背景颜色设置一

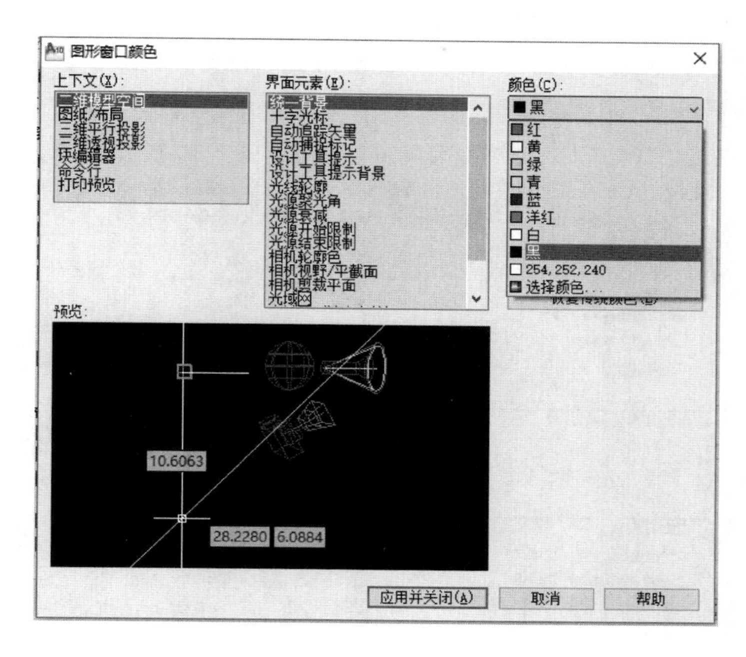

图 8-8　窗口背景颜色设置二

4. 十字光标和捕捉点设置

根据使用者不同的偏好，可对十字光标大小进行设置，如图 8-9 所示。具体操作为在“选项”菜单中单击“显示”，拖动“十字光标大小（Z）”滑动条，进行光标大小的调整。

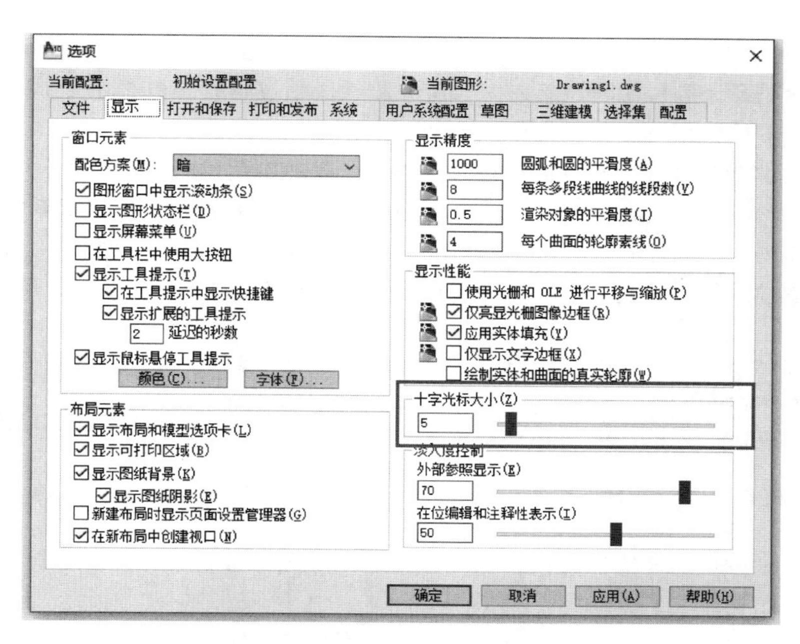

图 8-9　十字光标设置

为了作图方便，也可以对捕捉标记和靶框大小进行设置，如图 8－10 所示。具体操作为在“选项”菜单中单击“草图”，拖动“自动捕捉标记大小（<u>S</u>）”和“靶框大小（<u>Z</u>）”滑动条来进行调整。

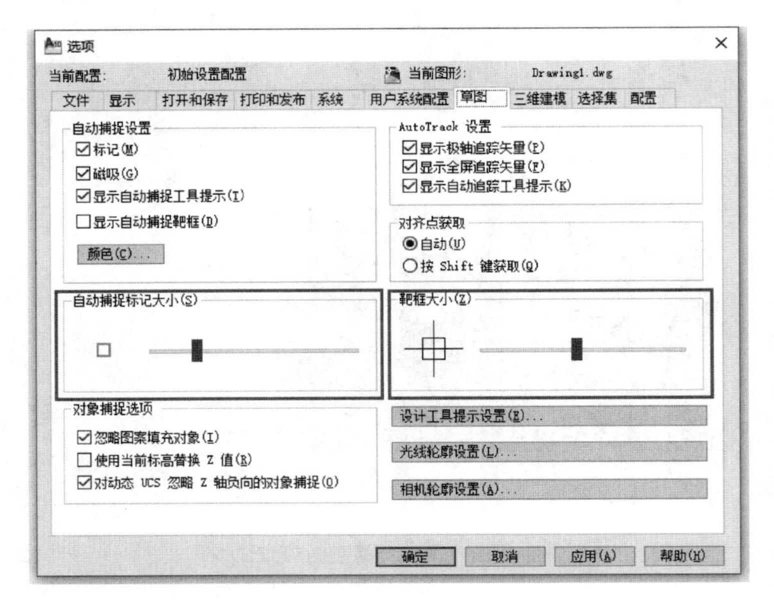

图 8－10　捕捉标记和靶框设置

8.2.2 基本操作

在 CAD 中，命令的执行方式有多种，例如可通过单击工具栏上的命令按钮或在下拉菜单中选择相关命令等。用户在绘图时，应根据视距情况选择最佳的命令执行方式，以提高工作效率。下面介绍一些基本操作。

（1）以键盘方式执行：通过键盘方式执行命令是最常用的一种绘图方法，当用户要使用某个工具绘图时，只需在命令行中输入对该工具的命令形式，并根据提示一步一步完成绘图即可，如图 8－11 所示。CAD 提供动态输入的功能，在状态栏中按下“动态输入”的按钮后，键盘输入的内容会显示在十字光标附近，如图 8－12 所示。

图 8－11　通过键盘方式执行命令　　**图 8－12　动态输入执行命令**

（2）以命令按钮的方式执行：在工具栏上选择待执行命令所对应的工具按钮，然后按照提示完成绘图工作。

（3）以菜单命令的方式执行：通过选择下拉菜单中的相应命令项来执行命令，执行过程与上面两种方式相同。CAD 同时提供鼠标右键快捷菜单，如图 8－13 所示，在快捷菜单中会根据绘图的状态提示一些常用的命令。

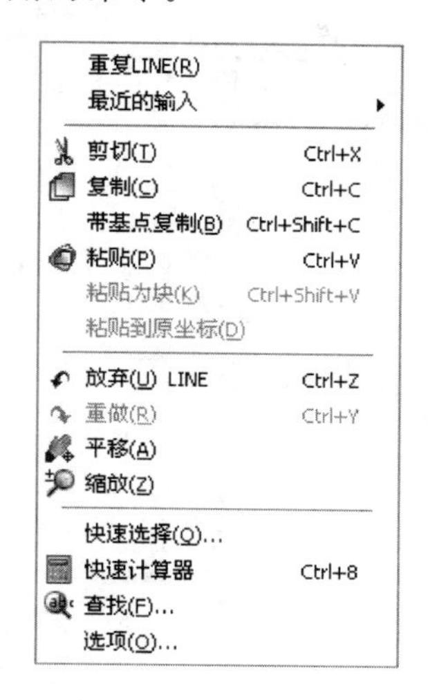

图 8-13　右键快捷菜单

(4) 退出正在执行的命令：CAD 可随时退出正在执行的命令。当执行某项命令后，可按 Esc 键退出该命令，也可按 Enter 键结束某些操作命令。但需注意，有的操作要按多次才能退出。

(5) 重复执行上一次操作命令：当结束了某个操作命令后，若要再一次执行该命令，可以按 Enter 键或空格键来重复上一次的操作。上下方向键可以翻阅前面执行的数个命令，然后选择执行。

(6) 取消已执行的命令：绘图中出现错误，要取消前一次的命令，可以使用 Undo 命令，或单击工具栏中的↶按钮，即可回到前一步或几步的状态。

(7) 恢复已撤销的命令：当撤销了命令后，又想恢复已撤销的命令时，可以使用 Redo 命令或单击工具栏中的↷按钮。

(8) 使用透明命令：CAD 中有些命令可以插入另一条命令的期间执行，如当前在使用 LINE 命令绘制直线，可以同时使用 ZOOM 命令来放大或缩小视图范围，这样的命令称为透明命令。只有少数命令为透明命令，在使用透明命令时，必须在该命令前加一个单引号“’”，CAD 才能将其识别到。

任务 8.3　绘图工具栏

【绘图工具栏】

CAD 的绘图工具栏把常用的绘图工具整理在了一起，以方便用户绘图。绘图工具栏位于绘图窗的左侧，也可通过在菜单栏处单击“绘图（D）”来调出，如图 8-14 所示。下面介绍其中的一些基本命令。

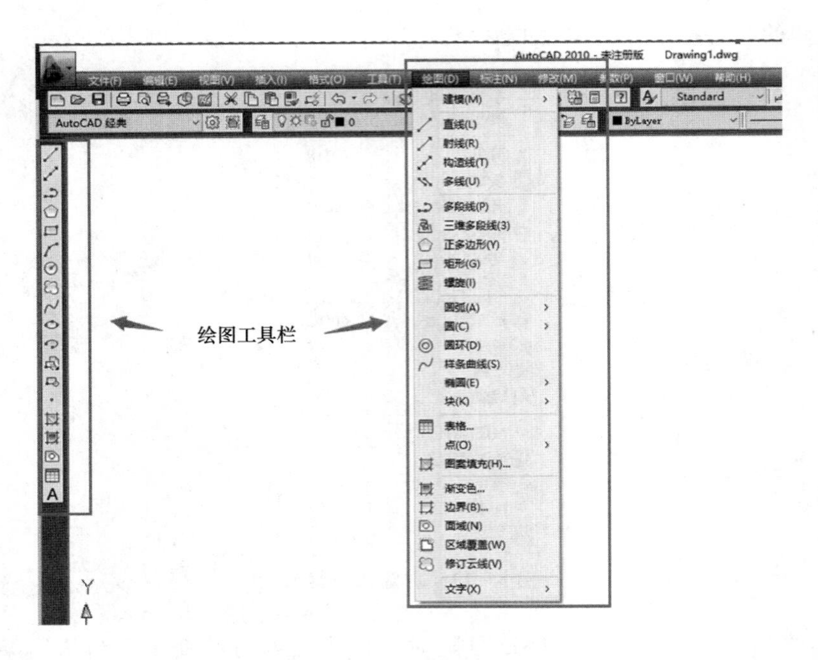

图 8－14　绘图工具栏

1. LINE（直线）

【功能】绘制二维或三维直线段。

【命令】LINE 或 L。

【菜单】绘图→直线。

【说明】

键入 C：从当前点到起点绘制一条直线，产生封闭多边形后退出该命令。

键入 U：删除前一段直线。

按“Enter”键：结束直线绘制，回到命令状态。

在正交状态下，只能绘制垂直线或水平线。

2. PLINE（二维多段线）

【功能】绘制二维多段线（也称多义线），该命令既可以画直线，也可以画弧线，既可以画细线，也可以画粗线。

【命令】PLINE 或 PL。

【操作】

PLINE 按 Enter 键。

计算机出现如下提示。

指定起点：用鼠标指定起点。

指定下一点或[圆弧(A)/闭合(C)/半宽(H)/长度(L)/放弃(U)/宽度(W)]：

键入 W：画粗线，接着输入多义线起始宽度、终止宽度。

键入 A：画弧线。

键入 L：画直线。

【举例】用 PLINE 命令画一个箭头，相关操作如下。

①PL 按 Enter 键。②确定起点。③W 按 Enter 键。④确定起始宽度：0。⑤确定终止宽度：500。⑥确定终点。⑦确定起始宽度：0。⑧确定终止宽度：0。⑨确定终点。

3. POLYGON（正多边形）

【功能】绘制正多边形，使用该命令最多可以画出 1024 条边的正多边形。

【命令】POLYGON 或 POL。

【说明】绘制正多边形有两种方法。

（1）用内接法画正多边形，步骤如下。

① POL 按 Enter 键。

② 输入边数。

③ 输入或选择正多边形的中心位置。

④ 输入“I”按 Enter 键，表示用内接法画正多边形。

⑤ 输入或选择圆的半径。

（2）用外接法画正多边形，步骤如下。

① POL 按 Enter 键。

② 输入边数，按 Enter 键。

③ 选择正多边形中心。

④ 输入“C”并按 Enter 键，表示用外接法画正多边形。

4. RECTANG（矩形）

【功能】通过指定两点绘制矩形多段线，它的边平行于当前用户坐标系的 X 轴和 Y 轴。

【命令】RECTANG 或 REC。

【菜单】绘图→矩形。

【说明】AutoCAD 2010 可以绘制一般矩形、有倒角的矩形以及有圆角的矩形，并且可以设置矩形线宽，如图 8－15 所示。

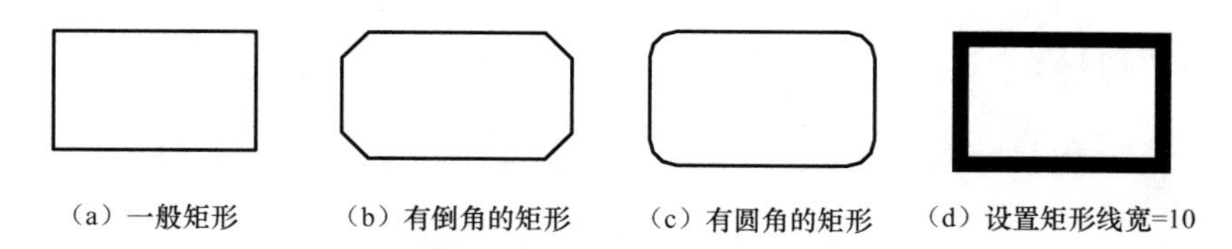

图 8－15 绘制矩形

5. ARC（圆弧）

【功能】绘制弧线。

【命令】ARC 或 A。

【菜单】绘图→圆弧。

【说明】ARC 命令选择项的字母含义如下，如图 8－16 所示。

A＝包含角；D＝起始方向（圆弧起点处切线的方向）；L＝弦长；CE＝圆心；EN＝终点；R＝半径；S＝起点。

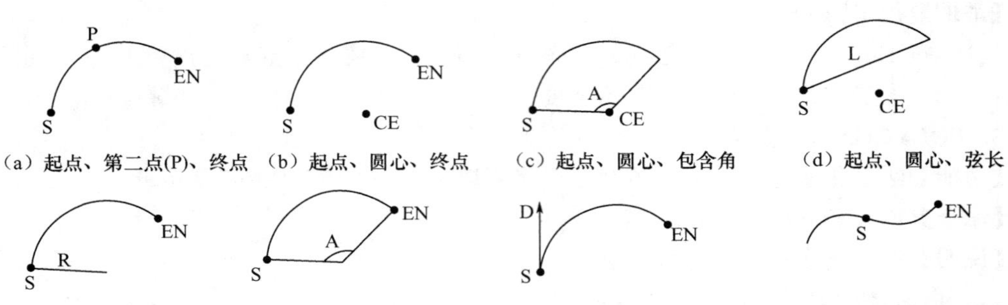

(a) 起点、第二点(P)、终点 (b) 起点、圆心、终点 (c) 起点、圆心、包含角 (d) 起点、圆心、弦长

(e) 起点、终点、半径 (f) 起点、终点、包含角 (g) 起点、终点、起始方向 (h) 与上一条弧平滑连接

图 8-16 绘制圆弧

6. CIRCLE (圆)

【功能】绘制圆，共有五种方式。

【命令】CIRCLE 或 C。

【菜单】绘图→圆。

【说明】绘制圆可采用的五种方式如下，如图 8-17 所示。

(1) 默认为通过圆心、半径画圆。

(2) 通过圆心、直径画圆。

(3) 通过两点画圆。

(4) 通过三点画圆。

(5) 通过相切点、相切点、半径画圆。

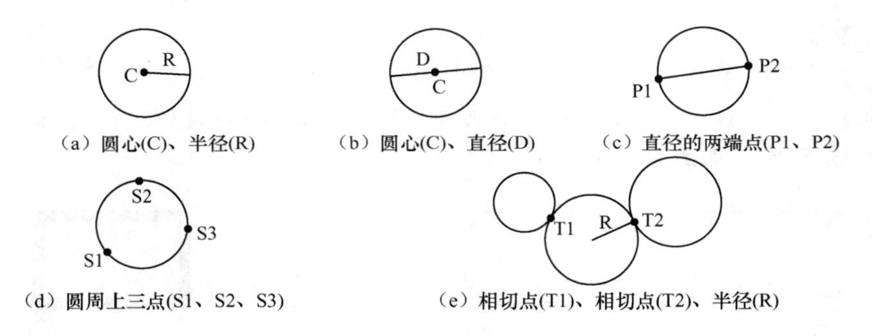

(a) 圆心(C)、半径(R) (b) 圆心(C)、直径(D) (c) 直径的两端点(P1、P2)

(d) 圆周上三点(S1、S2、S3) (e) 相切点(T1)、相切点(T2)、半径(R)

图 8-17 绘制圆的五种方式

7. ELLIPSE (椭圆)

【功能】绘制椭圆或椭圆弧。

【命令】ELLIPSE 或 EL。

【菜单】绘图→椭圆。

【说明】绘制椭圆共有两种方法，如图 8-18 所示。

椭圆弧可采用如下两种方法绘制，如图 8-19 所示。

(1) 默认通过轴两端点、另一半轴长、起始角、终止角画椭圆弧。

(2) 通过椭圆心、轴端点、起始角、终止角画椭圆弧。

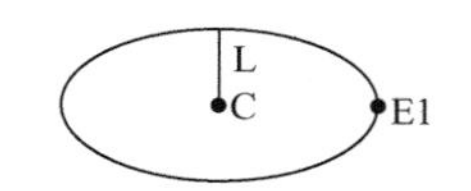

（a）椭圆心C、轴端点E1、另一半轴长L

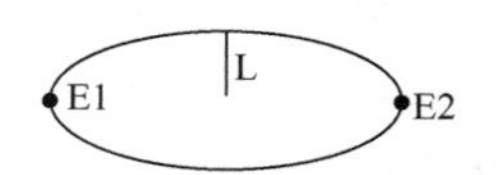

（b）轴两端点(E1、E2)、另一半轴长L

图 8－18 绘制椭圆的方法

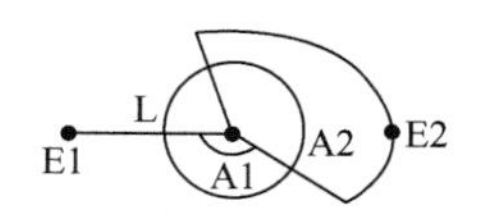

（a）轴两端点(E1、E2)、另一半轴长L、起始角A1、终止角A2

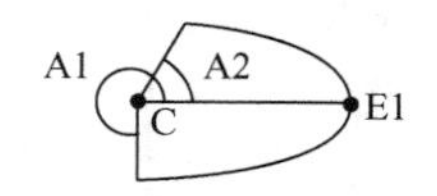

（b）椭圆心C、轴端点E1、起始角A1、终止角A2

图 8－19 绘制椭圆弧的方法

8. DONUT（圆环）

【功能】画实心圆或圆环，如图 8－20 所示。

【命令】DONUT 或 DO。

【菜单】绘图→圆环。

【注释】

（1）CAD 可在每个指定的中心点绘制一个圆环；按 Enter 键结束命令。

（2）如内圆直径为 0，绘制的即为实心圆。

（3）圆环实际上是由宽弧线段组成的封闭多段线构成的；圆环是否填充，取决于 FILL 命令的设置。

【说明】建筑绘图中常使用该命令绘制圆柱等。

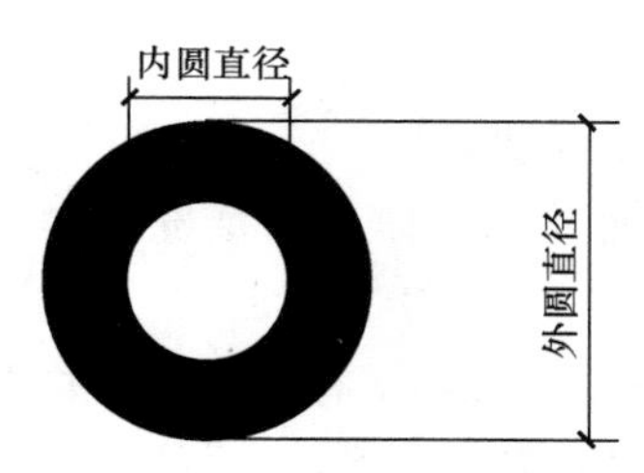

（a）内圆直径=10mm，外圆直径=20mm

（b）内圆直径=0，外圆直径=20mm

图 8－20 绘制圆环的方法

9. MLINE（多线）

【说明】默认不改变当前设置直接绘制多线，其操作方式同直线绘制。命令项字母含义如下。

J：设置基准线位置（T：基准线在上方。Z：基准线在中间。B：基准线在下方）。

S：设置多线的比例，比例所改变的是平行线的间距。

【举例】用 MLINE 命令画宽度为 240 的双线，相关操作如下，如图 8－21 所示。

（1）ML 按 Enter 键。

（2）S 按 Enter 键，设置双线宽度。

（3）输入 240 按 Enter 键。

（4）J 按 Enter 键。

（5）Z 按 Enter 键。

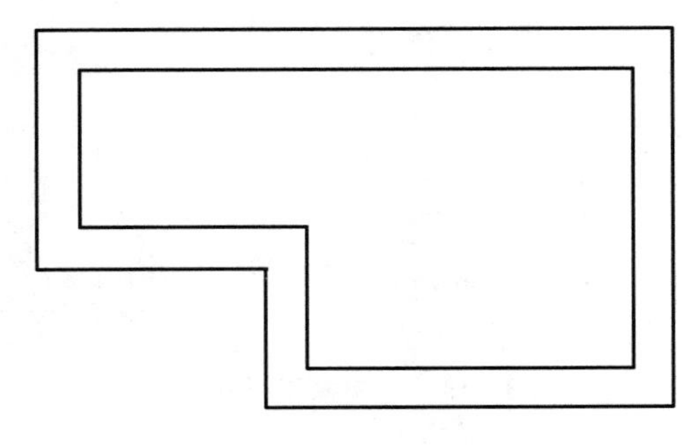

图 8－21　双线绘制

10. POINT（点）

【功能】绘制点。

【命令】POINT 或 PO。

【菜单】绘图→点。

【说明】定制点的类型时，菜单为：格式→点样式。

11. BHATCH（填充）

【功能】在一个封闭区域中填充指定图案，图案的填充比例与填充角度可以调整。填充比例越小图案越密，反之则越稀。

【命令】BHATCH 或 BH。

【菜单】绘图→图案填充。

【注释】“边界图案填充”对话框的两个选项卡功能如下。

（1）“快速”选项卡：主要定义填充图案的外观，如选择填充图案的类型、图案名，设置填充图案的角度、比例等。

（2）“高级”选项卡：定义 CAD 如何创建和填充边界。有以下两种方式创建填充边界。

①“拾取点”方式：在填充区域内部任何地方单击一下，就可以建立填充边界。

②“选择对象”方式：选择边界图形，如图 8－22 所示。

【操作】

① BHATCH 按 Enter 键。

② 出现对话框。

③ 选择填充图案。

④ 确定填充比例。

⑤ 确定要填充区域。

⑥ 预览。

⑦ 比例不合适，返回④调整比例，反复调整直到满意为止。

⑧ 最后单击“确定”按钮。

图 8-22 填充设置

【说明】下列情况不能填充。

① 要填充的图形不封闭。

② 填充的图形有重叠等。

12. SOLID (实体填充)

【功能】在一个封闭的区域中填充指定的颜色块，用鼠标至少先确定该区域三点。确定点的顺序不一样，则色块填充的效果也不一样，如图 8-23 所示。

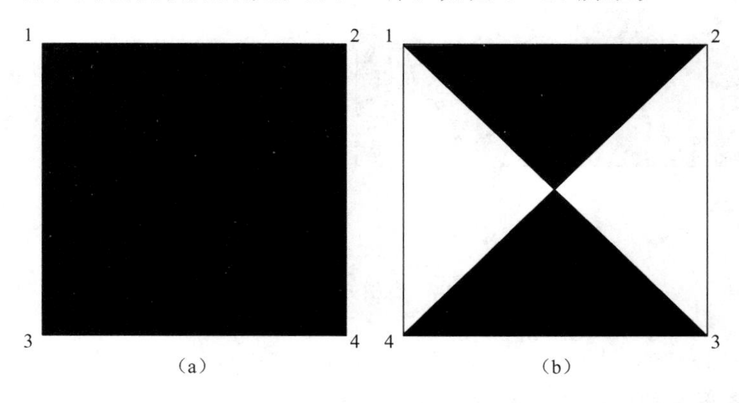

图 8-23 实体填充效果 (依次指定填充区域的点)

【命令】SOLID 或 SO。

【菜单】绘图→图案填充。

【操作】SO 按 Enter 键。

任务 8.4 修改工具栏

在 CAD 中，单纯地使用绘图命令或绘图工具只能创建出一些基本图形对象，要绘制较为复杂的图形，必须借助于图形编辑命令。AutoCAD 2010 提供了丰富的图形编辑工具，使用它们可以合理地构造和组织图形，保证绘图的准确性，且简化了绘图操作，极大地提高了绘图效率。为方便用户进行图案编辑，软件把常用的修改工具整理在一起，默认位置为绘图窗右侧。

【修改工具栏】

在编辑对象前，首先要选择对象。常见的选择对象方式为以下两种。

(1) 单选：单击直接选择一个对象。

(2) 窗选：此法可再分为两种。

① 窗围（W 窗口）：先确定窗口左上角点，然后确定窗口右下角点，框选区域呈蓝色，被窗口包围的图形被选中，如图 8－24 所示。

图 8－24　窗围方法选择对象

② 窗交（C 窗口）：先确定窗口右下角点，然后确定窗口左上角点，框选区域呈绿色，被窗口穿过的图形被选中，如图 8－25 所示。

下面介绍“修改工具栏”中一些常用的命令。

图 8-25　窗交方法选择对象

1. ERASE（删除）

【功能】从图形中删除选定的对象。

【命令】ERASE 或 E。

【菜单】修改→删除。

【操作】

① 输入 E，按 Enter 键。

② 选择要删除的图形，按 Enter 键。

2. COPY（复制）

【功能】将图中指定对象一次或多次复制到指定位置，原对象位置不变，如图 8-26 所示。

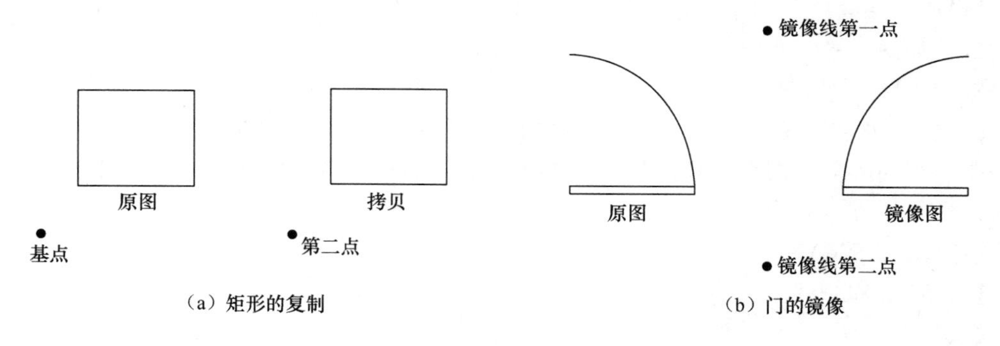

图 8-26　复制和镜像

【命令】COPY 或 CP。

【菜单】修改→复制。

【操作】

(1) 单个复制。

① 输入 CP，按 Enter 键。

② 选择要复制的对象，按 Enter 键。

③ 确定基点。

④ 确定目标点。

(2) 多重复制，即选择一次复制多次。

① 输入 CP，按 Enter 键。

② 选择要复制的对象，按 Enter 键。

③ 输入 M，按 Enter 键。

④ 确定基点。

3. MIRROR (镜像)

【功能】相对镜像线生成指定对象的镜像，原对象可以删除或保留，即对称复制，如图 8-26 所示。

【命令】MIRROR 或 MI。

【菜单】修改→镜像。

【操作】

① 输入 MI，按 Enter 键。

② 选择要镜像的图形，按 Enter 键。

③ 确定镜像线的第一点。

④ 确定镜像线的第二点。

⑤ 考虑是否删除源对象“[是(Y)/否(N)] <N>:”。

4. OFFSET (偏移)

【功能】以离原对象指定的距离或通过指定点创建新对象，即平行复制。

【命令】OFFSET 或 O。

【菜单】修改→偏移。

【说明】在建筑制图中，常使用该命令由单一多段线生成双墙线、环形跑道、人行横道线等，如图 8-27 所示。

5. ARRAY (阵列)

【功能】按矩阵或环形方式排列对象的多个复制。矩形阵列是按给定的行数、列数、行间距、列间距复制图形，环形阵列是按给定的中心点、个数、角度沿圆周均匀地复制图形。

【命令】ARRAY 或 AR。

【菜单】修改→阵列。

【操作】

① 输入 AR，按 Enter 键。

② 出现对话框。

③ 在对话框中设置阵列的方式。

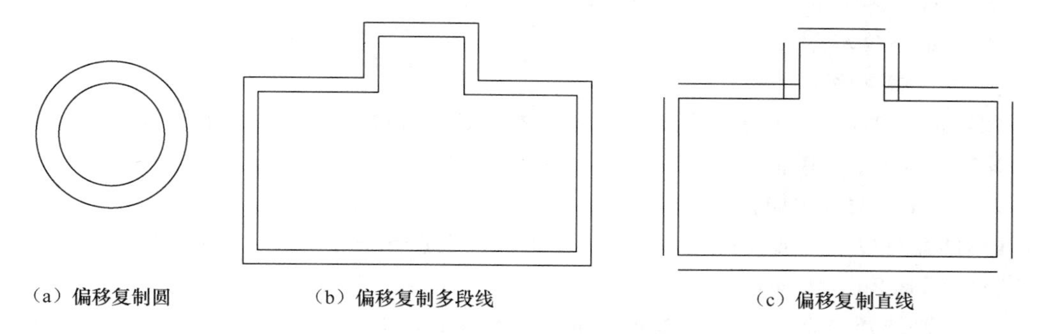

图 8-27 偏移（对圆、多段线、直线的偏移复制）

对矩形阵列：设置阵列的行数、列数、行间距、列间距。

对环形阵列：设置阵列的中心点、阵列的个数、阵列的角度、是否旋转阵列中的对象等。

6. MOVE（移动）

【功能】将图形中选定的对象从某一位置移到新位置。

【命令】MOVE 或 M。

【菜单】修改→移动。

【操作】

① M 按 Enter 键。

② 选择要移动的图形，按 Enter 键。

③ 确定移动的基点。

④ 确定移动的目标点。

7. ROTATE（旋转）

【功能】把选择的图形旋转指定的角度，也可以用参考方式把要旋转的图形旋转成与另一个图形平行。

【命令】ROTATE 或 RO。

【操作】

① RO 按 Enter 键。

② 选择要旋转的图形，按 Enter 键。

③ 确定旋转基点。

④ 输入旋转角度，按 Enter 键。

8. SCALE（缩放）

【功能】放大或缩小选定的图形，是对图形真实尺寸的放大与缩小。而 ZOOM 命令是图形相对于屏幕的放大与缩小，图形的真实尺寸保持不变。

【命令】SCALE 或 SC。

【操作】

（1）一般的缩放。

① SC 按 Enter 键。

② 选择要缩放的图形，按 Enter 键。

③ 确定缩放基点。

④ 输入缩放比例因子。

(2) 采用参考方式缩放：缩放时有些比例因子不好确定，就可采用参考方式，例如把 1 号图框缩小成 2 号图框。

9. STRETCH（拉伸）

【功能】可以移动或拉伸对象，根据图形对象在选择框中的位置决定。

【命令】STRETCH 或 S。

【操作】选择“修改”→“拉伸”命令（STRETCH），或在“修改”工具栏中单击“拉伸”按钮。比如将图 8-28 左图右半部分拉伸，可以单击“拉伸”按钮，然后使用“窗交”选择该右半部分的图形，并指定基点为（0，0），拖动光标即可随意拉伸图形，效果如图 8-28 所示。

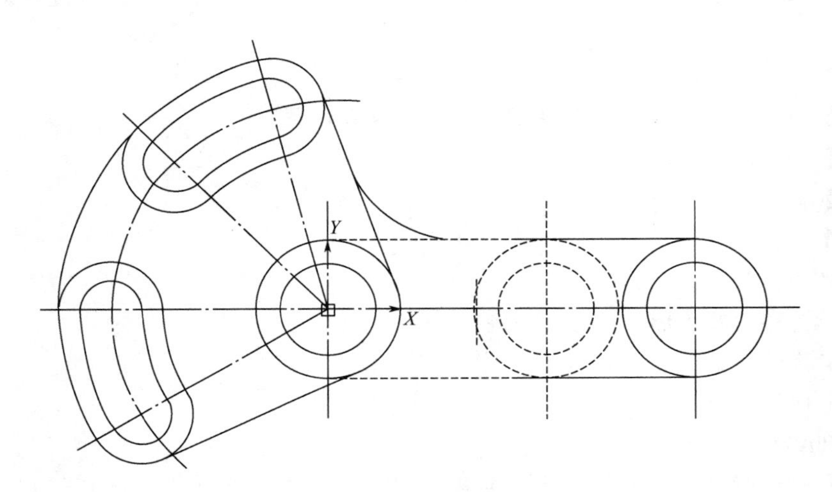

图 8-28 拉伸

10. TRIM（修剪）

【功能】删去对象超过指定剪切边的部分。

【命令】TRIM 或 TR。

【菜单】修改→修剪。

【操作】

① TR 按 Enter 键。

② 选择剪切的边界，按 Enter 键。

③ 选择要剪切的图形。

11. EXTEND（延伸）

【功能】把选择的图形延伸到指定的边界。

【命令】EXTEND 或 EX。

【操作】

① EX 按 Enter 键。

② 选择延伸到的边界。

③ 按 Enter 键。

④ 选择要延伸的图形。

12. FILLET（圆角连接）

【功能】在两对象之间产生一个指定半径的平滑圆弧连接。

【命令】FILLET 或 F。

【菜单】修改→圆角。

【说明】在图形的编辑修改中，常需使两直线精确相交，可使用 FILLET 命令。将圆角半径设为 0，然后选择两直线。

13. BREAK（打断）

【功能】在指定点之间打断图形。

【命令】BREAK 或 BR。

【操作】打断有两种操作方式，如图 8－29 所示。

（1）方式一。

① BR 按 Enter 键。

② 选择要打断的图形。

③ 确定打断的第二点。

（2）方式二。

① BR 按 Enter 键。

② 选择要打断的图形。

③ F 按 Enter 键。

④ 确定要打断的第一点。

⑤ 确定要打断的第二点。

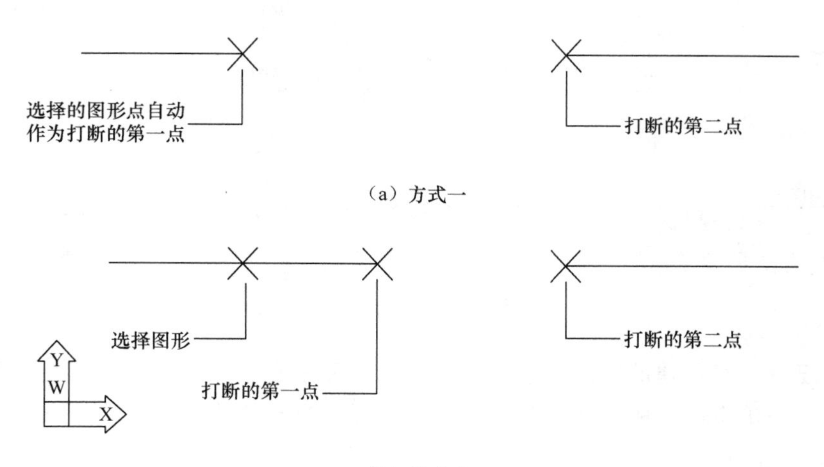

图 8－29　打断的操作方式

任务 8.5　图层工具栏

图层是 CAD 提供的一个管理图形对象的工具，用户可以根据图层对图形几何对象、文字、标注等进行归类处理。使用图层来管理，不仅能使图形的各种信息清晰、有序，便于观察，而且也会给图形的编辑、修改和输出带来很大的方便。在 AutoCAD 2010 中，用户可以为每个图层添加说明内容，并且能够方便地控制图层列表中显示的图层。

【图层工具栏】

创建图层后，可以设置图层的颜色，使用与管理线型等。

8.5.1　创建图层

选择“格式”→“图层”命令，打开“图层特性管理器”对话框，单击“新建图层”按钮，在图层列表中创建一个名为“图层 1”的新图层。默认情况下，新建图层与当前图层的状态、颜色、线型及线宽等设置相同，如图 8－30 所示。

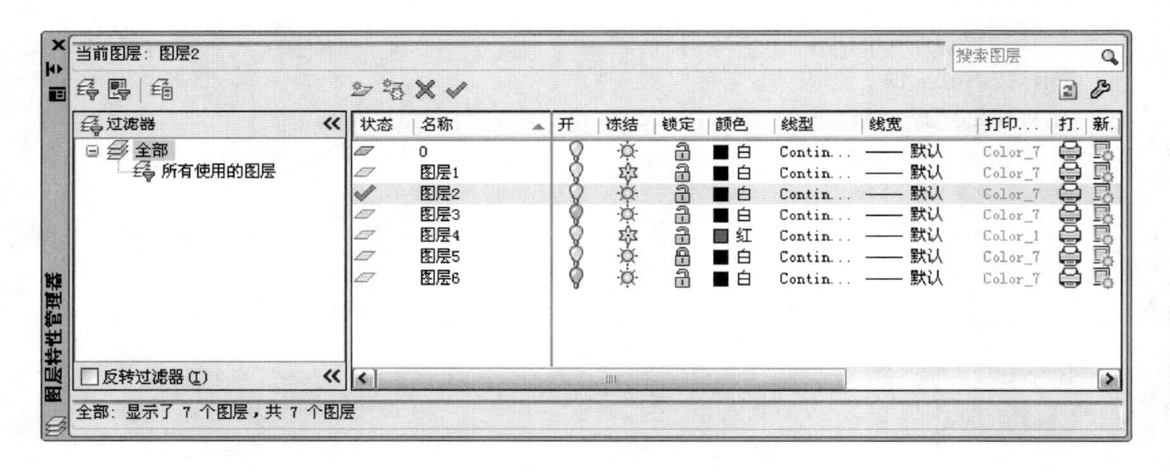

图 8－30　创建图层

默认情况下，新创建的图层颜色为白色。如果要改变图层的颜色，可在“图层特性管理器”对话框中单击图层的“颜色”列对应的图标，打开“选择颜色”对话框进行设置即可，如图 8－31 所示。

线型是指作为图形基本元素的线条组成和显示方式，如虚线和实线等。在 CAD 中，可以设置图层线型、加载线型和设置图层线宽等，如图 8－32～图 8－34 所示。

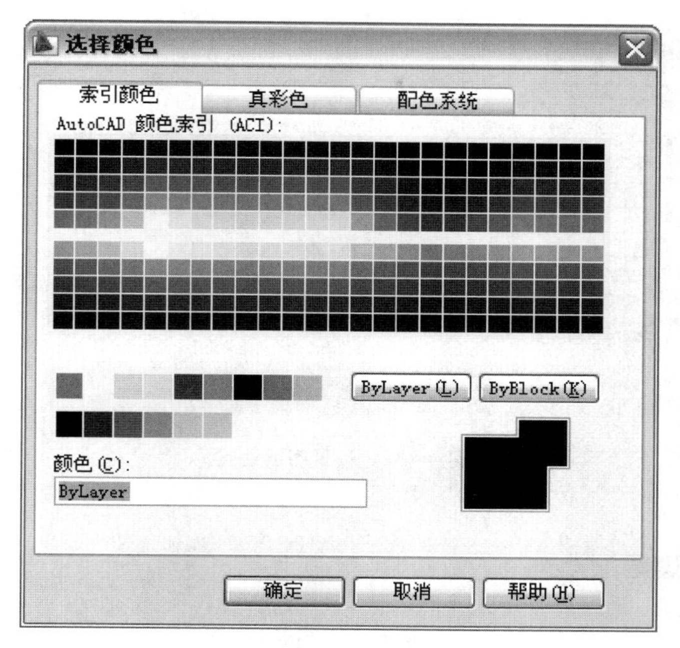

图 8-31　设置图层颜色

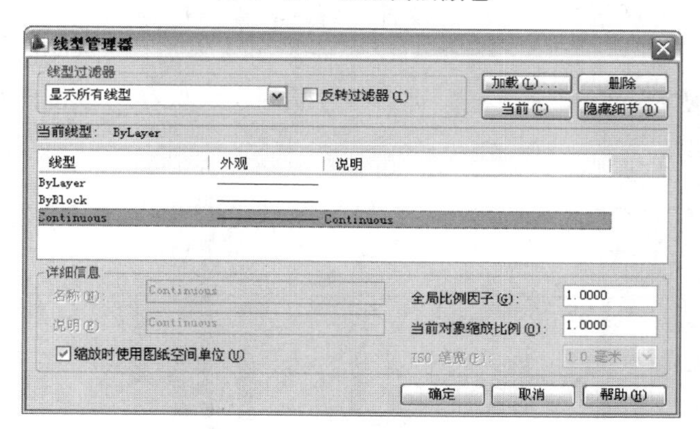

图 8-32　设置图层线型

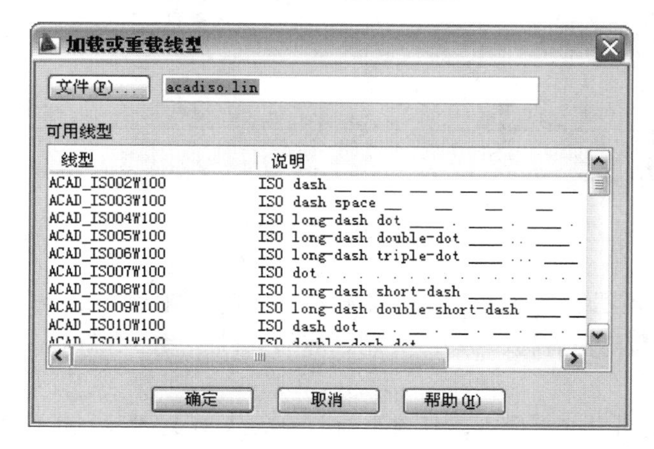

图 8-33　加载线型

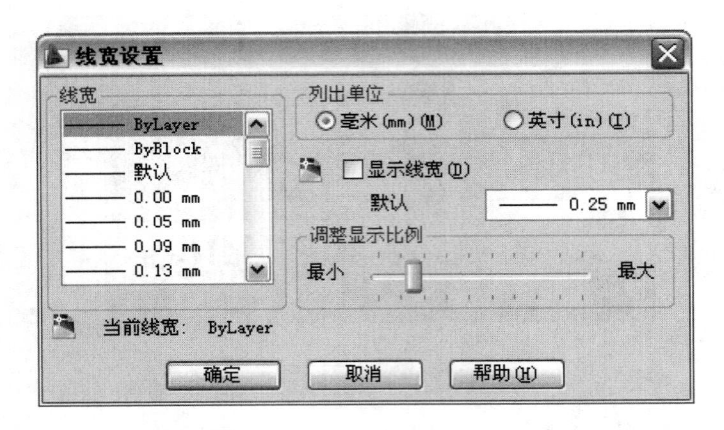

图 8－34　设置图层线宽

8.5.2 管理图层

在 CAD 中，使用“图层特性管理器”对话框不仅可以创建图层，设置图层的颜色、线型、线宽，还可以对图层进行更多的设置与管理，如图层的切换、重命名、删除及图层的显示控制等，如图 8－35 所示。设置图层特性、切换当前层、使用“图层过滤器特性”对话框过滤图层、使用“新组过滤器”对话框过滤图层、保存与恢复图层状态、转换图层及改变对象所在图层。

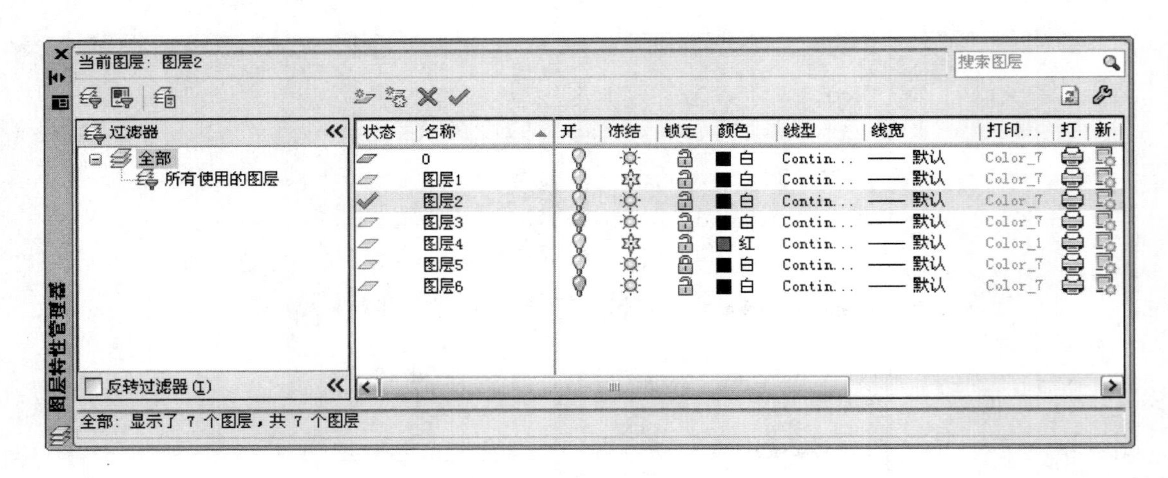

图 8－35　图层管理

CAD 只能在当前图层上绘图，而且只能有一个当前图层。在“图层特性管理器”对话框中，每个图层都包含名称、打开/关闭、冻结/解冻、锁定/解锁、颜色、线型、线宽和打印样式等特性。

（1）开/关：在图层工具栏上，灯泡亮时打开，灭时关闭。当某图层关闭时，该图层上的图形是不可见的，不能进行编辑和打印。

关闭某图层时若移动图形，在打开该图层后，该层颜色的线段仍将在原位置，不会跟着移动。

（2）冻结/解冻：被冻结的图层是不可见和不可输出的，但是被冻结的图层不参加运算处理，可以加快视窗缩放、视窗平移和许多其他操作的速度，增强对象选择的性能并减少复杂图形的重生成时间。建议冻结长时间不需要看到的图层。

冻结和开关图层都有隐藏图层的作用，但冻结不能冻结当前层。

（3）锁定/解锁：被锁定的图层是可见的，但不能编辑；加锁时可以绘制图线，但无法删除。

在实际绘图时，为便于操作，主要通过图层工具栏和特性工具栏来实现图层切换，这时只需选择要将其设置为当前层的图层名称即可，如图 8－36 和图 8－37 所示。通过特性工具栏还可对线型、线宽进行修改和更新，实现更好的绘图效果。

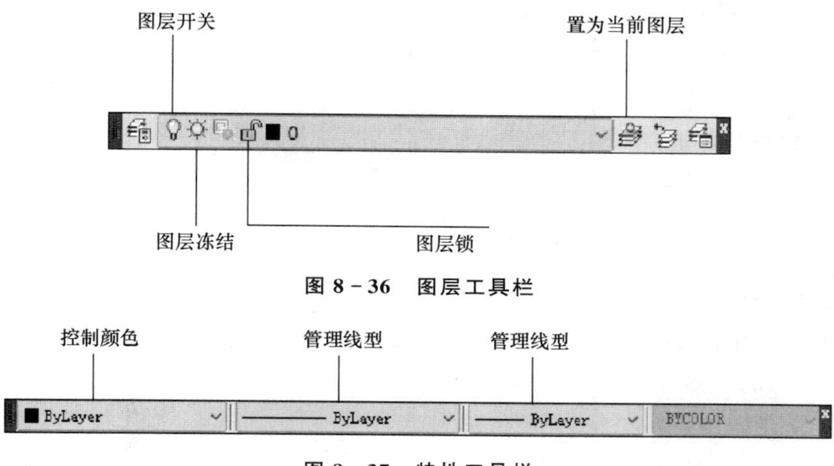

图 8－36　图层工具栏

图 8－37　特性工具栏

任务 8.6　文字工具栏

【文字工具栏】

文字对象是 CAD 中很重要的图形元素，是工程制图中不可缺少的组成部分。在一个完整的图样中，通常都包含一些文字注释来标注图样中的一些非图形信息，如建筑工程图形中的技术要求、材料说明、施工要求等。

8.6.1　文字样式

选择“格式”→“文字样式”命令，打开“文字样式”对话框，利用该对话框可以修改或创建文字样式，并设置文字的当前样式。通过文字样式管理器可以设置样式名、设置字体、设置文字效果、预览与应用文字样式等，如图 8－38 所示。

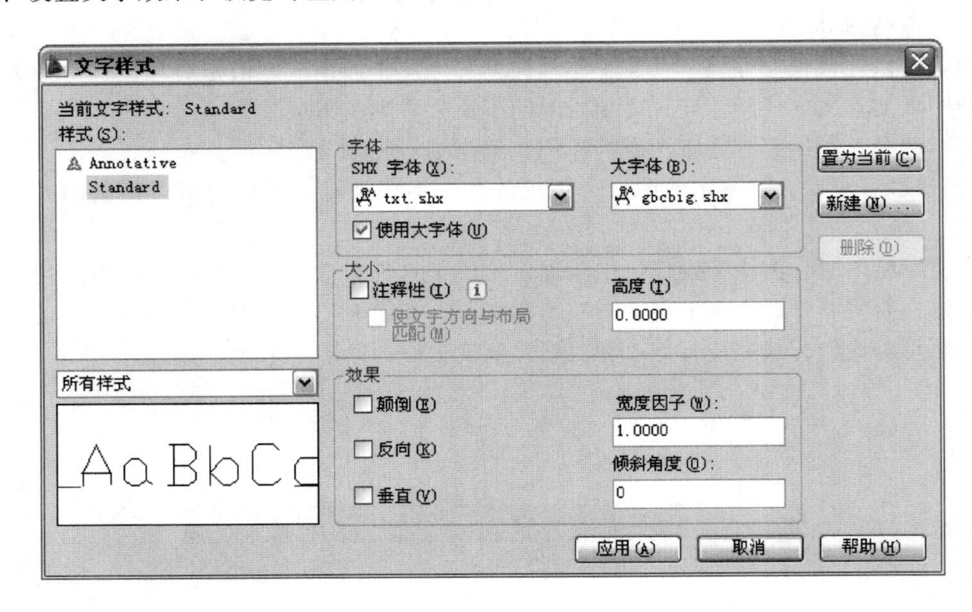

图 8－38　文字样式管理器

1. 设置样式名

“文字样式”对话框的“样式（S）”选项组中显示了文字样式的名称，可创建新的文字样式（图 8－39）、为已有的文字样式重命名或删除文字样式等。

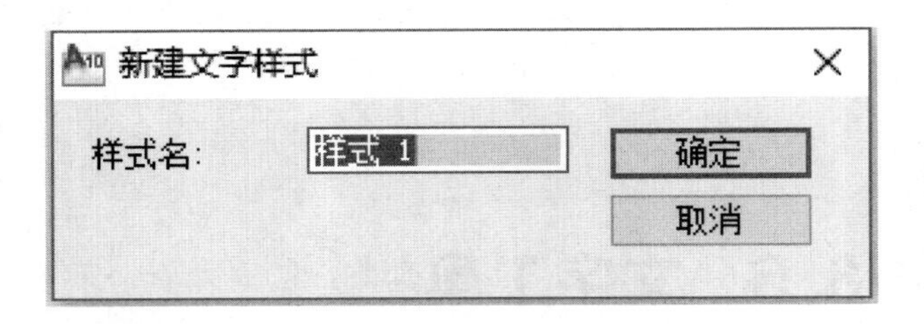

图 8－39　新建文字样式

“文字样式”对话框的“字体”选项组用于设置文字样式使用的字体和字高等属性。其中字体名下拉列表框用于选择字体；字体样式下拉列表框用于选择字体格式，如斜体、粗体和常规字体等；“高度（T）”文本框用于设置文字的高度。选中“使用大字体（U）”复选框，则字体样式下拉列表框变为大字体下拉列表框，用于选择大字体文件。

2. 设置文字效果

在“文字样式”对话框中，使用“效果”选项组中的选项可以设置文字的颠倒、反向、垂直等显示效果，如图 8－40 和图 8－41 所示。

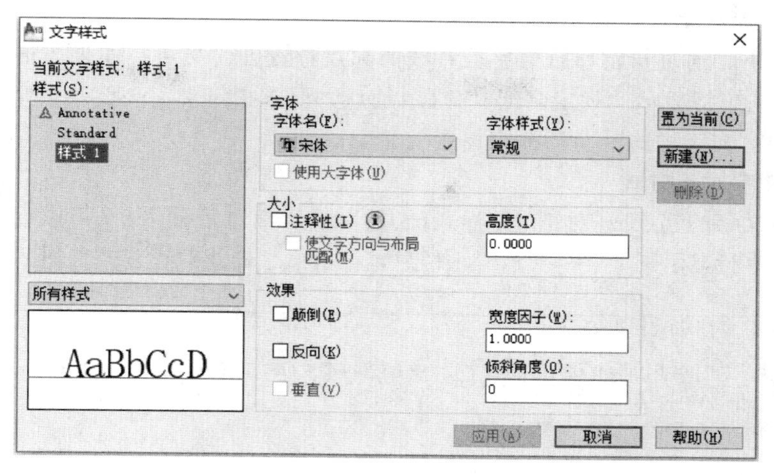

图 8-40 设置文字效果

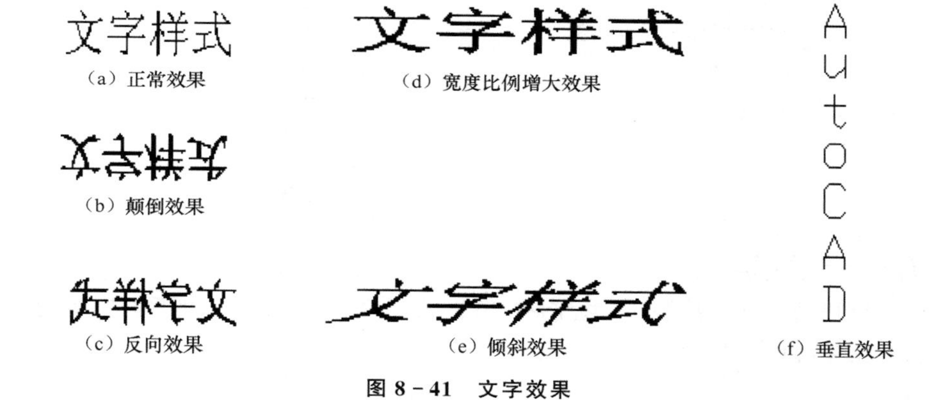

图 8-41 文字效果

8.6.2 单行文字

在 CAD 中，使用文字工具栏可以创建和编辑文字。对于单行文字来说，每一行都是一个文字对象。

选择“绘图”→“文字”→“单行文字”命令（DTEXT），或在文字工具栏中单击“单行文字”按钮，可以创建单行文字对象，如图 8-42 所示。

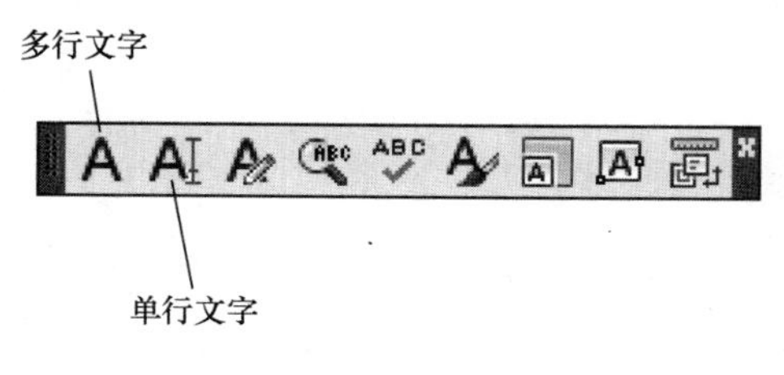

图 8-42 文字工具栏

1. 设置文字高度

默认情况下，通过指定单行文字行基线的起点位置创建文字。如果当前文字样式的高度设置为0，系统将显示“指定高度：”提示信息，要求指定文字高度，否则不显示该提示信息，而使用“文字样式”对话框中设置的文字高度。

2. 设置文字对正方式

在“指定文字的起点或[对正(J)/样式(S)]：”提示信息后输入j，可以设置文字的排列方式。此时命令行显示图8－43所示提示信息，设置文字样式对正方式见图8－43的下部。

```
指定文字的起点或 [对正(J)/样式(S)]: j
输入选项
[对齐(A)/调整(F)/中心(C)/中间(M)/右(R)/左上(TL)/中上(TC)/右上(TR)/左中(ML)/正中(MC)/右中(MR)/左下(BL)/中下(BC)/右下(BR)]: *取消*
命令:
```

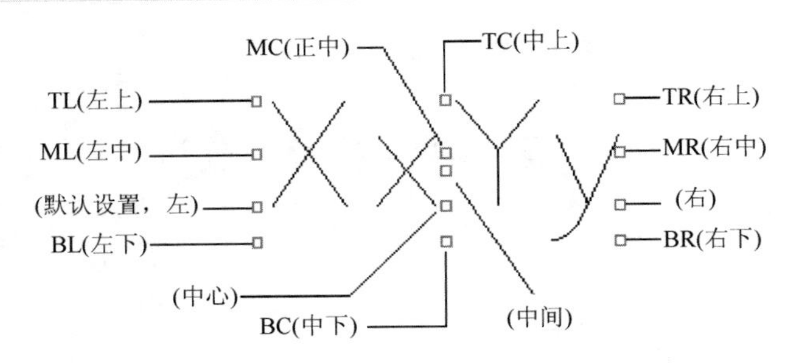

图8－43 文字样式对正方式

3. 设置文字控制符

单行文字可使用文字控制符，控制符由两个百分号（%%）及在后面紧接的一个字符构成。常见文字控制符见表8－1。

表8－1 常见文字控制符

控制符	功能
%%O	打开或关闭文字上划线
%%U	打开或关闭文字下划线
%%D	标注度（°）符号
%%P	标注正负公差（±）符号
%%C	标注直径（ϕ）符号

8.6.3 多行文字

选择“绘图”→“文字”→“多行文字”命令（MTEXT），或在文字工具栏中单击多行文字按钮，然后在绘图窗口中指定一个用来放置多行文字的矩形区域，将打开“文字格式”工具栏和文字输入窗口。利用它们可以设置多行文字的样式、字体及大小等属性，如图8－44所示。

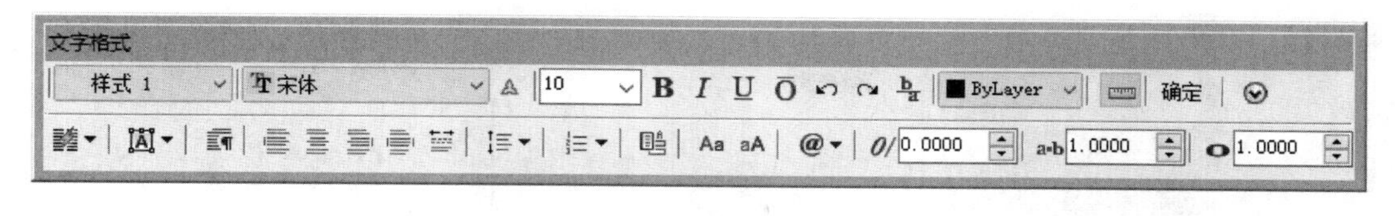

图 8-44 多行文字设置

1. 设置缩进、制表位和多行文字宽度

在文字输入窗口的标尺上右击，从弹出的快捷菜单中选择“缩进和制表位”命令，打开“缩进和制表位”对话框，可以从中设置缩进和制表位位置，如图 8-45 所示。

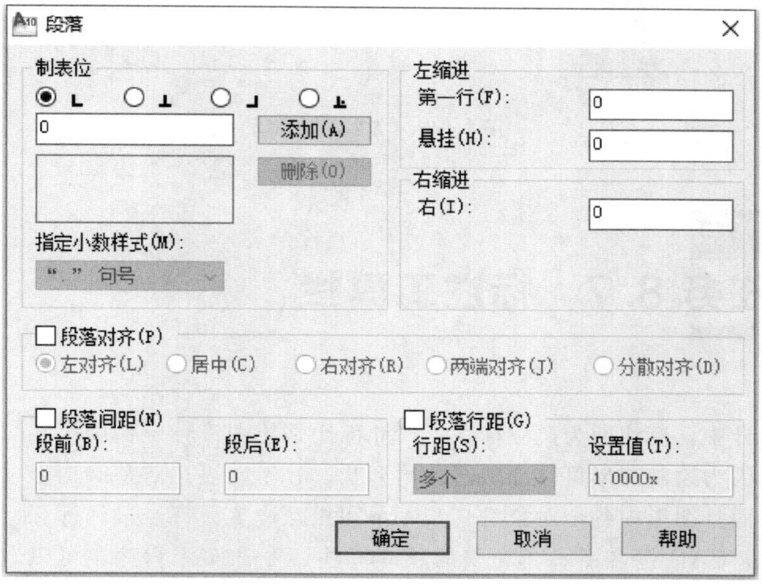

图 8-45 段落设置

2. 使用选项菜单

在“文字格式”工具栏中单击选项按钮，打开多行文字的选项菜单，可以对多行文本进行更多的设置。在文字输入窗口中右击，将弹出一个快捷菜单，该快捷菜单与选项菜单中的主要命令一一对应，如图 8-46 所示。

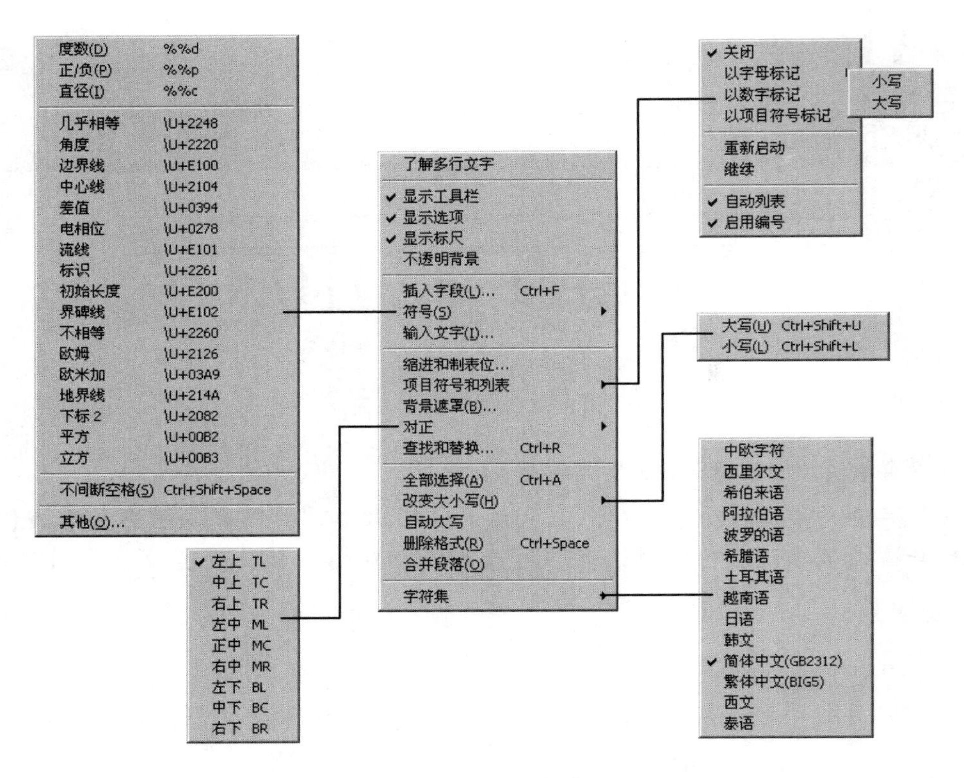

图 8-46 文字设置选项

任务 8.7 标注工具栏

在图形设计中，标注即为尺寸标注，尺寸标注是绘图设计工作中的一项重要内容，因为绘制图形可以反映对象的形状，并不能表达清楚对图形的设计意图，而且图形中各个对象的真实大小和相互位置只有经过尺寸标注后才能确定。CAD 包含了一套完整的尺寸标注命令和实用程序，可以轻松完成图纸中所要求的尺寸标注，如使用 CAD 中的“直径”“半径”“角度”“线性”“圆心标记”等标注命令，可以对直径、半径、角度、直线及圆心位置等进行准确标注。

【标注工具栏】

8.7.1 标注概述

由于尺寸标注对传达有关设计元素的尺寸和材料等信息有着非常重要的作用，因此在标注前，应先了解尺寸标注的组成、类型、规则及步骤等。

1. 尺寸标注的组成

在建筑制图或其他工程绘图中，一个完整的尺寸标注应由标注文字、尺寸线、尺寸界线、标注箭头类型等组成，如图 8－47 所示。

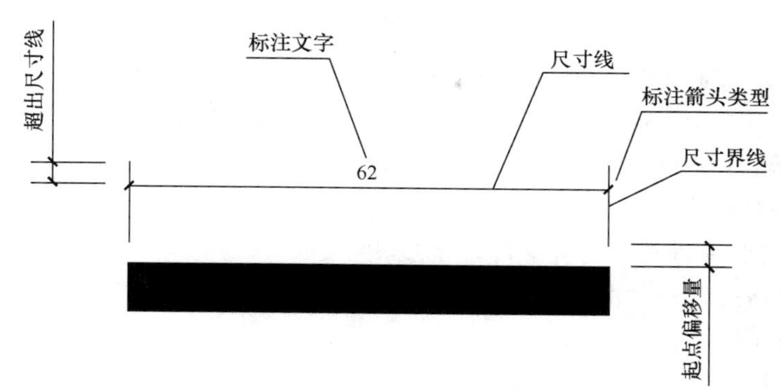

图 8－47 尺寸标注的组成

2. 尺寸标注的类型

AutoCAD 2010 提供了十余种标注工具来标注图形对象，分别位于标注菜单或标注工具栏中。使用它们可以进行角度、直径、半径、坐标、线性、对齐、连续、圆心及基线等的标注，如图 8－48 及图 8－49 所示。

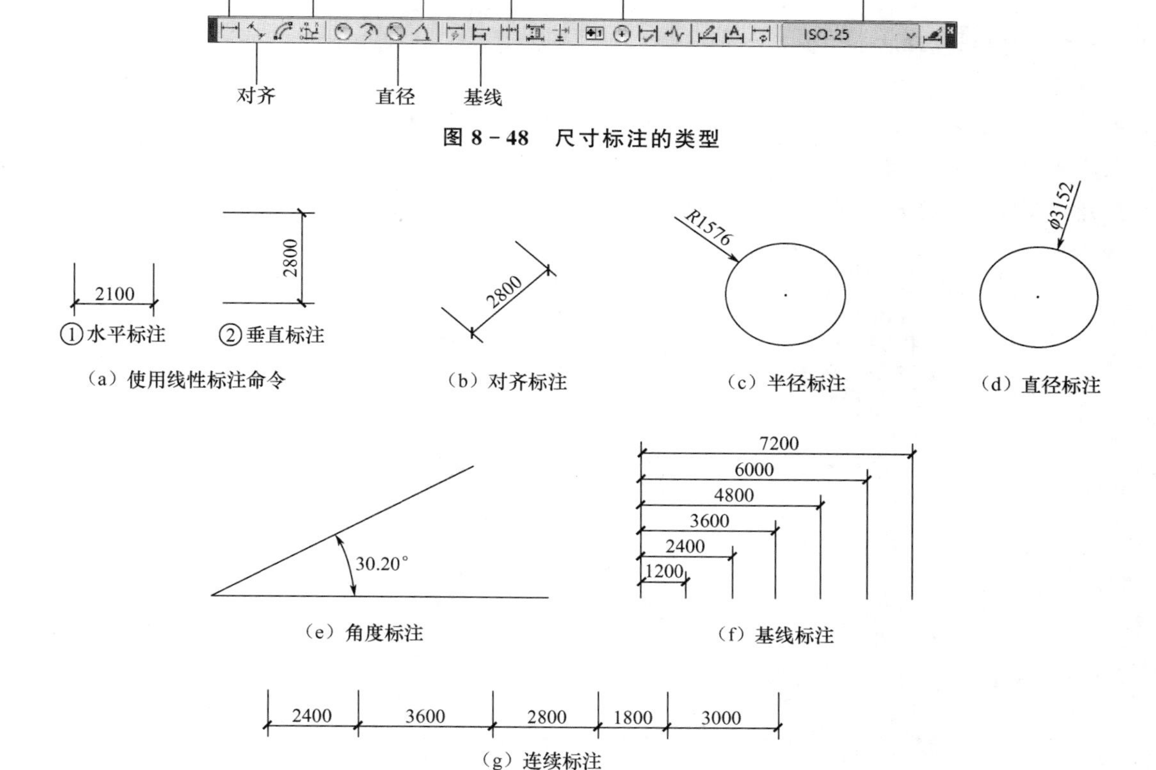

图 8－48 尺寸标注的类型

（a）使用线性标注命令　（b）对齐标注　（c）半径标注　（d）直径标注

（e）角度标注　（f）基线标注

（g）连续标注

图 8－49 尺寸标注的样式

3. 尺寸标注的规则

在 AutoCAD 2010 中，对绘制的图形进行尺寸标注时应遵循以下规则。

(1) 物体的真实大小应以图样上所标注的尺寸数值为依据，与图形绘制的大小及绘图的准确度无关。

(2) 图样中的尺寸以 mm 为单位时，不需要标注计量单位的代号或名称。如采用其他单位，则必须注明相应计量单位的代号或名称，如℃、cm 及 m 等。

(3) 图样中所标注的尺寸，为该图样表示的物体的最后完工尺寸，否则应另加说明。

4. 尺寸标注的步骤

在 CAD 中对图形进行尺寸标注的基本步骤如下。

(1) 选择“格式”→“图层”命令，在打开的“图层特性管理器”对话框中创建一个独立的图层，用于尺寸标注。

(2) 选择“格式”→“文字样式”命令，在打开的“文字样式”对话框中创建一种文字样式，用于尺寸标注。

(3) 选择“格式”→“标注样式”命令，在打开的“标注样式管理器”对话框中设置标注样式。

(4) 使用对象捕捉和标注等功能，对图形中的元素进行标注。

8.7.2 标注设置

1. 创建标注样式

要创建标注样式，可选择“格式”→“标注样式”命令，打开“标注样式管理器”对话框，单击“新建 (N)...”按钮，在随之打开的“创建新标注样式”对话框中即可创建新的标注样式，如图 8-50 所示。另外，单击“创建新标注样式”对话框中的“继续”按钮，将打开“新建标注样式”对话框，可以设置标注中的直线、符号和箭头、文字、单位等内容。

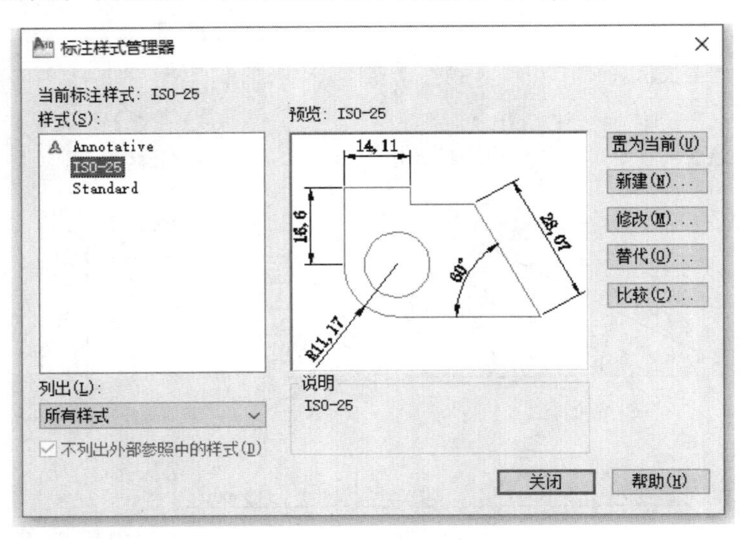

图 8-50 创建标注样式

2. 设置直线格式

在“新建标注样式”对话框中，使用“直线”选项卡可以设置尺寸线、尺寸界线的格式和位置，如图 8-51 所示。

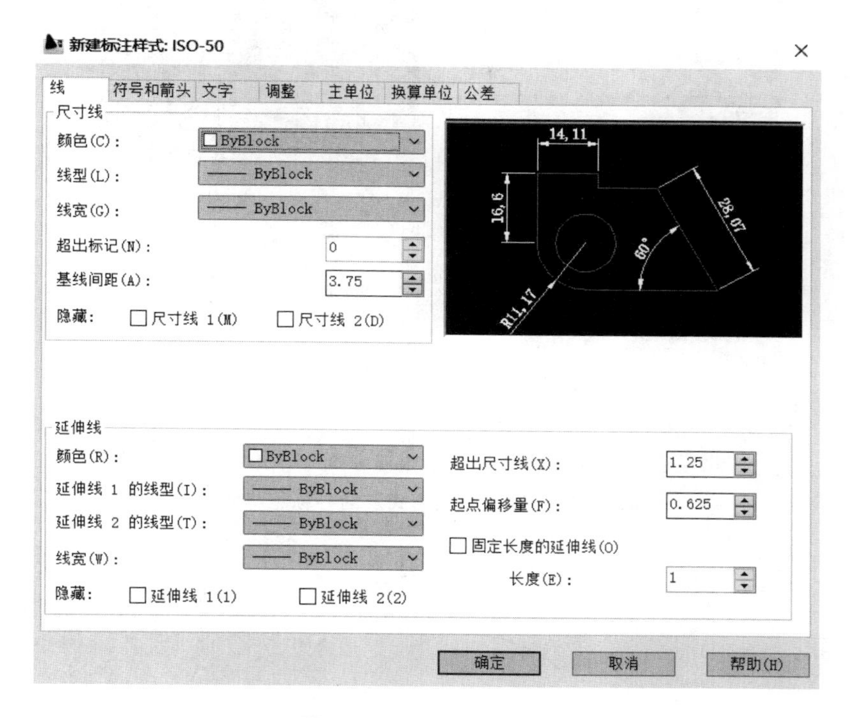

图 8-51 设置直线格式

在“尺寸线”选项组中，可以设置尺寸线的颜色、线宽、超出标记以及基线间距等属性；在“延伸线”选项组中，可以设置延伸线的颜色、线宽、超出尺寸线的长度和起点偏移量、隐藏控制等属性。

3. 设置符号和箭头格式

为了适用于不同类型的图形标注需要，CAD 设置了 20 多种箭头样式，可以从对应的下拉列表框中进行选择，并在“箭头大小（I）”文本框中设置其大小，如图 8-52 所示。

在“圆心标记”选项组中，可以设置圆或圆弧的圆心标记类型，如“标记（M）”“直线（E）”和“无（N）”。如图 8-52 所示，其中，选择“标记（M）”选项可对圆或圆弧绘制圆心标记；选择“直线（E）”选项，可对圆或圆弧绘制中心线；选择“无（N）”选项，则没有任何标记。具体操作如图 8-53 所示。

4. 设置文字格式

在“新建标注样式”对话框中，可以使用“文字”选项卡设置标注文字的外观、位置和对齐方式。

其中在“文字外观”选项组中，可以设置文字的样式、颜色、高度和分数高度比例，以及控制是否绘制文字边框等；在“文字位置”选项组中，可以设置文字的垂直、水平位置，观察方向以及从尺寸线的偏移量；在“文字对齐”选项组中，可以设置标注文字是保持水平还是与尺寸线对齐，如图 8-54 所示。

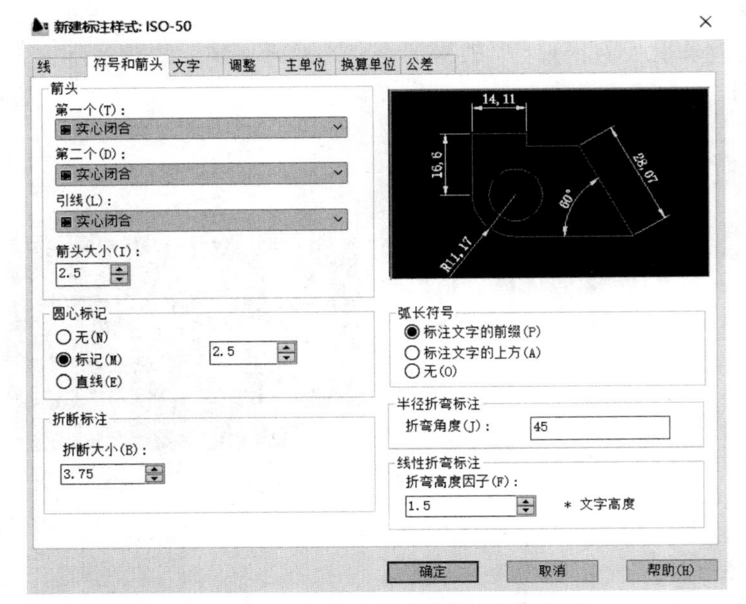

图 8－52　设置箭头样式及圆心标记样式

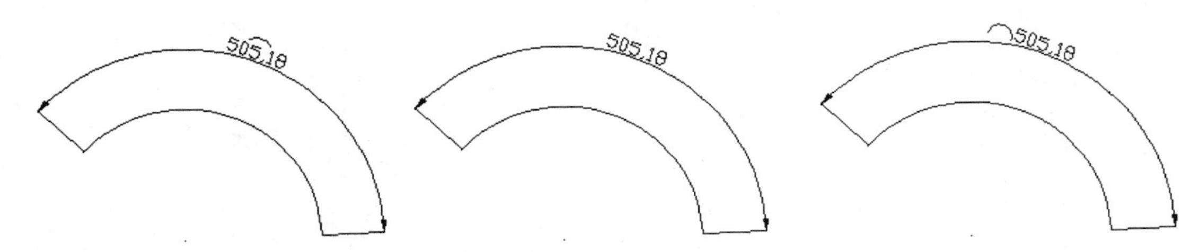

图 8－53　设置弧长标注

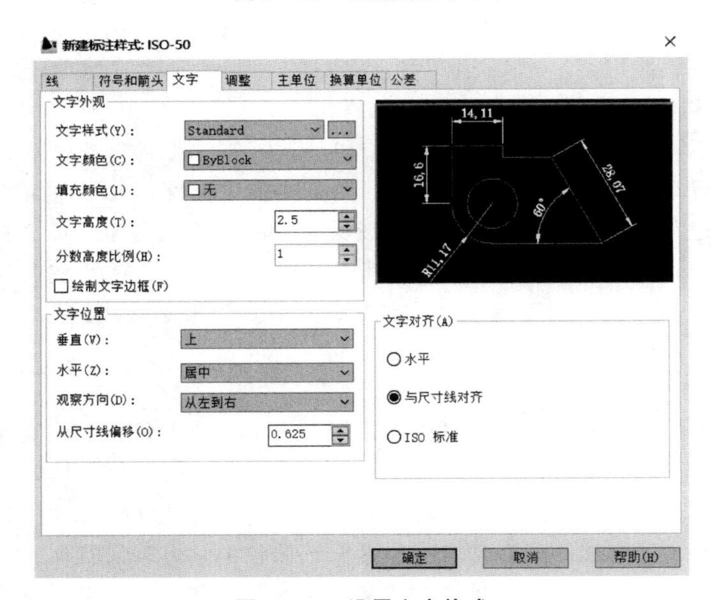

图 8－54　设置文字格式

5. 设置调整格式

在“新建标注样式”对话框中，可以使用“调整”选项卡设置标注文字、尺寸线及尺寸箭头的位置。

其中在“调整选项”选项组中，可以确定当尺寸界线之间没有足够的空间同时放置标注文字或箭头时，应从尺寸界线之间移出对象（图8－55）；在“文字位置”选项组中，可以设置当文字不在默认位置时的位置；在“标注特征比例”选项组中，可以设置标注尺寸的特征比例，以便通过设置全局比例来增加或减少各标注的大小，如图8－56所示。

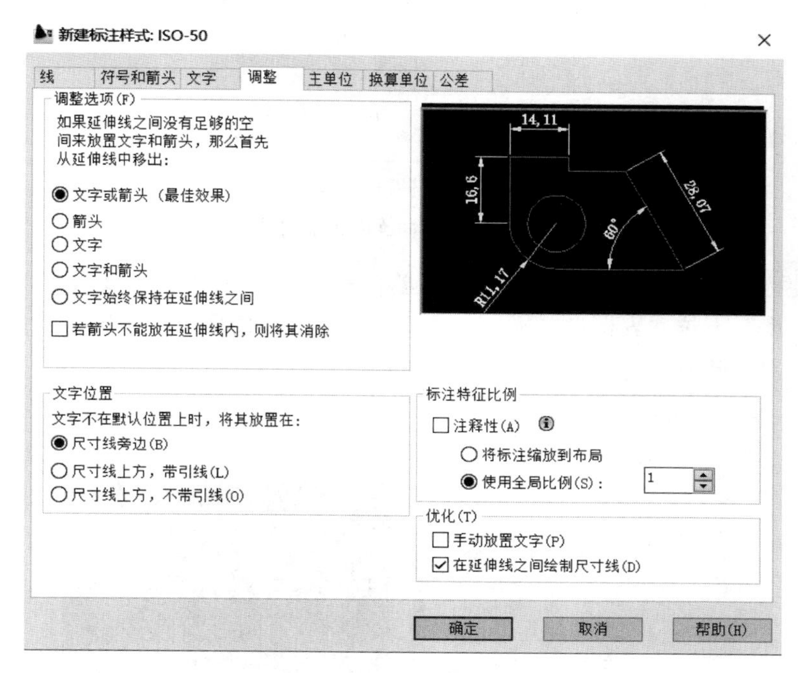

图8－55　设置调整格式

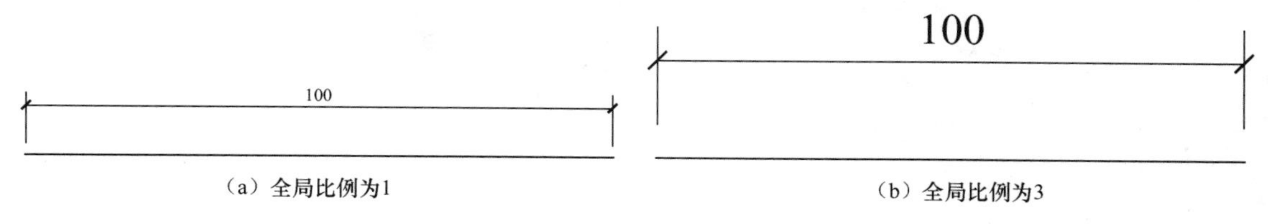

图8－56　全局比例

在“优化”选项组中，可以对标注文本和尺寸线进行细微调整。选中“手动放置文字”复选框，则将忽略标注文字的水平设置，在标注时可将标注文字放置在指定位置；选中“在延伸线之间绘制尺寸线”复选框，当尺寸箭头放置在尺寸界线之外时，也可在尺寸界线之内绘制出尺寸线。

6. 设置主单位格式

在“新标注样式”对话框中，可以使用“主单位”选项卡设置主单位的格式与精度等属性。

其中在“线性标注”选项组中可以设置线性标注的单位格式与精度。例如在“单位格式”下拉列表框中，可以设置除角度标注之外的其余各标注类型的尺寸单位，包括“科学”“小数”“工程”“建筑”“分数”等选项；在“精度”下拉列表框中，可以设置除角度标注之外的其他标注的尺寸精度等。“测量单位比例”用于设置测量尺寸的缩放比例，如图 8－57 所示。

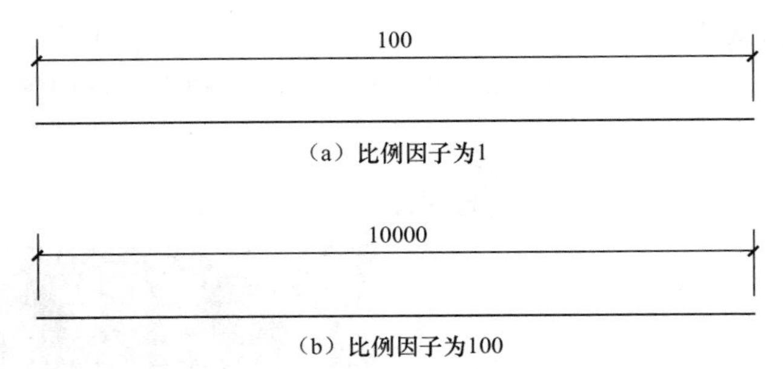

（a）比例因子为1

（b）比例因子为100

图 8－57　测量单位比例因子

在“角度标注”选项组中，可以使用“单位格式”下拉列表框设置标注角度时的单位，使用“精度”下拉列表框设置标注角度的尺寸精度，使用“消零”选项组设置是否消除角度尺寸的前导和后续零，如图 8－58 所示。

图 8－58　主单位

8.7.3　标注操作

1. 长度尺寸标注

长度尺寸标注用于标注图形中两点间的长度，可以是端点、交点、圆弧弦线端点或能够识别的任意两个点。在 CAD 中，长度尺寸标注包括多种类型，如线性标注、对齐标注、弧长标注、基线标注和连续标注等。

选择“标注”→“线性”命令（DIMLINEAR），或在标注工具栏中单击“线性”按钮，可创建用于标注用户坐标系 *XY* 平面中的两个点之间的距离测量值，并通过指定点或选择一个对象来实现，此时命令行提示如下信息。

指定第一条尺寸界线原点或＜选择对象＞。

选择“标注”→“对齐”命令（DIMALIGNED），或在标注工具栏中单击“对齐”按钮，可以对对象进行对齐标注，命令行提示如下信息。

指定第一条尺寸界线原点或＜选择对象＞。

由此可见，对齐标注是线性标注尺寸的一种特殊形式。

选择“标注”→“弧长”命令（DIMARC），或在标注工具栏中单击“弧长”按钮，可以标注圆弧线段或多段线圆弧线段部分的弧长。当选择需要的标注对象后，命令行提示如下信息。

指定弧长标注位置或[多行文字(M)/文字(T)/角度(A)/部分(P)]。

当指定了尺寸线的位置后，系统将按实际测量值标注出圆弧的长度。

选择“标注”→“基线”命令（DIMBASELINE），或在标注工具栏中单击“基线”按钮，可以创建一系列由相同的标注原点测量出来的标注。

与连续标注一样，在进行基线标注之前也必须先创建（或选择）一个线性、坐标或角度标注作为基准标注，然后执行“基线”命令（DIMBASELINE），此时命令行提示如下信息。

指定第二条尺寸界线原点或[放弃(U)/选择(S)]＜选择＞。

在该提示下，可以直接确定下一个尺寸的第二条尺寸界线的起始点。

选择“标注”→“连续”命令（DIMCONTINUE），或在标注工具栏中单击“连续”按钮，可以创建一系列端对端放置的标注，每个连续标注都从前一个标注的第二个尺寸界线处开始。

2. 半径、直径及圆心标注

在 CAD 中，可以使用“半径”“直径”与“圆心”命令，标注圆或圆弧的半径尺寸、直径尺寸及圆心位置。

选择“标注”→“半径”命令（DIMRADIUS），或在标注工具栏中单击“半径”按钮，可以标注圆和圆弧的半径。执行该命令，并选择要标注半径的圆弧或圆，此时命令行提示如下信息。

指定尺寸线位置或[多行文字(M)/文字(T)/角度(A)]。

当指定了尺寸线的位置后，系统将按实际测量值标注出圆或圆弧的半径。直径标注与之类似。

选择“标注”→“圆心标记”命令（DIMCENTER），或在标注工具栏中单击“圆心标记”按钮，即可标注圆和圆弧的圆心。此时只需选择待标注圆心的圆弧或圆即可。

3. 其他类型标注

选择“标注”→“角度”命令（DIMANGULAR），或在标注工具栏中单击“角度”按钮，就可以测量并标注圆和圆弧的角度、两条直线间的角度或三点间的角度。

选择“标注”→“引线”命令（QLEADER），或在标注工具栏中单击“快速引线”按钮，就可以创建引线和注释，而且引线和注释可以有多种格式。

选择“标注”→“坐标”命令，或在标注工具栏中单击“坐标标注”按钮，就可以标注相对于用户坐标原点的坐标。

选择“标注”→“快速标注”命令，或在标注工具栏中单击“快速标注”按钮，就可以快速创建成组的基线、连续、阶梯和坐标标注，快速标注多个圆或圆弧，以及编辑现有标注的布局。

任务 8.8　图形输出

AutoCAD 2010 提供了图形输入与输出接口，不仅可以将其他应用程序中处理好的数据传送给 CAD，以显示其图形，还可以将在 CAD 中绘制好的图形打印出来，或者把有关信息传送给其他应用程序。

【输出与打印图形】

此外，为适应互联网的快速发展，使用户能够快速有效地共享设计信息，AutoCAD 2010 强化了相应功能，使其与互联网相关的操作更方便、高效，可以创建 Web 格式的文件（DWF），以及发布 CAD 图形文件到 Web 网页。

8.8.1　创建和管理布局

在 AutoCAD 2010 中，可以创建多种布局，每个布局都代表一张单独的打印输出图纸。创建新布局后，就可以在布局中创建浮动视口。视口中的各个视图可以使用不同的打印比例，并能够控制其中图层的可见性。

1. 模型空间与图纸空间

模型空间就是创建工程模型的空间，是用于绘制图形的一个三维的空间。图纸绘制完成后用于布置图纸的空间，则提供了一个二维的空间。

通常我们在模型空间中画完图后就进入图纸空间布置图形。好处是图纸空间实际上提供了一张白纸，我们可以在上面任意布置图形，利用布局真正实现所见即所得。而且在布局中可以容易布置出图比例不一样的若干张图纸，标注尺寸也不用担心比例不同、尺寸文字的字高是否合适等问题。

2. 设置布局

选择“工具”→“向导”→“创建布局”命令，打开“创建布局”向导，可以指定打印设备、确定相应的图纸尺寸和图形的打印方向、选择布局中使用的标题栏或确定窗口设置等，如图 8-59 所示。

右击“布局”标签，使用弹出的快捷菜单中的命令，可以删除、新建、重命名、移动或复制布局，如图 8-60 所示。

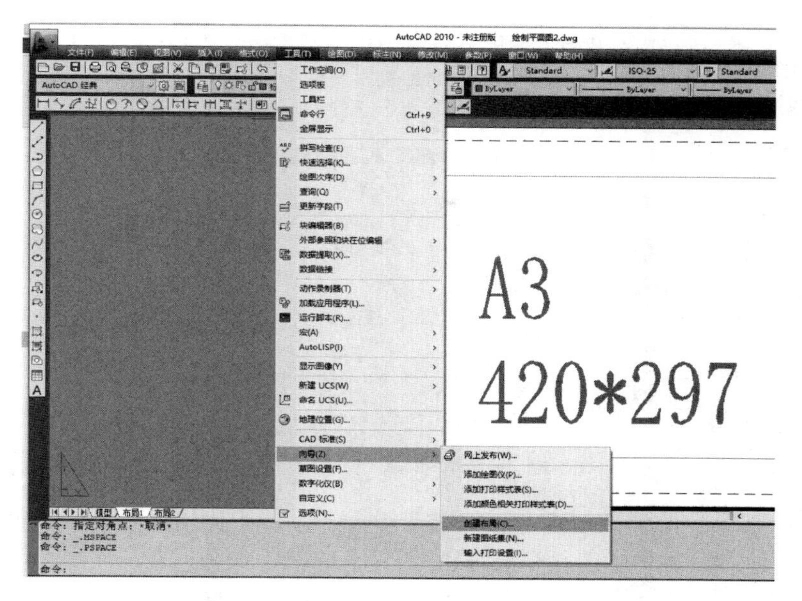

图 8－59 窗口设置

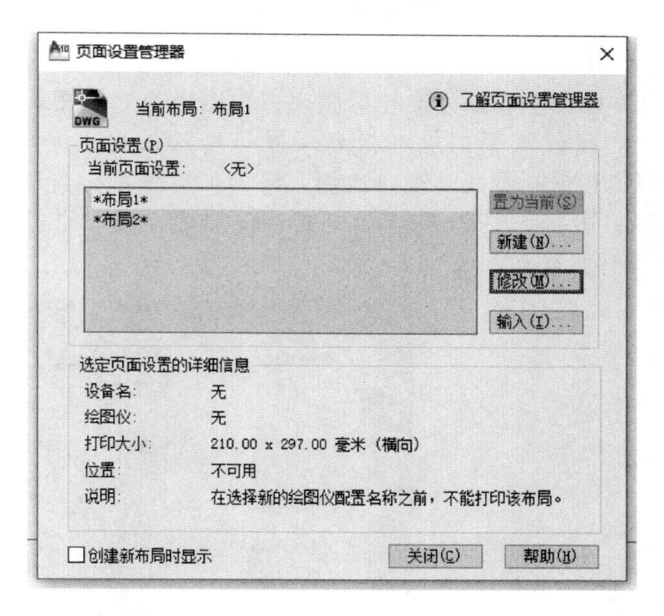

图 8－60 设置布局

默认情况下，单击某个布局选项卡时，系统将自动显示“页面设置”对话框，供设置页面布局。如果以后要修改页面布局，可从快捷菜单中选择“页面设置管理器”命令，通过修改布局的页面设置，将图形按不同比例打印到不同尺寸的图纸中，如图 8－61 所示。

3. 布局输出步骤

（1）首先在模型空间里绘制图形。

（2）切换到图纸空间。确定好在一个布局中的图形数量，确定好主图、大样图的大概区域，同时要考虑文字、尺寸标注及符号的位置。

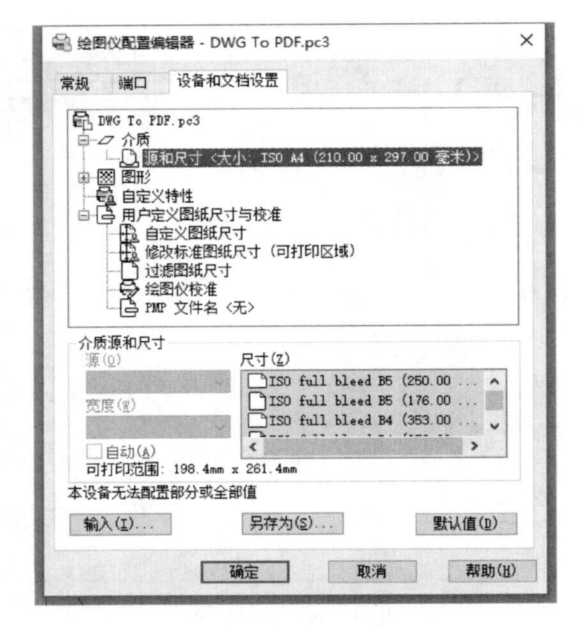

图 8-61　修改图幅

（3）用 MVIEW 命令建视口。先建主图中立面图的视口，拉出视口边框，双击视口内部激活，使用缩放命令或鼠标滚轮调整视口内图形为立面图，使之充满视口，从而确定图形的大小是我们需要的（可以利用视口本身的边框来构图），然后用 VPSCALE 命令点选视口边框查看此时视口比例，设为 1∶*X*（*X* 为与所查看的比例接近的整数）。可以点选视口边框，按 Ctrl+1 打开特性工具栏，在“自定义比例”中输入数值，比如 1∶25。具体操作如图 8-62 所示。

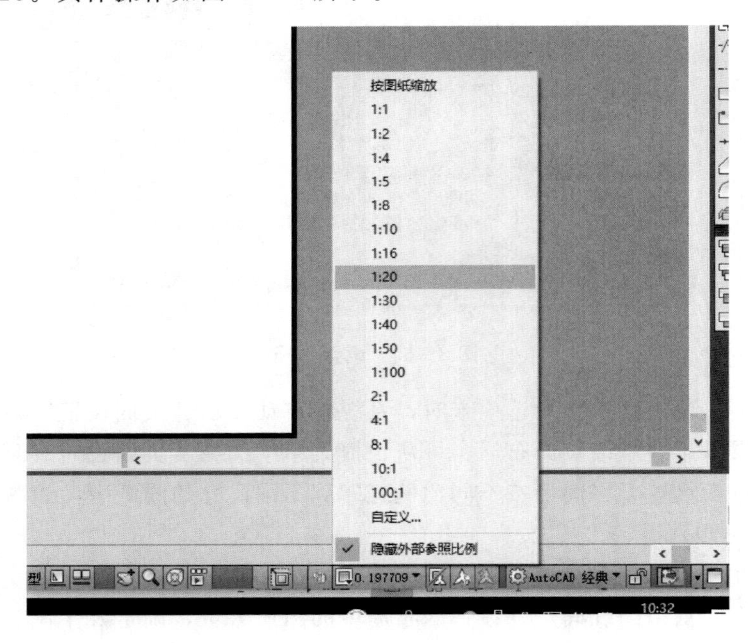

图 8-62　比例设置

（4）同样，建立主图中剖面图及平面图的视口，并调整各自视口内图形为相应的剖面图和平面图。

（5）建大样图的视口。同理建立大样图的视口，按前述方法调整视口比例为1∶5。大样图直接利用原剖面图生成，不需要另外画出或从剖面图拷出放到一边，这样修改剖面图时其结果就可以直接在大样图中反映。大样图的图形视口，是利用MVIEW命令中的“对象”选项将预先画出的图转化而成的，如图8-63所示。

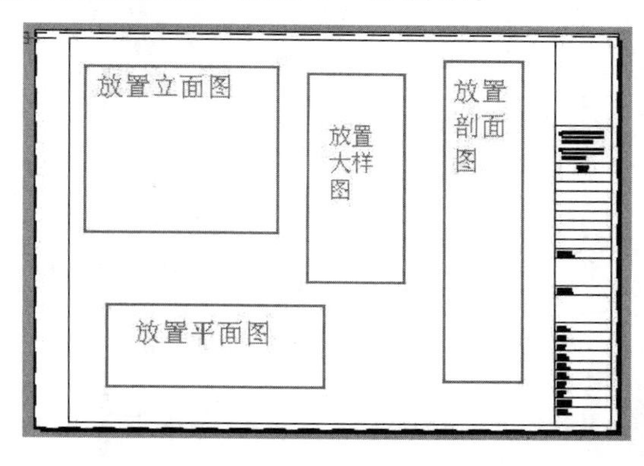

图8-63　视口设置

8.8.2 打印图形

创建完图形之后，通常要打印到图纸上，也可以生成一份电子图纸，以便从互联网上进行访问。打印的图形可以包含单一视图，或更为复杂的视图排列。根据不同的需要，可以打印一个或多个视口，或设置选项以决定打印的内容和图像在图纸上的布置，如图8-64所示。

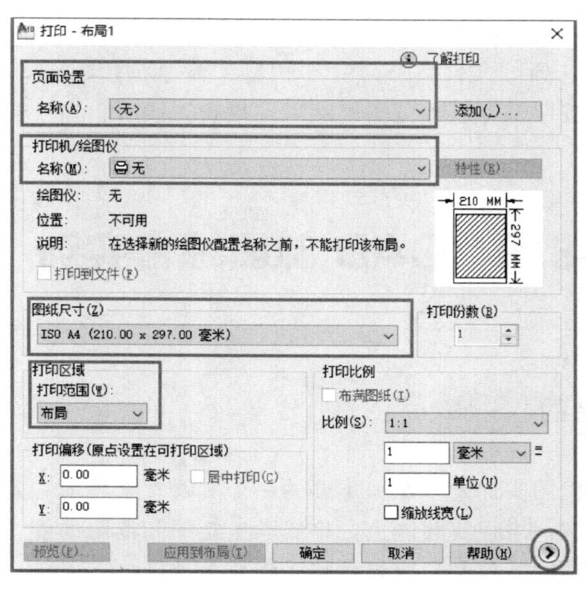

图8-64　打印设置一

根据图纸大小和打印范围进行打印设置，基本步骤为：设置页面→选择打印机→设置图纸尺寸→设置打印区域。

在设置界面可以单击右下角的三角按钮做进一步设置，如图 8 - 65 所示。

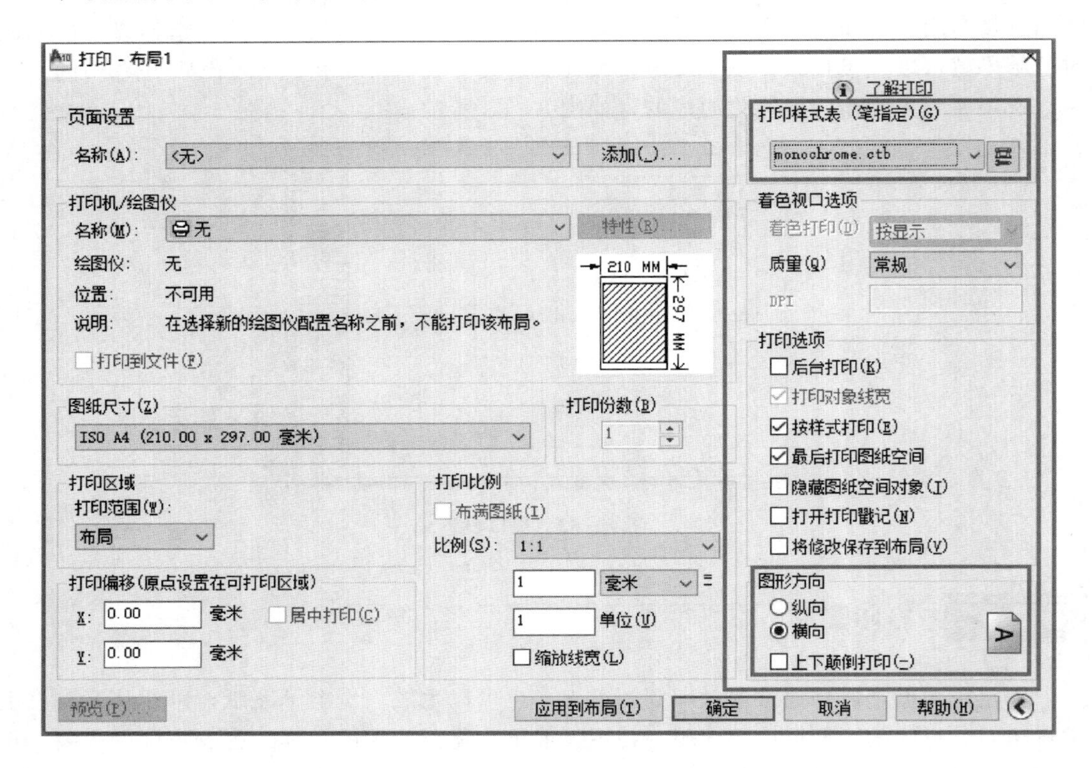

图 8 - 65　打印设置二

在打印输出图形之前可以预览输出结果，以检查设置是否正确，如查看图形是否都在有效输出区域内等。选择“文件”→“打印预览”命令（PREVIEW），或在标准工具栏中单击“打印预览”按钮，可以预览输出结果。检查无误后，即可输出打印。

任务 8.9　CAD 制图综合实训

8.9.1　实训目的

建筑工程制图与识图实训是本课程重要的一个实践教学环节。其目的是加深学生对建筑制图基本知识的理解，增强实践能力，培养学生绘图和读图的能力，使学生具备一定的制图能力，为后续课程的学习和适应以后的工作打下基础。

8.9.2 设计内容与要求

具体设计内容：本实训课程应完成的大作业要求每名学生绘制建筑图纸两张，其中手工制图（A4 图幅）两份和 CAD 制图（A3 图幅）一份，通过实训练习能正确阅读和绘制房屋施工图，绘制的房屋施工图符合国家标准；熟悉一般民用建筑的建筑平面图、立面图、剖面图和建筑详图的表达内容和图示特点；掌握绘制建筑平面图、立面图、剖面图和建筑详图的步骤和方法。

1. 目标

（1）熟悉计算机制图基本规格。

（2）练习正确使用绘图软件 CAD，熟悉计算机绘图在建筑工程中的运用。

2. 内容

按要求抄绘附图三“首层平面图”。

3. 要求

（1）按表 8-2 要求设置图层。

表 8-2 图层设置

图层名称	颜色	线型	线宽
图框	4	CONTINUOUS	0.35
尺寸标注及标高	3	CONTINUOUS	0.09
文字	7	CONTINUOUS	0.2
窗	133	CONTINUOUS	0.2
楼梯梯段及栏杆	90	CONTINUOUS	0.2
墙柱	8	CONTINUOUS	0.4
折断线	2	CONTINUOUS	0.09
轴线	1	CENTER	0.09

（2）设置两种文字样式，用于汉字和非汉字。

① 汉字：样式名为“汉字”，字体名为“仿宋”，宽高比为 0.7。

② 非汉字：样式名为“非汉字”，字体名为“Tssdeng.shx”，大字体为“Tssdchn.shx”，宽高比为 0.7。

（3）设置尺寸标注样式名为“比例 100”，基线间距为 8，文字样式选用“非汉字”，文字高度为 3.0，全局比例为 100，其余未明确部分按现行制图标准。

注：① 不同部分请选择相应的图层绘制。

② 按 1∶100 比例出图后文字高度：图名为 8mm，比例为 6mm，其余为 3mm，标高符号高度为 3mm，图名下粗线用多段线绘制，宽度为 0.6mm。

③ 按 1∶100 比例出图后轴号直径为 8mm，轴号内文字高度为 5mm。

（4）在设置的“图框”图层中绘制 1∶1 比例的 A3 图幅及图框线，如图 8－66 所示。右下角标题栏尺寸及样式按表 8－3 绘制。

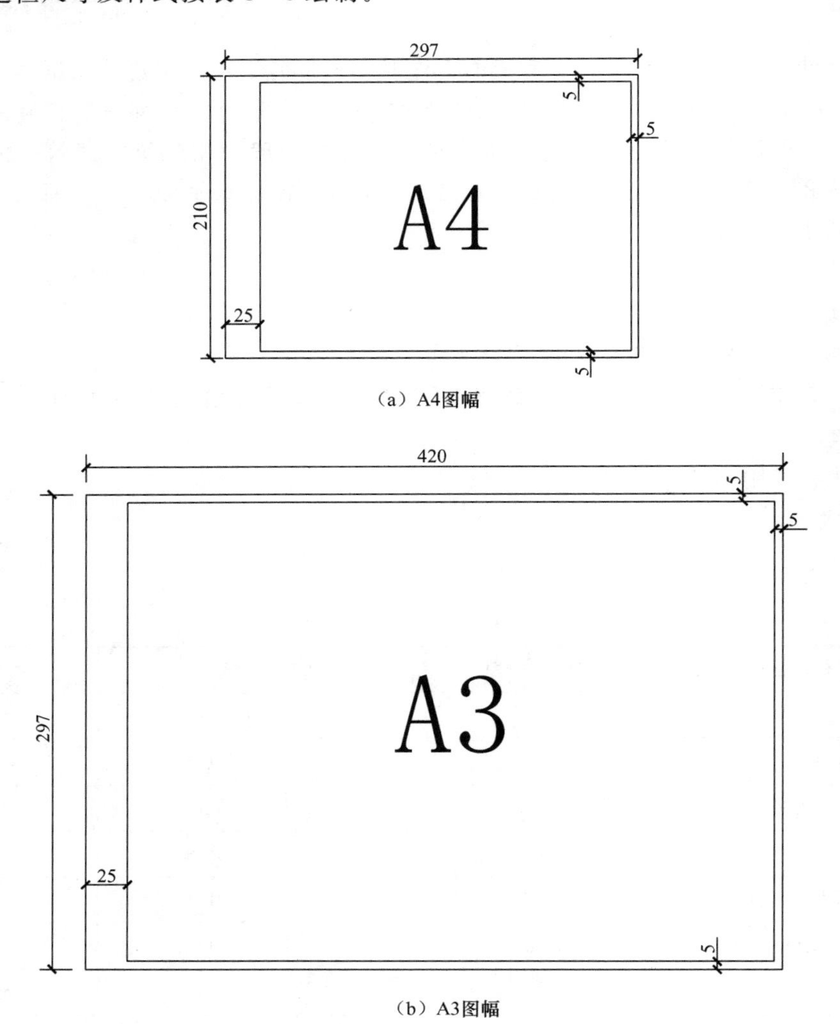

（a）A4图幅

（b）A3图幅

图 8－66　图幅

表 8－3　标题栏尺寸及样式

（班级名称）			图别		8
			图号		8
学生		（图　名）	班级		8
学号			成绩		8
15	30	50	15	30	

(5) 将绘制好的图纸在布局中装入所绘制的 A3 图框中，按 1∶00 打印成 PDF 格式文件，保存 。

(6) 作图准确，图线粗细分明，尺寸标注无误，字体端正整洁。

4. 说明

绘图时应充分结合 CAD 软件技巧，能熟练通过图层管理器进行图层设置，包括所用图层颜色、线型，运用图层的锁定以及线性命令进行图层的统一管理；运用标注管理器进行标注设置，包括标注样式、格式、标注比例等管理；运行文字管理器进行字体格式、大小设置，熟练掌握单行文字和多行文字的建立及编辑。

8.9.3 设计纪律与注意事项

在实训及课程设计期间，先由老师对学生进行分模块教学，学生对每个模块进行详细学习，根据所学内容及自己所长组队。组长应每天记录相应的实训情况，以供教师参考。小组还应不定期地进行讨论并记录相应问题，并及时提出和解决。设计期间，除了必要的资料收集、讨论等活动，在老师授课期间必须在学校机房进行设计。无故不到者，按旷课计，并扣除相应成绩。

设计的过程主要在建筑识图的基础上，从图纸中得到制图要点、设计要素，安排作图时间和计划。小组长及时记录每天的设计进度，确保按时完成。最后完成设计后，并整理相应文档。文档最终以电子档和打印文档的形式上交到指导教师处，该文档也将作为设计评分的一个重要依据。

8.9.4 评分内容与标准

评分标准主要根据以下几方面综合评定。

(1) 工作量：学生有没有完成指定设计的工作量。

(2) 设计质量：每个学生的实训设计都将从整体效果进行主观评判。

(3) 工作态度：学生是否积极主动完成指定的工作，是否积极提问并协同解决问题。在规定时间内有无故不到者或不听从指导教师的工作安排者将根据情况酌情扣分。

各环节比例分配如下。

(1) 图纸绘制要求（占 60%），主要包括以下内容。

① 制图内容准确，建筑构件齐全，与教师所给工程案例图纸相符（占 30%）。

② 图纸清晰饱满，线型、线宽准确，文字大小、尺寸标注比例合理（占 20%）。

③ 标题栏格式准确，图纸内容完整（占 10%）。

(2) 图纸打印提交要求（占 20%）：A3 横向打印，居中，排版美观。

(3) 绘图过程态度考核（占 20%）。

① 积极与指导教师交流，寻求指导的主动性程度。

② 对指导教师提出意见和建议的重视程度。

工作能力测评

选择题

1. 画完一幅图后，在保存该图形文件时用（　　）作为扩展名。

A. cfg　　B. dwt　　C. bmp　　D. dwg

2. 在设置点样式时可以（　　）。

A. 选择“格式”“点样式”命令

B. 右击鼠标，在弹出的快捷菜单中单击“点样式”命令

C. 选取该项点后，在其对应的“特性”对话框中进行设置

D. 单击“图案填充”按钮

3. 下面哪个对象不可以使用 PLINE 命令来绘制（　　）。

A. 直线　　B. 圆弧　　C. 具有宽度的直线　　D. 椭圆弧

4. 在 CAD 中绘制圆的直径按（　　）键。

A. B　　B. W　　C. P　　D. D

5.（　　）命令用于绘制指定内外直径的圆环或填充圆。

A. 椭圆　　B. 圆　　C. 圆弧　　D. 圆环

6. 在哪种模式下，十字光标只能在水平或者垂直方向移动？（　　）

A. 正交　　B. 捕捉　　C. 栅格　　D. 对象捕捉

7. 在图层中设置了线宽，但是在作图区域并没有显示线宽，我们可以通过状态栏的哪个按钮显示线宽？（　　）

A. 正交　　B. 捕捉　　C. 动态输入　　D. 线宽

8. 状态栏中下列（　　）选中可以辅助绘制任意角度的直线。

A. 正交　　B. 捕捉　　C. 动态输入　　D. 极轴

9. 使用下面的哪个操作可以完成对所选图形的复制？（　　）

A. MOVE　　B. ROTAE　　C. COPY　　D. MOCORO

10. 使用下面的哪个操作可以完成对所选图形的镜像？（　　）

A. MOVE　　B. ROTAE　　C. COPY　　D. MOCORO

11. OFFSET 命令前，必须先设置（　　）。

A. 比例　　B. 圆　　C. 距离　　D. 角度

12. 使用下面的（　　）操作可以完成对所选图形的移动。

A. MOVE　　B. ROTAE　　C. COPY　　D. MOCORO

13. 修剪物体需用（　　）命令。

A. TRIM　　B. EXTEND　　C. STRETCH　　D. CHAMFER

14. 在 CAD 中不能应用修剪命令“TRIM”进行修剪的对象是：（　　）。

A. 圆弧　　B. 圆　　C. 直线　　D. 文字

15. 使用下面（　　）操作可以完成对所选图形的延伸。

A. MOVE　　B. ROTAE　　C. EXTEND　　D. MOCORO

16. 移动圆对象，使其圆心移动到直线中点，需要应用（　　）。

A. 正交　　B. 捕捉　　C. 栅格　　D. 对象捕捉

17. 使用下面的（　　）操作可以完成对所选图形的比例缩放。

A. SCALE　　B. ROTAE　　C. COPY　　D. MOCORO

18. 使用下面的（　　）操作可以完成对所选图形的打断。

A. BREAK　　B. EXTEND　　C. STRETCH　　D. CHAMFER

19. 使用下面的（　　）操作可以完成对所选图形的合并。

A. SCALE　　B. JION　　C. COPY　　D. CHAMFER

20. 一个完整的尺寸标注应由（　　）、尺寸线、尺寸界线、尺寸线的端点符号及起点等组成。

A. 标注文字　　B. 标注样式　　C. 标高　　D. 比例尺

21. 在“标注特征比例”选项组中，可以设置标注尺寸的特征比例，以便通过设置（　　）来增加或减少各标注的大小。

A. 比例因子　　B. 比例尺　　C. 局部比例　　D. 全局比例

22. 下列（　　）特别适用于倾斜构件的尺寸标注。

A. 线性标注　　B. 对齐标注　　C. 坐标标注　　D. 半径标注

23. 下列选项中适合为圆或者圆弧标注尺寸的命令是（　　）。

A. 线性标注　　B. 对齐标注　　C. 坐标标注　　D. 半径标注

24. 在“标注”工具栏中单击（　　）按钮，可以测量圆和圆弧的角度、两条直线间的角度，或者三点间的角度。

A. 直径标注　　B. 角度标注　　C. 圆心标注　　D. 坐标标注

25. 在CAD中，一般采用双墙线绘制墙体，双墙线的快捷命令是（　　）。

A. ML　　B. DL　　C. SQ　　D. PL

参考文献

郭慧，2018. AutoCAD建筑制图教程 [M]. 3版. 北京：北京大学出版社.

高丽荣，2017. 建筑制图 [M]. 3版. 北京：北京大学出版社.

韩建绒，张亚娟，2015. 建筑识图与房屋构造 [M]. 重庆：重庆大学出版社.

何铭新，李怀健，郎宝敏，2013. 建筑工程制图 [M]. 5版. 北京：高等教育出版社.

刘军旭，雷海涛，2018. 建筑工程制图与识图 [M]. 2版. 北京：高等教育出版社.

李美玲，鞠洪海，2016. 建筑工程制图与识图 [M]. 北京：人民邮电出版社.

莫章金，毛家华，2013. 建筑工程制图与识图 [M]. 3版. 北京：高等教育出版社.

彭国之，谢龙汉，2011. AutoCAD 2010建筑制图 [M]. 北京：清华大学出版社.

孙伟，2015. 建筑工程识图实训教程 [M]. 北京：北京大学出版社.

孙伟，2017. 建筑构造与识图 [M]. 北京：北京大学出版社.

危道军，胡永骁，2014. 建筑工程制图 [M]. 北京：高等教育出版社.

吴启凤，2013. 建筑工程制图与识图 [M]. 北京：高等教育出版社.

中国建筑标准设计研究院有限公司，2016. 16G101—1 混凝土结构施工图平面整体表示方法制图规则和构造详图（现浇混凝土框架、剪力墙、梁、板）[S]. 北京：中国计划出版社.

中国建筑标准设计研究院有限公司，2016. 16G101—2 混凝土结构施工图平面整体表示方法制图规则和构造详图（现浇混凝土板式楼梯）[S]. 北京：中国计划出版社.

中国建筑标准设计研究院有限公司，2016. 16G101—3 混凝土结构施工图平面整体表示方法制图规则和构造详图（独立基础、条形基础、筏形基础、桩基础）[S]. 北京：中国计划出版社.

中华人民共和国住房和城乡建设部，2010. GB/T 50103—2010 总图制图标准 [S]. 北京：中国建筑工业出版社.

中华人民共和国住房和城乡建设部，2010. GB/T 50104—2010 建筑制图标准 [S]. 北京：中国建筑工业出版社.

中华人民共和国住房和城乡建设部，2017. GB/T 50001—2017 房屋建筑制图统一标准 [S]. 北京：中国建筑工业出版社.

周晖，2016. 建筑结构基础与识图 [M]. 北京：北京大学出版社.

张喆，武可娟，2016. 建筑制图与识图 [M]. 北京：北京邮电大学出版社.